Gerhard Fasching

Phänomene
der Wirklichkeit

Okkulte
und naturwissenschaftliche
Weltbilder

Springer-Verlag Wien GmbH

Gerhard Fasching
o. Univ.-Prof. Dr. techn. habil.,
Technische Universität Wien, Österreich

Das Werk ist urheberrechtlich geschützt.
Die dadurch begründeten Rechte, insbesondere die der Übersetzung, des Nachdrucks, der Entnahme von Abbildungen, der Funksendung, der Wiedergabe auf photomechanischem oder ähnlichem Wege und der Speicherung in Datenverarbeitungsanlagen, bleiben, auch bei nur auszugsweiser Verwertung, vorbehalten.

© 2000 Springer-Verlag Wien
Ursprünglich erschienen bei Springer-Verlag Wien 2000
Softcover reprint of the hardcover 1st edition 2000

Satz: Reproduktionsfertige Vorlage
des Autors

Druck und Bindearbeiten:
Druckerei Theiss, A-9400 Wolfsberg

Umschlagbild: Ernst Haas/Stone
Gedruckt auf säurefreiem, chlorfrei gebleichtem Papier – TCF

SPIN: 10763414

Mit 41 Abbildungen

ISBN 978-3-7091-7243-8   ISBN 978-3-7091-6333-7 (eBook)
DOI 10.1007/978-3-7091-6333-7

Meinen Studenten
gewidmet

Vorwort

Das Buch über die "Phänomene der Wirklichkeit" ist eine Sammlung beispielhafter Weltbilder, die die Bedeutung des "Wirklichkeits-Pluralismus" [1] illustrieren. Diese Sammlung zeigt die fruchtbaren Chancen auf, die sich hier bieten und macht auch auf Gefahren aufmerksam, die sich ergeben, wenn Wirklichkeiten bewußt oder unbewußt mißbraucht werden.

Wirklichkeiten erweisen sich als Konstruktionen. Da hält man verblüfft inne, denn Konstruktionen haben ja viel Beliebiges an sich. Man könnte sie *so* oder auch *anders* machen. Und genau das ist hier aber gemeint. Die Beispiele des Buch-Textes, die aus verschiedenen Bereichen des Lebens stammen, wollen diesen Gedanken verdeutlichen.

Solche Überlegungen zeigen, daß die vermeintliche Sicherheit, die Wirklichkeiten oft ausstrahlen, immer nur eine Illusion ist. Eine *absolute* Wirklichkeit gibt es nicht. Nicht im Glauben, nicht in der Kultur und nicht in der Wissenschaft. Wirklichkeiten sind immer nur ein Gleichnis. Sie machen den Urgrund, das Sein bloß auf eine jeweils *besondere* Weise sichtbar.

Zwei oft gebrauchte Schlagworte unserer heutigen Zeit sind *Toleranz* und *Kreativität*. Beide hängen sehr eng mit dem Wirklichkeits-Pluralismus zusammen. Kreativität und Toleranz sind nämlich komplementäre, sich ergänzende Formen unseres Handelns. Denn beide setzen sie voraus, daß man von der Existenz wertvoller, alternativer Wirklichkeiten überzeugt ist. Die Kreativität will solche neue Wirklichkeiten entdecken,

---

[1] Der Wirklichkeits-Pluralismus wurde im Buch
    FASCHING G.: Das Kaleidoskop der Wirklichkeiten.
    Über die Relativität naturwissenschaftlicher Erkenntnis.
    Springer-Verlag, Wien New York, 1999.
dargestellt.

und die Toleranz möchte fremden Wirklichkeiten interessiert begegnen. Toleranz und Kreativität öffnen den Menschen also nach beiden Seiten hin.

Und wer kennt nicht die angeblich unausweichlichen *Sachzwänge*, die unser Handeln immer in einer einzigen Richtung vorwärtstreiben? Die Lösung ist verblüffend einfach: Sachzwänge sind nur dann unausweichlich, wenn man in einer monokulturellen Wirklichkeit befangen ist und andere Wirklichkeiten nicht wahrnimmt.

Warum ist im Untertitel des Buches von *okkulten* Wirklichkeiten die Rede? Die Antwort liegt auf der Hand: Weil fremde Wirklichkeitskonstruktionen grundsätzlich immer als "okkult" erfahren werden; ihre Deutung bleibt nämlich "verborgen" und ist "geheim", ja sogar auch "geheimnisvoll". Denn: Aus der *eigenen* Wirklichkeit heraus ist eine *fremde* Wirklichkeit nicht zu verstehen. Man muß in sie eintreten, man muß sich auf sie einlassen, um ihre Besonderheiten zu erkennen.

Ein Wirklichkeits-*Pluralismus* spricht daher in gewisser Weise immer auch vom "Okkulten".

Wien, am 25. März 2000   Gerhard Fasching

Inhaltsverzeichnis

EIN ÜBERBLICK
1. Paradigmatische Konstruktionen 1
   Unser heutiges Wirklichkeits-Verständnis 3
   Wirklichkeits-Pluralismus 5
   Entstehen von Wirklichkeiten 5
      Lebendiger Vollzug von Wirklichkeiten 7
      Fruchtbare Vielfalt 8
      Simultane und sequenzielle Wirklichkeiten in der Lebenswelt 9
      Okkulte Wirklichkeiten und andere Geheimlehren 10
      Gefährliche Verabsolutierungen 10

LEBENDIGER VOLLZUG VON WIRKLICHKEITEN
2. Farbe als Wirklichkeit 13
   Goethes Farbenlehre 18
      Physiologische Farben 20
         Farblose Bilder 20
         Farbige Bilder 21
         Farbige Schatten 24
         Schwach wirkende Lichter, subjektive Höfe, pathologische Farben 25
      Physische Farben 25
         Dioptrische Farben der 1. Klasse 26
         Dioptrische Farben der 2. Klasse 30
            Das Phänomen der Refraktion 30
            Refraktion ohne Farberscheinung 33
            Farberscheinungen bei Linsen 35
            Grundzüge refraktionsbedingter Farberscheinungen 37
            Farberscheinungen bei Prismen 37
            Farberscheinungen an großen und kleinen weißen Bildern 39
            Farberscheinungen an großen und kleinen schwarzen Bildern 40
            Farberscheinungen sind nie statisch 41

Inhaltsverzeichnis

Zum Wesen von Licht und Farbe aus Goethescher Sicht 42
  Wichtige, ganz allgemeine Begriffe 46
    Die Polarität 46
    Die Steigerung 46
    Phänomen und Urphänomen 47
  Farbenkreis und Spektrogramm 50
Newtons Farben des Lichts 54
  Newtons Experimente 55
    1. Experiment 57
    2. Experiment 59
    3. Experiment 61
    4. Experiment 63
    5. Experiment 65
  Das Wesen der Farbe 68
  Einfache Farbmetrik 69
  Das Auge 76
  Der Spektralfarbenzug 81
Zwei Wirklichkeiten 86

FRUCHTBARE VIELFALT
  3. Heilkundliche Wirklichkeiten 87
    Chinesische Lebenswirklichkeit 94
      Das Schafgarbenorakel 99
      Das Yin-Yang-Prinzip 103
      Shen und Kuei. Qi und Jing 108
      Die fünf Elemente 109
    Chinesische Medizin 115
      Yin-Yang-Theorie 115
      Lebenssubstanzen 118
        Qi 119
        Blut und Säfte 120
        Jing 120
        Shen 121
      Die Funktion der inneren Organe 121
      Die Leitbahnen oder die Meridiane 124
      Wie kommt es zur Disharmonie? 127
        Die Sechs Übel 128
        Die sieben Emotionen 130
        Die Lebensweise 131
      Die Diagnostik 132

Inhaltsverzeichnis

      Das Disharmoniemuster 137
      Ein Beispiel 139
      Ein simultanes Massenphänomen 144

  4. Mikro-Wirklichkeiten 149
      Spiele als Mikro-Wirklichkeiten 151
         Definition des Spielbegriffes 151
         Die Vielfalt der Spiele 154
      Mikro-Wirklichkeiten im weiteren Sinn 156

SIMULTANE UND SEQUENZIELLE WIRKLICHKEITEN DER LEBENSWELT
  5. Wirklichkeit eines Verbrechens 159
      Ein Beispiel aus der japanischen Literatur 163
      Eine neue Erzählung des Rashomon-Textes 164
         Die Aussage eines Holzfällers 165
         Die Aussage eines Wandergeistlichen 166
         Die Aussage eines Gerichtsdieners 166
         Die Aussage einer alten Frau 167
         Das Geständnis des Räubers 167
         Die Aussage eines Gefährten des Räubers 169
         Bericht eines Waldbewohners 170
         Die Beichte der Ehefrau in einem Kloster 171
         Der Geist des Toten spricht durch den Mund einer
            Wahrsagerin 173
      Vergewaltigung und Tod 175

  6. Verwandlung von Wirklichkeiten 181
      Siddhartha. Eine indische Dichtung 186
         Die Brahmana-Welt 186
         Die Samana-Welt 187
         Die Buddha-Welt 188
         Die Menschenkinder-Welt 190
         Am Fluß 192

OKKULTE WIRKLICHKEITEN UND ANDERE GEHEIMLEHREN
  7. Magie und Dämonie 195
      Weissagung 200
         Wirksamkeit von Weissagungen 202
         Kassandra 203
         Die delphische Seherin 206
         Andere Formen der Weissagung 208

Inhaltsverzeichnis

Zauber und Dämonen 210
  Magische Praktiken in der Volkskunst 210
  Magische Praktiken der Antike 215
    Kirke verzaubert Männer 216
    Hexen morden Knaben 218
    Flüche verändern das Leben 221
      Fluchtafeln 221
      Ovids Ibis 222
Schamanen 226
  Spuren des Schamanismus in der Neuzeit 226
  Antike Schamanen 229
    Orpheus 230
    Pythagoras 231
    Empedokles 231
    Vespasian 232
Nekromantie 233
Die Macht des Okkulten 235
Magie und Dämonie als Wirklichkeit? 240

GEFÄHRLICHE VERABSOLUTIERUNGEN
8. Totalitäre Wirklichkeiten 241
  Wahnsinn als totalitäre Wirklichkeit 246
    Das Entstehen eines Wahnes 247
    Der logische Zusammenhang von Wahnideen 249
    Die weitgehende Unkorrigierbarkeit 251
  Größen- und Verfolgungswahn 253
    Größenwahn 253
    Verfolgungswahn 253
  Paranoia erotica 255
  Eifersuchtsparanoia 256
  Religiöser Wahn mit erotischer Komponente 258
Kraftentfaltung in totalitären Wirklichkeiten 260
  Der Kriegstanz der Maori 262
  Atomare Bedrohung 266
Extremsituationen in totalitären Wirklichkeiten 272
  Der Tag des Blutes 273
  Der spontane Volkszorn 275
  Entgleisung einer Hochtechnologie 277
    Die Eigendynamik und die Hilflosigkeit 283

Inhaltsverzeichnis

RESÜMEE
  9. Chance und Bedrängnis 287
    Wirklichkeit ist eine Konstruktion. Der Urgrund ist
                ohne Eigenschaften 289
    Wirklichkeiten als Gewordenes 289
    Die Lebenswirklichkeit als Ausgangsbasis 291
    Vielfalt der Sprache - Vielfalt der Bilder 293
    Mikro- und Makro-Wirklichkeiten 294
    Irrationale Wirklichkeiten? 296
    Verabsolutierte Wirklichkeiten 297

Danksagung und Verzeichnisse 301
   Danksagung 303
   Schrifttum 305
   Sachverzeichnis 313

1
PARADIGMATISCHE KONSTRUKTIONEN

1. Paradigmatische Konstruktionen

Paradigmatische Konstruktionen
    Unser heutiges Wirklichkeits-Verständnis
    Wirklichkeits-Pluralismus
    Entstehen von Wirklichkeiten
        Lebendiger Vollzug von Wirklichkeiten
        Fruchtbare Vielfalt
        Simultane und sequenzielle Wirklichkeiten
            in der Lebenswelt
        Okkulte Wirklichkeiten und andere Geheimlehren
        Gefährliche Verabsolutierungen

Ein Kaleidoskop der Wirklichkeiten hat sich ergeben, als wir bei einer Analyse der Struktur naturwissenschaftlicher Erkenntnis auf ihre Relativität gestoßen sind.[1] Schon ein erster, beiläufiger Rundgang durch die naturwissenschaftliche Methodologie hat gezeigt, daß das Wirklichkeitsverständnis, welches oft unserem Handeln zugrunde liegt, irreführend ist und auch verhängnisvolle Konsequenzen mit sich gebracht hat. In einem Anhang, der die epistemologischen Fragen genauer erörtert und dargelegt hat, hat sich die Relativität der naturwissenschaftlichen Wirklichkeit noch eindringlicher gezeigt: Die naturwissenschaftliche Wirklichkeit findet man nicht als ein fertiges Gebilde vor, welches man bloß ent-decken müßte, so ähnlich, wie wenn man eine Decke hochhebt, unter der etwas verborgen ist. Im Gegenteil, durch die Kreativität des Naturwissenschafters wird die naturwissenschaftliche Wirklichkeit sozusagen konstruiert und damit geschaffen. Eine naturwissenschaftliche Wirklichkeit entsteht durch einen besonderen Operator, der gewisse Elemente der Anschauung aufgreift und auf besondere Weise strukturiert. Diese Auffassung steht - wenn man sie genauer betrachtet - in grellem Gegensatz zu unserem heutigen, oft vertretenen Wirklichkeitsverständnis.

Unser heutiges Wirklichkeitsverständnis

Unser heutiges Wirklichkeitsverständnis ist vor allem durch den Gedanken der Zuverlässigkeit, die die naturwissenschaftliche Erkenntnis ausstrahlt, geprägt. Als Wirklichkeit erkennt man nur jenes an, was "wissenschaftlich beweisbar" ist. Natürlich ist es im allgemeinen noch nicht so weit, daß alles, was in unserer Wirklichkeit Bedeutung hat, bereits das Zertifikat

---

[1] G. FASCHING: Das Kaleidoskop der Wirklichkeiten. Über die Relativität naturwissenschaftlicher Erkenntnis. Springer Verlag, Wien New York, 1999.

trägt, naturwissenschaftlich anerkannt zu sein. Aber es wird kaum bezweifelt, daß es bald so weit sein wird. Die Einheit ist nicht mehr zu übersehen. Alles, was wir in unserer Welt vorfinden, stellt - nach unserem heutigen Wirklichkeitsverständnis - *eine einzige* Wirklichkeit dar. In dieser *einen* Wirklichkeit ist alles enthalten: Physikalische und chemische Phänomene sind da, die aufeinander aufbauend eng miteinander verwoben sind und ein verläßliches Fundament darstellen. *Weit hinaus* läßt sich von diesem Fundament aus die Erforschung der Wirklichkeit betreiben. Man braucht nur an das Universum und an den Urknall zu denken und an die Evolution, die die unbelebte Materie zum Leben geführt hat. Aber auch *tief hinein* in den Menschen selbst reichen die Sonden, die ihn erkunden, um sicherzustellen, daß auch er zu dieser einen Wirklichkeit gehört und von hier aus im Handeln verstehbar und im Behandeln beeinflußbar ist. Medizin und Genforschung durchleuchten den Menschen immer umfassender. Ja sogar auch die geistigen Leistungen - bis hin zum Denken und Fühlen, bis hin zur Kultur - gehören als komplexer Überbau in diese *eine* Wirklichkeit.

Deutlich sieht man das Ergebnis vor sich stehen: Alles kommt aus dem hervor, was man Materie in Raum und Zeit nennt. Alles bildet in dieser Hinsicht eine einzige in sich geschlossene Wirklichkeit. Das, was da gegebenenfalls heute noch außerhalb zu sehen ist, was also noch nicht in dieses mächtige Geflecht eingeordnet und einbezogen wurde, wird früher oder später darin seinen Platz finden oder aber, als Irrtum entlarvt, aus dem Gesichtskreis verschwinden. So, oder so ähnlich, sieht man das zumeist in unserem heutigen Wirklichkeitsverständnis.

Wirklichkeits-Pluralismus

Im Gegensatz dazu haben die Überlegungen im Kaleidoskop der Wirklichkeiten[2] zu einer anderen Auffassung geführt:

Nicht vor *einer* Wirklichkeit, vor *vielen Wirklichkeiten* steht man. Dabei ist es möglich, daß sich diese Wirklichkeiten zum Teil gegenseitig im Weg stehen und zueinander inkompatibel sind. Neben dieser an sich fast unbegreiflichen, prioritätsfreien Wirklichkeitsvielfalt hat sich auch noch ein anderes, überraschendes Ergebnis gezeigt: "Man selbst" gehört *nicht* zur Wirklichkeit, sondern *man steht stets außerhalb jeder Wirklichkeit*. Man steht außerhalb, und man hat eine mehr oder minder große Auswahl panoramenhafter Wirklichkeiten vor sich, in denen man sich orientieren und zurechtfinden kann. Jede dieser besonderen Wirklichkeiten macht den Urgrund, das Sein, zu dem man selbst gehört, auf seine jeweils besondere Weise sichtbar. Wirklichkeiten sind etwas Gewordenes, sie stellen ein Paradigma dar, eine spezielle Konstruktion.

Entstehen von Wirklichkeiten

Solche paradigmatischen Konstruktionen entstehen aber nicht wie durch einen gewaltigen, schöpferischen Blitzschlag aus dem Nichts, sondern sie bilden sich langsam durch viele kreative Einzelschritte, die man manchmal sogar auch beobachten kann.

Unser gesamter kultureller Hintergrund hat im Lauf der Zeit eine Lebenswirklichkeit[3] hervorgebracht, vor der wir heute stehen und aus der heraus man alles deutet, was einem widerfährt. In dieser Lebenswirklichkeit bewegt man sich in einem

---

[2] FASCHING [Kal Rel, Seite 5-49, 181-220]
[3] FASCHING [Kal Rel, Seite 42 f.]

1. Paradigmatische Konstruktionen

vielfältig verflochtenen Selbst- und Weltverständnis. Vieles ist mit vielem in Verbindung und ist auch in seiner Verflochtenheit für uns in dieser oder jener Weise von Bedeutung und wird uns stets auch in dieser Vernetzung gegenwärtig.[4] Diese Lebenswirklichkeit ist die vorausliegende Ausgangsbasis der Naturwissenschaft.

Das Entstehen einer naturwissenschaftlichen paradigmatischen Konstruktion auf der Basis der vorausliegenden Lebenswirklichkeit ist ein komplexer Vorgang. Durch systematisches Ausblenden großer Bereiche dieser Lebenswirklichkeit wendet sich die Naturwissenschaft einem *eingeengten* Gesichtskreis zu und greift - und das ist noch bedeutender! - in *ganz spezifischer* Weise gewisse Erfahrungselemente auf und gliedert sie durch ihre *spezielle* Methode zur naturwissenschaftlichen Wirklichkeit.[5]

Die Genialität, die der naturwissenschaftlichen Arbeit zugrunde liegt, ist deshalb im höchsten Maß zu bewundern, weil sie in der Lage ist, in der Lebenswelt Elemente aufzuspüren, die im lebensweltlichen Kontext auch völlig bedeutungslos sein können, und weil sie in der Lage ist, intuitiv zu erfassen, wie man aus diesen Elementen eine besondere, andersartige Wirklichkeit, nämlich die naturwissenschaftliche Wirklichkeit, konstruieren kann.

---

[4] Es ist selbstverständlich, daß ein *anderer* kultureller Hintergrund auch eine *andere* Lebenswirklichkeit hervorbringt. Gerade diese kulturelle Vielfalt, die in Jahrtausenden geworden ist, stellt einen ungeheuren geistigen Reichtum dar, der nicht in irgendeinem Völkerkundemuseum "konservierbar" ist. Und stets sollte man bedenken, daß bei Unterschreiten der kritischen Größe der an dieser Lebenswirklichkeit teilnehmenden Population diese besondere und einmalige Wirklichkeit kollabiert und wahrscheinlich unwiederbringlich verschwindet.

[5] Diese Vorgangsweise wird explizit in den Texten FASCHING [Kal Rel, Seite 181-205] und FASCHING [Gegenwurf] dargestellt.

Lebendiger Vollzug von Wirklichkeiten

Eine Wirklichkeit ist grundsätzlich immer etwas Gewordenes. Und dieses Werden einer Wirklichkeit kann man, wie gesagt, mit eigenen Augen verfolgen. Im Kaleidoskop der Wirklichkeiten[6] wurde hierfür das konkrete Beispiel der ptolemäischen Astronomie aufgegriffen und es wurde gezeigt, wie es dazu kommt, daß eine solche Wirklichkeit schrittweise entsteht, und wieso man an einer derart "konstruierten" Wirklichkeit schließlich festhält. Heute sind wir zwar davon überzeugt, daß nicht das ptolemäische, sondern das kopernikanische Weltbild zutreffend ist. Gerade deshalb war es aber für unsere Überlegungen besonders lehrreich zu sehen, auf welche Art die ptolemäische Wirklichkeit in überzeugender Weise entstanden ist. Die Erörterung der ptolemäischen Wirklichkeit und die ausführlichen Hinweise für eigene Beobachtungen sollten ein lebendiges Gefühl für das Werden einer Wirklichkeit vermitteln.

Bei jeder Wirklichkeit geht es immer darum, daß man sie selbst lebendig vollzieht, das heißt, daß man sie nach ihren eigenen Gesetzen vor sich aufbaut, sodaß man die betreffende paradigmatische Konstruktion in aller Deutlichkeit vor sich sieht. Nur durch ein lebendiges Vollziehen der Wirklichkeit kann man sie durchdringen und auch ihre Grenzen erkennen.

Andere überzeugende Beispiele für ein lebendiges Vollziehen von Wirklichkeiten liefern jene Dokumente, die zeigen, auf welche Weise ein Naturforscher bei der Konstruktion seines Paradigmas vorgegangen ist und auf welche Weise er Phänomene der Lebenswirklichkeit aufgegriffen und zu seiner besonderen Wirklichkeit zusammengefügt hat.

Zwei eindrucksvolle Beispiele haben wir im Fall der Farbenlehre in Goethescher und Newtonscher Sicht vor uns. An Hand zweier leicht zugänglicher Monographien dieser beiden

---

[6] FASCHING [Kal Rel, Seite 51-153]

1. Paradigmatische Konstruktionen

Denker seien im 2. Kapitel die Gedanken dargestellt, die zu den beiden unterschiedlichen Wirklichkeitsauffassungen über das Wesen der Farbe geführt haben.

Beide Beispiele zeigen deutlich die ernsten Bemühungen um einen lebendigen Vollzug der betreffenden Wirklichkeit und beide Beispiele zeigen auch, daß die Wirklichkeit dabei in einer jeweils "anderen Richtung" gesehen wurde.

Fruchtbare Vielfalt

Die Vielfalt paradigmatischer Konstruktionen, die prioritätsfrei nebeneinander stehen, ist sehr oft von besonderem Vorteil, weil unterschiedliche Wirklichkeiten unterschiedliche Anleitungen für zielführendes Handeln bereithalten. Unterschiedliche Wege bieten Alternativen an, die wertvoll sind, wenn bereits praktizierte Wirklichkeiten nicht mehr weiterhelfen.

Wenn man hierfür nach einem Beispiel sucht, dann wird man vermutlich sofort an heilkundliche Wirklichkeiten denken. Wenn in gewissen Situationen die Methoden einer Schulmedizin nicht greifen wollen oder auch wenn diese Methoden als zu aggressiv empfunden werden, dann wenden sich viele Menschen Heilmethoden anderer Kulturkreise zu. Solche heilkundlichen Wirklichkeiten sind in unserem Zusammenhang deshalb von besonderem Interesse, weil sie uns paradigmatische Konstruktionen vor Augen führen, die auf fremdartigen Lebenswirklichkeiten ruhen und die auch aus diesem Umfeld ihr begriffliches Werkzeug beziehen. Ein Beispiel hierfür ist die traditionelle chinesische Medizin, die im 3. Kapitel beleuchtet werden soll. Diese paradigmatische Konstruktion ist für uns auch deshalb von Bedeutung, weil sie von vielen Millionen Menschen praktiziert wird und damit als Massenphänomen zu betrachten ist.

Wirklichkeiten sind also oft große, weitläufige Gebilde. Im Gegensatz dazu gibt es aber auch kleine Wirklichkeiten, sogenannte *Mikro-Wirklichkeiten*, die alle Eigenschaften von Wirklichkeiten besitzen, lebendig im Handeln vollzogen werden und wertvolle Beiträge zur fruchtbaren Vielfalt liefern. Hiervon ist im 4. Kapitel die Rede. Es zeigt sich, daß Mikro-Wirklichkeiten schon *vor* jeder Kultur da sind und das kulturelle Geschehen bis in die Gegenwart begleiten. Sie tragen in sich die Fähigkeit zu einer Weiterentwicklung. Ein iterativer Prozeß ist hier möglich und die Mikro-Wirklichkeiten nehmen als geistige Schöpfung zuletzt eine feste Gestalt als ausgeprägte und komplexe Kulturform an.

Simultane und sequenzielle Wirklichkeiten in der Lebenswelt

Einander widersprechende paradigmatische Konstruktionen hat sicherlich jeder Mensch auch schon in seiner eigenen Lebenswelt erfahren. In der Literatur wurden solche Beispiele immer wieder aufgegriffen.

Im 5. Kapitel wird ein derartiges Beispiel für *simultane Wirklichkeiten* ausgeführt. Hier zeigt sich, daß ein Geschehen, welches von mehreren Zeugen beobachtet wurde, gleichzeitig auf unterschiedliche Art als Wirklichkeit ausgelegt und gedeutet werden kann.

Im 6. Kapitel wird ein Beispiel für *sequenzielle Wirklichkeiten* dargestellt. Sequenzielle Wirklichkeiten meinen solche, die zeitlich nacheinander erfahren werden und die jedesmal den Menschen in seiner Lebenswelt voll und ganz erfassen und die dennoch in ihrer Struktur sehr verschieden sind.

1. Paradigmatische Konstruktionen

Okkulte Wirklichkeiten und andere Geheimlehren

Okkulte Wirklichkeiten werden heute im allgemeinen als Aberglaube abgetan. Bei genauerer Betrachtung bemerkt man allerdings, daß okkulte Wirklichkeiten als besondere paradigmatische Konstruktionen kulturhistorisch von großem Interesse sind. Forschungsarbeiten zeigen, daß okkulte Wirklichkeiten vor allem in der Antike ein wichtiger Bestandteil des täglichen Lebens gewesen sind. Die Mehrzahl der Menschen war von der Existenz okkulter Wirklichkeiten tief überzeugt. Das 7. Kapitel bringt konkrete Beispiele zu den Themen Weissagung, Zauber und Dämonen und auch über Schamanismus. Auch Beispiele aus der Volkskunst werden aufgegriffen, weil diese zeigen, daß okkulte Wirklichkeiten bis in die Jetztzeit heraufreichen.

Gefährliche Verabsolutierungen

Jede Wirklichkeit kann mißbraucht werden. Eine besonders gefährliche Form des Mißbrauchs von Wirklichkeiten ist ihre Verabsolutierung zu sogenannten totalitären Wirklichkeiten. Totalitäre Wirklichkeiten meinen solche, die die Gesamtheit umfassen wollen, die alles sich unterwerfen und aus welchen man, wenn man einmal in ihnen gefangen ist, sich nicht mehr befreien kann. Diese mißbrauchten paradigmatischen Konstruktionen haben den Charakter einer "Wirklichkeits-Falle". Man findet aus ihnen nicht mehr heraus. Solche Wirklichkeiten gebärden sich wie Universal-Wirklichkeiten. Alle anderen Wirklichkeiten werden hierdurch verdrängt und gehen verloren. Durch diese Verarmung wird auch der Spielraum alternativen Handelns eingeschränkt und verschwindet zuletzt. Ein oft unumkehrbarer Prozeß der Verabsolutierung läuft ab, der die totalitäre Wirklichkeit auch in ein extremes Naheverhältnis zur Macht bringt.

Im 8. Kapitel ist zunächst von totalitären Wirklichkeiten die Rede, die sich auf einzelne Menschen beziehen, die sie auf totalitäre Weise gefangen nehmen und nicht mehr loslassen. Hier sind jene Phänomene gemeint, die in der Psychiatrie unter der Bezeichnung *Wahn* zusammengefaßt werden. Größen- und Verfolgungswahn, Paranoia und Eifersucht gehören hier her. An Hand einiger Beispiele werden solche totalitären Wahn-Wirklichkeiten beschrieben. Schon hier kündigt sich das Naheverhältnis zu Macht und Gewalt an.

Im Anschluß daran werden Beispiele erörtert, die mit der unvermeidlichen *Kraftentfaltung* in totalitären Wirklichkeiten zusammenhängen. Von Kriegstänzen bis hin zu absurden Verläufen von Gewalteskalationen ist die Rede.

Schließlich werden Beispiele betrachtet, die zu *Extremsituationen* führen, die sich aus der Eigendynamik verabsolutierter paradigmatischer Konstruktionen ergeben. Eine derartige Eigendynamik ist zunächst nicht gewollt, sondern sie ergibt sich mehr oder minder von selbst, sie wird aus dem Inneren der verabsolutierten Wirklichkeit oft nicht einmal wahrgenommen, bis man sie zuletzt nicht mehr beherrschen kann.

*

Eine Sammlung paradigmatischer Konstruktionen, die aus der Praxis entnommen wurden, illustriert die Bedeutung des Wirklichkeits-Pluralismus, zeigt die fruchtbaren Chancen auf, die sich hier bieten, und macht auch auf die Gefahren aufmerksam, die sich ergeben, wenn paradigmatische Konstruktionen bewußt oder unbewußt mißbraucht werden.

Das erste Beispiel unserer Sammlung paradigmatischer Konstruktionen ist die *Wirklichkeit der Farbe*. Die Goethesche Farbenlehre wird dabei an den Anfang gestellt, weil Goethe die historisch ältere Sicht über Farben vertritt. Newtons Farbenlehre, die ein frühes Meisterwerk für das zergliedernde, analytische Denken im Sinn Descartes ist, kontrastiert zur Goetheschen Farbenlehre und findet dennoch am Ende zu bemerkenswert ähnlichen Aussagen.

2
FARBE ALS WIRKLICHKEIT

2. Farbe als Wirklichkeit

Farbe als Wirklichkeit
    Goethes Farbenlehre
        Physiologische Farben
            Farblose Bilder
            Farbige Bilder
            Farbige Schatten
            Schwach wirkende Lichter, subjektive
                Höfe, pathologische Farben
        Physische Farben
            Dioptrische Farben der 1. Klasse
            Dioptrische Farben der 2. Klasse
        Zum Wesen von Licht und Farbe aus
            Goethescher Sicht
        Farbenkreis und Spektrogramm
    Newtons Farben des Lichts
        Newtons Experimente
            1. Experiment
            2. Experiment
            3. Experiment
            4. Experiment
            5. Experiment
        Das Wesen der Farbe
        Einfache Farbmetrik
        Das Auge
        Der Spektralfarbenzug
    Zwei Wirklichkeiten

Das Phänomen Farbe ist mehr oder minder jedem Menschen in seiner Lebenswirklichkeit geläufig. Das 2. Kapitel will jetzt im Detail am Beispiel der Farbe zeigen, auf welche Weise man aus der Lebenswirklichkeit zwei verschiedene "naturwissenschaftliche" Farb-Wirklichkeiten gewinnen kann. Die eine versucht einen eher ganzheitlichen Zugang, die andere geht analytisch und zergliedernd vor und betrachtet die Teile. Das Beispiel der Farb-Wirklichkeiten ist deswegen sehr lehrreich, weil man sich an Hand zweier sehr bekannter Originaldarstellungen in aller Ausführlichkeit vor Augen führen kann, wie diese unterschiedlichen Wirklichkeiten entstehen. Die eine Zugangsweise hat Goethe in seiner Farbenlehre ausgearbeitet, die andere stammt von Newton und wurde in seiner Optik detailreich dargestellt. In beiden Werken werden mit akribischer Genauigkeit Beobachtungen und Experimente beschrieben, es werden die Fragen der Reproduzierbarkeit sehr ernst genommen und es werden die entdeckten Befunde in logisch kohärenter Weise miteinander verbunden. Trotzdem findet man zu unterschiedlichen Ergebnissen (Abbildung 1).

Goethes Grundauffassung ist, daß alles eine harmonische Einheit bildet, die aus dem Umfassenden heraus verstanden werden muß: Sein Denken ist daher auf das Ganze gerichtet. Für Goethe ist dabei das "Phänomen" von größter Bedeutung, denn hier ist jenes, was erscheint, mit dem unlösbar verbunden, dem es sich zeigt. Das Phänomen überbrückt also die uns fast immer gegenwärtige Spaltung von Subjekt und Objekt.

Newtons Denken steht dagegen dem Descartschen Denken nahe. Das Objekt ist das Primäre und das Subjekt und das Subjektive wird ins Sekundäre abgedrängt. Folgerichtig ist seine Weise zu sehen grundsätzlich analytisch und zergliedernd beschaffen, und er betrachtet vor allem das Kleine, das Elementare und meint, durch Summation daraus das Ganze gewinnen zu können. Ist das Ganze wirklich nur die Summe

2. Farbe als Wirklichkeit

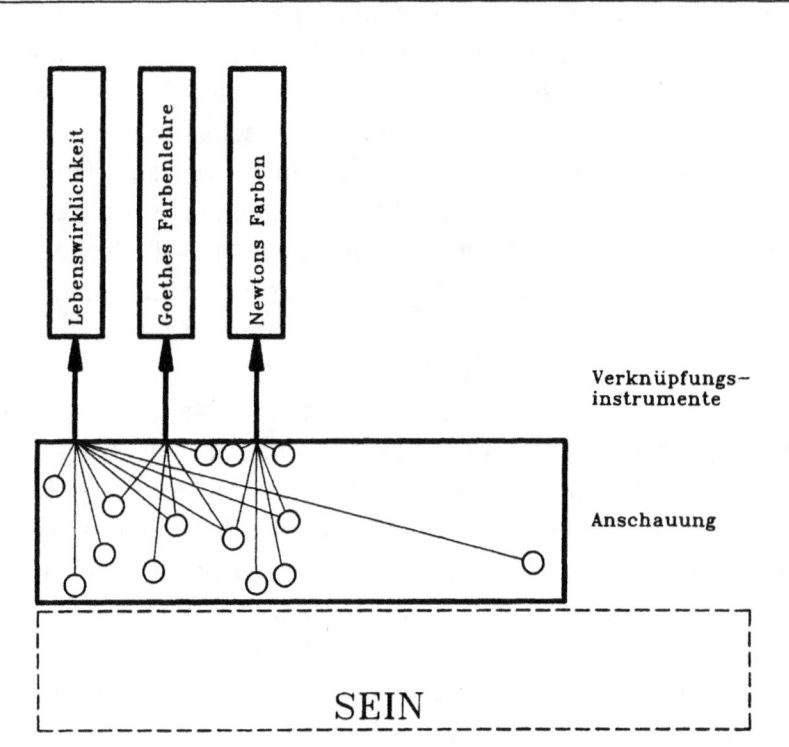

Diese schematische Abbildung will das Entstehen von Wirklichkeiten optisch gliedern. Im oberen Teil des Bildes sieht man Felder, welche *Wirklichkeiten* repräsentieren. Die Pfeile symbolisieren jene *Verknüpfungsinstrumente*, welche festlegen, auf welche Weise sich die betreffenden Wirklichkeiten ergeben: Vorerst unstrukturierte Elemente der *Anschauung* werden aufgegriffen und auf besondere Art zur Wirklichkeit strukturiert.

Das Feld, welches mit dem Wort *Sein* beschriftet ist, meint das eigentlich Gegebene, meint den Urgrund von allem, der jenseits "benennbarer" Wirklichkeiten liegt.

Goethe und Newton haben zwei verschiedene Zugänge zur Wirklichkeit der Farbe gefunden.

Abbildung 1

seiner Teile? Vor allem: Auf welche Weise weiß man denn von den Teilen?

Wenn hier im Abschnitt über Farbe die Farbenlehre Goethes an den Beginn gestellt wird und dann erst von Newtons Farben des Lichts gesprochen wird, so ist das genau genommen erstaunlich: Ist nicht Goethe 100 Jahre jünger als Newton? Dennoch wollen wir die umgekehrte zeitliche Reihenfolge bevorzugen, weil Goethe die historisch ältere Sicht über Farben vertritt.

Goethe tritt insbesondere der Newtonschen Auffassung vom Licht entgegen und möchte sie widerlegen. Einen eigenen Band der Farbenlehre hat er als Polemischen Teil gekennzeichnet.[1] Später jedoch hat er sich hiervon eher distanziert und davon gesprochen, daß ihm im Grunde alles polemische Wirken gegen seine eigentliche Natur gehe und er daran wenig Freude habe.[2]

Diese Einsicht Goethes ist sehr bedeutend. Denn eine Polemik, die aus *einer* bestimmten Wirklichkeit heraus eine *andere* Wirklichkeit treffen und entlarven möchte, kann nicht zielführend sein, sie muß in die Irre gehen. Goethe und Newton haben solche *unterschiedliche* Wirklichkeiten vertreten. Goethes Weise zu denken ist grundsätzlich auf das Umfassende, das Ganze gerichtet. Newtons naturwissenschaftliche Weise zu sehen ist dagegen umgekehrt orientiert, sie ist grundsätzlich analytisch, zergliedernd, zerlegend, sie betrachtet das Kleine, das Elementare. Goethes Gedanken können im naturwissenschaftlichen Schema nicht gedacht werden und umgekehrt. Goethe mußte schließlich erkennen, daß er seine Farb-Wirklichkeit nicht in das Bild der von Newton vertretenen neuzeitlichen Naturwissenschaft einfügen konnte - und auch nicht einfügen durfte! -, wenn er nicht jenes opfern wollte, was für ihn das Entscheidende war.[3] Goethe hat offenbar die

---
[1] GOETHE [FL, pol, T]
[2] ECKERMANN [Gespräche, 2. Bd., S 63 f.]

Naturwissenschaft, oder besser gesagt das Wesen der Naturwissenschaft, für reformierbar gehalten und er mußte erkennen, daß das nicht möglich war.

Goethes Farbenlehre

Goethes Farbenlehre versucht, die Wirklichkeit der Farbe auf einer möglichst unverengten Basis zu erfassen. Wiederholt weist er darauf hin, daß er mit seinem Werk nichts grundlegend Neues schaffen will und stellt in einem umfangreichen historischen Teil[4] seiner Farbenlehre die geschichtliche Entwicklung zusammen.

Goethe[5] tritt in seiner gesamten, umfangreichen Naturlehre einer damals aufblühenden "reduktionistischen Naturwissenschaft" entgegen, die - nach seiner Sicht - auf einem zu engen Fundament gegründet ist und dadurch auch nur beengende Aussagen machen kann. Seine Auffassung wirkt heute in ihren Ansätzen eigentlich schon wieder recht modern. Es ist nämlich bemerkenswert, daß Goethe seinen "Beobachtungsgegenstand" von vornherein nicht vom "Beobachter" trennt, sondern ihn einbezieht in den Akt des Erforschens. Eine Vorgangsweise, die erst im Rahmen der modernen Physik - wenngleich in anderer Konzeption - aufgegriffen wurde. Im Bereich der Farbenlehre hat Goethe versucht, eine eigene Wirklichkeit, ein eigenes in sich geschlossenes Denkmuster zu schaffen, welches

---

[3] WEIZSÄCKER [Goethe, S. 539 f.]
[4] GOETHE [FL, Hist]
[5] Goethe (1749 - 1832) hat sich nach seiner ersten Italienreise (1786 - 1788) in Weimar vorwiegend naturwissenschaftlichen Studien gewidmet. Bekannt sind hier seine Arbeiten zur Botanik (Urpflanze), zur Anatomie (Entdeckung des Zwischenkieferknochens), zur Zoologie, Mineralogie und Meteorologie. Von besonderer Bedeutung war für ihn die Farbenlehre, die ihn bis zu seinem Tod beschäftigt hat. Er hat ein umfangreiches Schrifttum zu naturwissenschaftlichen Fragen hinterlassen (GOETHE [Naturwissenschaft]).

in eigenständiger Begrifflichkeit, die uns heute allerdings fremd und unverständlich erscheint, von der Natur der Farben redet. Wenn man das Werk über die Farbenlehre studiert, so berührt einen einerseits die dichterische Sprache, mit der er fast ehrfurchtsvoll an die Probleme herangeht. Anderseits macht einen sein besonderer Standpunkt, den er einnimmt, betroffen: Das All ist für Goethe ein harmonisches Eins. Jede Kreatur ist nur ein Ton, eine Schattierung einer großen Harmonie, die man im Großen, im Ganzen studieren muß. Alle erfahrbaren Phänomene hängen für Goethe zusammen und gehen ineinander über. Goethe spricht von seinem "durch Erfahrung bestärkten Glauben ... , welcher sich fest darauf begründet, daß die Natur kein Geheimnis habe, was sie nicht irgendwo dem aufmerksamen Beobachter nackt vor die Augen stellt."[6]

Die Farbe ist für Goethe ein elementares Naturphänomen für den Sinn des Auges. Dreierlei Erscheinungsweisen von Farben unterscheidet er dabei:

○ Farben, die dem Auge direkt angehören, er nennt sie *physiologische Farben*. Sie gehören dem Auge an und nicht der physischen Natur außerhalb von uns.

○ Farben, die durch farblose "Mittel" (Linsen, Prismen, Gläser, trübe Substanzen, ...) hervorgerufen werden und subjektiv und objektiv beobachtbar sind, nennt Goethe *physische Farben*.

○ Farben können zuletzt auch Gegenständen angehören. Er nennt sie *chemische Farben*.

Goethe analysiert in seiner Farbenlehre an einer großen Zahl von Überlegungen und Beispielen, die er in 920 Paragraphen gliedert, die Zusammenhänge von Licht und Farbe für unterschiedliche Bedingungen und findet dabei zu merkwürdigen Übereinstimmungen und Parallelen, die in unserer heuti-

---

[6] GOETHE [Hamburger Ausg., 10. Bd., S. 436] in den "Tag- und Jahresheften 1790".

2. Farbe als Wirklichkeit

gen Auffassung von den Farben nicht gesehen, beziehungsweise in andere Zusammenhänge eingeordnet werden.

Welche Beobachtungen hat Goethe gemacht, die ihn zu dieser besonderen Wirklichkeit der Farben[7] geführt haben? Um das wenigstens ansatzweise zu zeigen, müssen wir zumindest einige Beobachtungen beschreiben, die uns Goethes Schlußfolgerungen verständlich werden lassen. Manche Beobachtungen sind vielfach bekannt, andere wieder nicht so sehr, sodaß es sich empfiehlt, daß der Leser diese auch selbst anstellt. Es sind nur einfache Hilfsmittel dafür erforderlich.

Physiologische Farben

Physiologische Farben sind Farben, die gewissermaßen dem Auge angehören, Farben, die man nicht der Außenwelt zurechnen wird, weil man sie in ihrer Flüchtigkeit nicht objektiv fassen kann. Sie sind als die notwendigen Bedingungen des Sehens aufzufassen, sie verdeutlichen das Gesehene.[8] Von farblosen und farbigen Bildern und von farbigen Schatten sei hier die Rede. Aber auch schwach wirkende Lichter, subjektive Höfe und pathologische Farben handelt Goethe in umfangreicher Weise ab.

Farblose Bilder. Wenn man für kurze Zeit ein blendendes, farbloses (!) Bild ansieht, dann bleibt im Auge dieser Eindruck für einige Zeit bestehen und klingt erst langsam ab. Das

---

[7] Die hier in unserem Text genannten Farbnamen bedürfen einer erläuternden Bemerkung: Goethe hat mehrfach in kolorierten Darstellungen verdeutlicht, welchen Farbton er mit seinen Farbnamen gemeint hat. Seine Farbbezeichnungen weichen allerdings von unserem heutigen Wortgebrauch zum Teil ab, weshalb man genau genommen von "Goethe-Farben" sprechen müßte. Weil aber in diesem Abschnitt ausschließlich von Goethes Vorstellungen die Rede ist, kann kein Irrtum entstehen, wenn nicht vor jeder Farbbezeichnung der Hinweis "Goethe-Farbe!" vermerkt ist. Über den Zusammenhang zwischen Goethe-Farben und Farbspektrum soll später noch etwas gesagt werden.
[8] GOETHE [FL, did, T, §§ 1, 3]

Abklingen ist dabei von einer Farberscheinung begleitet, die sich zunächst fluktuierend ändert, bis zuletzt ein zarter einheitlicher Farbton im Auge zurückbleibt. Es ist bemerkenswert, daß dieser Farbton davon abhängt, auf welchen Hintergrund das Auge dabei blickt. Schaut man auf eine dunkle Fläche, so erscheint das abklingende Bild[9] zuletzt blau, blickt man dagegen auf eine hellgraue Fläche, so erscheint es zuletzt[10] wie ein schmutziges Gelb.[11] Die ersten beiden Goetheschen Farben kündigen sich an: Das Blaue und das Gelbe. Am Dunklen, an der Finsternis, also vor der dunklen Fläche entsteht das Blaue. Am Hellen, am Licht entsteht das Gelbe. Auch wenn wir diese Phänomene an uns selbst beobachten können, erscheint uns diese Argumentation dennoch fremd und ungewöhnlich.

Farbige Bilder. Physiologische Farben treten aber nicht nur bei blendenden farblosen (!) Bildern auf, sie bilden sich auch, wenn das Auge auf eine kleine, lebhaft farbige Fläche blickt, die vor eine weiße Tafel gehalten wird. Nimmt man - ohne das Auge zu verrücken - nach einiger Zeit die kleine farbige Fläche aus dem Gesichtsfeld weg, so sieht man vor der weißen Tafel jetzt eine *andere* Farbe, gleichsam eine entgegengesetzte Farbe "schweben". Einander entgegengesetzte Farben fordern sich im Auge wechselseitig an:

---

[9] Wenn man bei diesem Versuch ein blendendes, kreisförmiges Bild betrachtet hat und nach dem Verdecken dieses Bildes nach einem dunklen Ort des Zimmers blickt, dann sieht man eine runde, helle, zunächst farblose, z. T. gelbe Erscheinung vor sich, deren Rand purpurfarben ist. Der purpurne Rand wird breiter, wächst zum Zentrum der Kreiserscheinung hin und deckt die helle gelbe Erscheinung schließlich zu. Sobald der ganze Kreis purpurfarben ist, wird der Rand des Bildes blau. Das Blaue verbreitet sich und verdrängt die Purpurfarbe, bis *zuletzt die Kreiserscheinung blau gefärbt* ist. Nach einiger Zeit wird das Bild unfärbig, schwächer und kleiner und verschwindet am Ende.

[10] Wenn man nach der intensiven Reizung des Auges dagegen auf eine hellgraue Fläche blickt, so sieht man zunächst ein dunkles Rund vor sich, welches bald einen grünen Rand zeigt, der sich verbreiternd die ganze Kreiserscheinung grün färbt. Bald entsteht ein gelblicher Rand, der sich verbreitet, bis *zuletzt ein schmutziges Gelb den ganzen Kreis erfüllt*. Später verblaßt diese Scheibe.

[11] GOETHE [FL, did, T, §§ 39, 40, 42]

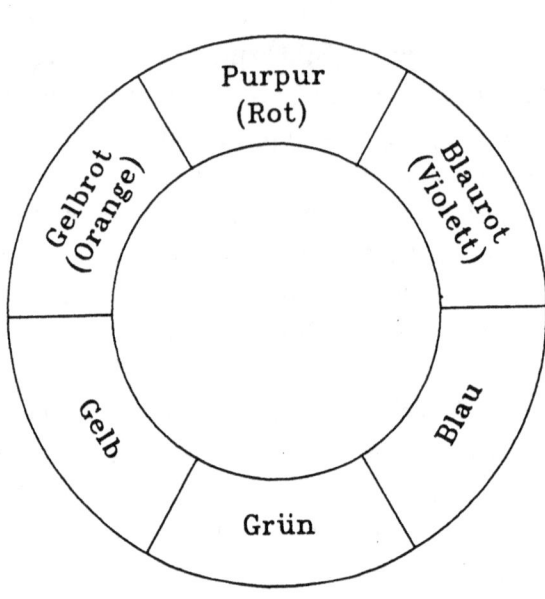

Diese Abbildung zeigt den Goetheschen Farbenkreis. Man sieht die Dreiheit der einfachen Farben: Gelb, Blau und Purpur. Dazwischen liegen die gemischten oder abgeleiteten Farben: Gelbrot (Orange), Grün und Blaurot (Violett).
Die diametral gegenüberstehenden Farben sind jene, welche sich wechselseitig im Auge fordern. Das Auge verlangt die Totalität und schließt in sich selbst den Farbenkreis ab.

Abbildung 2

Gelb	fordert	Blaurot[12],
Blau	fordert	Gelbrot[13],
Purpur	fordert	Grün

und umgekehrt. Die Abbildung 2 zeigt den Goetheschen Farbenkreis, der zur Erklärung des allgemeinen Farbenwesens ein hinreichendes Schema darstellt. Man sieht die Dreiheit der einfachen Farben: Gelb, Blau und Purpur (Rot). Dazwischen liegen die gemischten oder abgeleiteten Farben: Gelbrot (Orange), Grün und Blaurot (Violett). Die diametral einander gegenüberstehenden Farben[14] sind jene, welche sich wechselseitig im Auge fordern.[15] Das Auge verlangt die Totalität und schließt in sich selbst den Farbenkreis ab.[16]

Eine umfangreiche Beispielsammlung ließe sich anführen, um diese allgemeinen Aussagen zu belegen. Einige seien genannt und aus seinem Text herausgegriffen:[17]

○ Nach dem Abnehmen blauer Sonnengläser erscheint auch an einem grauen Tag die Welt wie von der Sonne erleuchtet.
○ Nach dem Abnehmen grüner Sonnengläser erscheint alles in rötlichem Schein.
○ Bringt man vor eine gelbe Wand ein weißes Papier, so sieht man es mit einem violetten Ton überzogen.
○ Blickt man durch eine grüne Jalousie zu einem grauen Haus, so sieht es rötlich aus.

---

[12] Goethe nennt es in § 50 Violett. Die Farbe Violett liegt für das Auge zwischen Blau und Rot; sie ist meist rötlicher als das Blau des Veilchens. Aus Abbildung 25 kann man entnehmen, daß bei kurzwelligem Licht sowohl der "Blau-" als auch der "Rotrezeptor" des Auges anspricht.
[13] Goethe nennt es in § 50 Orange.
[14] Diese einander fordernden Farben - Goethe spricht auch von Polarität - nennen wir heute Komplementärfarben, sie sind zueinander Gegensätze und schließen einander aus. "Wenn man sich ein bläuliches Orange, ein rötliches Grün oder ein gelbliches Violett denken will, wird einem so zumute, wie bei einem südwestlichen Nordwind" zitiert GOETHE [FL, did, T, S. 260] aus einem Brief des Malers Philipp Otto Runge.
[15] GOETHE [FL, did, T, §§ 47, 49, 59], GOETHE [FL, Tafeln, S. 43]
[16] GOETHE [FL, did, T, § 60]
[17] GOETHE [FL, did, T, §§ 55 - 59]

2. Farbe als Wirklichkeit

○ Mehrfach wurde die Purpurfarbe des bewegten Meeres beschrieben. Die beleuchteten Wellenteile sieht man grün und die beschatteten erscheinen purpurfarben.
○ Sieht man ein lebhaft orange gefärbtes Papier vor einer weißen Fläche scharf an, dann bemerkt man bloß andeutungsweise, daß die weiße Hintergrundfläche einen blauen Farbton annimmt. Nimmt man dagegen, ohne von der Stelle zu blicken, das orange gefärbte Papier weg, dann erscheint an seinem Platz das blaue Scheinbild deutlicher. Sobald dieses Scheinbild auftritt, färbt sich zusätzlich die weiße Fläche, wie in einer Art Wetterleuchten, mit einem rötlich-gelben Schein.
○ Scheint die rötliche Abendsonne auf ein graues Kalksteinpflaster, welches mit Gras durchwachsen ist, dann leuchtet das Gras in einem besonders schönen Grün.

Farbige Schatten. Farbige Schatten sind uns zumeist unbekannt. Das ist nicht weiter erstaunlich, denn Schatten zeigen zumeist keine Verfärbung. Wenn die helle Sonne einen Schatten auf eine weiße Fläche wirft, dann erscheint dieser Schatten je nach Gegenlicht schwarz oder grau.[18] Farbige Schatten treten dagegen auf, wenn zwei Bedingungen erfüllt sind: 1. muß das wirksame Licht die weiße Fläche färben und 2. muß ein Gegenlicht den geworfenen Schatten zu einem gewissen Grad erleuchten.[19]

Wenn man bei Dämmerung auf ein weißes Papier eine niedrig brennende Kerze stellt und zwischen sie und das schon schwache Tageslicht einen Bleistift senkrecht aufstellt, sodaß der Schatten des Bleistifts, der vom Kerzenlicht herrührt, von dem Tageslicht erhellt, aber doch nicht aufgehoben wird, dann erscheint der Schatten in einem schönen Blau.[20] Die blaue Farbe sieht man sofort, daß das weiße Papier aber durch das Kerzenlicht rötlichgelb wirkt, sieht man erst bei genauerem Hinsehen. Das Auge verlangt die diametrale Farbe des Farbenkreises. Und auf einen weiteren wichtigen Punkt weist Goethe hin: Die Farbe ist ein Schattiges. Und so, wie sie mit dem

---

[18] GOETHE [FL, did, T, § 63]
[19] GOETHE [FL, did, T, § 64]
[20] GOETHE [FL, did, T, § 65]

Schatten verwandt ist, so verbindet sie sich gerne mit ihm, sie erscheint in ihm und durch ihn, sobald der Anlaß nur gegeben ist.[21] Hier kündigen sich also schon die Phänomene an, die man mit dem Prisma beobachten kann und die später beschrieben werden sollen.

Goethe belegt auch hier durch mehrere Beispiele das Phänomen farbiger Schatten:[22]

○ Beobachtungen an Doppelschatten, die von zwei Kerzen hervorgerufen werden, von denen die eine durch farbige Gläser ein farbiges Licht wirft.
○ Beobachtungen an Doppelschatten von Kerze und Himmelslicht, von Mondlicht und Mondschatten, von Schneefärbungen und Spiegelbildern an gefärbten Gläsern, sowie Schattenfarben, die man aus Taucherglocken im Meer sehen konnte.

Stets stellt sich die vom Farbenkreis geforderte diametral gegenüber stehende Farbe ein.

Schwach wirkende Lichter[23], *subjektive Höfe*[24], sowie *pathologische Farben*[25] gliedern sich für Goethe gleichfalls weitgehend in die bereits beschriebenen und geordneten Phänomene ein.

Physische Farben

Physische Farben nennt Goethe diejenigen, die durch materielle Mittel hervorgebracht werden, Mittel, die aber selbst keine Farbe haben, die zum Teil durchsichtig, durchscheinend, trüb und auch völlig undurchsichtig sein können.[26] Physische Farben scheinen um einen gewissen Grad mehr Realität zu haben, denn während bei den physiologischen Farben im wesentlichen nur das Auge wirksam war, so kann bei den physi-

---

[21] GOETHE [FL, did, T, § 69]
[22] GOETHE [FL, did, T, §§ 68 - 80]
[23] GOETHE [FL, did, T, §§ 81 - 88]
[24] GOETHE [FL, did, T, §§ 89 - 100]
[25] GOETHE [FL, did, T, §§ 101 - 135]
[26] GOETHE [FL, did, T, § 136]

2. Farbe als Wirklichkeit

schen Farben nicht nur auf der Retina des Auges die Farbe erregt werden, sondern auch auf farblosen Flächen außerhalb unseres Körpers.[27] Subjektive Phänomene stehen hier also neben objektiven Phänomenen.[28]

Wir wollen nachfolgend einige wichtige Phänomenkreise herausgreifen und näher beleuchten, wenngleich Goethe in viel umfassenderer Weise seine Sicht der Dinge dargelegt hat. Von *dioptrischen Farben*[29] soll die Rede sein. Hier meint man Farben, deren Entstehung ein sogenanntes "farbloses Mittel" - welches durchsichtig oder zumindest durchscheinend ist - erfordert, durch welches Licht und Finsternis hindurch wirken.[30] Diese dioptrischen Farben teilt Goethe in zwei Klassen ein.[31] Die *dioptrischen Farben der 1. Klasse* meinen Erscheinungen, die an durchscheinenden trüben "Mitteln" entstehen. Die *dioptrischen Farben der 2. Klasse* meinen Erscheinungen, die sich an "Mitteln" zeigen, die im höchsten Grade durchsichtig sind.

Dioptrische Farben der 1. Klasse. Was man unter *"Mitteln"* verstehen soll, wird jetzt deutlich: Es ist eine luft- oder gasartige, flüssige oder feste materielle Erfüllung des leeren Raumes gemeint, die mehr oder weniger durchsichtig ist und von unserem Auge aber als Raumerfüllung nicht konkret erkannt wird.[32]

Ein wichtiger Begriff ist für Goethe das *Trübe*. Es leitet sich aus dem Durchsichtigen her, welches man als den allerersten Grad des Trüben betrachten kann und reicht bis zur vollende-

---

[27] GOETHE [FL, did, T, § 137]
[28] GOETHE [FL, did, T, § 138]. Goethe gliedert die Phänomene physischer Farben in verschiedene Kategorien, die wir heute Reflexion, Brechung, Beugung und Interferenz nennen würden.
[29] Der Ausdruck "dioptrisch" meint "zur Dioptrik gehörend" und meint soviel wie "durchsichtig". Der heute eher veraltete Ausdruck hat ein Teilgebiet der Optik umfaßt. Heute ist uns zumeist nur mehr das Wort "Dioptrie" geläufig, welches ein Maß für die brechende Kraft einer Linse darstellt.
[30] GOETHE [FL, did, T, § 143]
[31] GOETHE [FL, did, T, § 144]
[32] GOETHE [FL, did, T, § 145]

ten Trübe, dem Weißen, welches die gleichgültigste, hellste, undurchsichtige Raumerfüllung ist. Wenn man dieses unendlich fein stufbare Trübe zum *Hellen* und *Dunkeln* in Relation setzt, so findet man zu wichtigen Farbphänomenen:[33]

Wenn hellstes, farbloses, blendendes Licht durch ein trübes Mittel leuchtet, so erscheint es uns gefärbt. Nimmt die Trübe langsam zu, so sieht das Licht nämlich zunächst gelb, dann gelbrot und zuletzt sogar rubinrot aus.[34]

Wird hingegen durch ein trübes Mittel, welches von einem darauffallenden Licht beleuchtet wird, die Finsternis, das Dunkle betrachtet, so erscheint eine blaue Farbe. Nimmt der Grad der Trübheit langsam ab, so sieht man zuerst ein helles, blasses Blau, welches dann immer dunkler und satter erscheint, bis zuletzt - bei zartester Trübheit - das schönste Violett dem Auge fühlbar wird.[35]

Auch hier begegnen uns also wieder als erstes die beiden Farben Gelb und Blau, die aber jetzt in deutlich unterschiedlicher Schattierung und Sättigung wirksam werden.

Beispiele für diese Wirkung trüber Mittel sind jedem geläufig. Die Sonne zeigt sich, durch eine dunstige Atmosphäre gesehen, als gelb leuchtende Scheibe. Die Morgen- und Abendröte ist ein Beispiel für die Verstärkung und Intensivierung dieses erwähnten Phänomens. Wenn ein in der Sahara aufgewärmter Wind über das Mittelmeer streicht und Feuchtigkeit in bedeutendem Maß aufnimmt, dann weht in Südeuropa der gefürchtete, stürmische Schirokko, der die Sonne sogar oft rubinrot leuchten läßt und auch die umgebenden Wolken in dieses Licht taucht.[36]

Wenn dagegen die dunstige Atmosphäre vom Tageslicht erleuchtet wird und man durch sie in die Finsternis des unendlichen Weltraums blickt, dann erscheint eine blaue Farbe. Bei

---

[33] GOETHE [FL, did, T, §§ 146 - 149]
[34] GOETHE [FL, did, T, § 150]
[35] GOETHE [FL, did, T, § 151]
[36] GOETHE [FL, did, T, § 154]

trüber Atmosphäre zeigt sich der Himmel weißblau; je durchsichtiger die Atmosphäre wird, desto dunkler wird das Blau, bis im Gebirge der Himmel sogar königsblau erscheinen kann, weil sich ja nur wenig feine Dünste vor dem schwarzen Weltraum befinden.[37]

Eine große Zahl weiterer Beispiele für diese Grunderscheinung führt Goethe in seiner Farbenlehre an, die wir bloß auszugsweise und schlagwortartig angeben wollen:[38]

○ Bei weit entfernten Bergen sind die Lokalfarben nicht mehr zu sehen, weshalb wir sie als finstere Gegenstände aufzufassen haben. Die dazwischen liegende trübe Atmosphäre läßt die Berge für uns blau erscheinen.[39]
○ Weit entfernte Eisberge erscheinen als weißer Hintergrund in trüber Atmosphäre dagegen gelblich.
○ Rauch erscheint vor einem hellen Hintergrund gelb oder rötlich, vor einem dunklen Hintergrund dagegen blau.
○ Blinde Fensterscheiben werfen auf die Gegenstände ein gelbes Licht, sie sehen dagegen blau aus, wenn man durch sie gegen einen dunklen Hintergrund blickt. Ähnliches nimmt man auch bei angerußten Gläsern wahr.
○ Hält man vor eine Öffnung eines sonnenbeschienenen Fensterladens Pergamentblätter, so erscheint je nach Blattzahl das Licht zunächst weißlich, dann gelblich und zuletzt rot.
○ Im Goethe-Nationalmuseum in Weimar kann man eine Vorrichtung besichtigen, bei der Glasstücke im Auflicht vor einem schwarzen Samthintergrund eine blaue bis violette Farbe zeigen. Öffnet man dagegen einen Deckel, dann sieht man die Gläser im Durchlicht gelb und rot.[40]

An dieser Stelle[41] der Farbenlehre spricht Goethe jetzt zum ersten Mal von einem *Urphänomen* oder auch von einem Grundphänomen: Auf der einen Seite all dieser Versuche und Erfahrungen sieht man das Licht, das Helle, auf der anderen Seite die Finsternis, das Dunkle. Bringt man das Trübe zwischen Licht und Finsternis, so entwickeln sich die Farben und deuten auf ein Gemeinsames zurück.[42]

---

[37] GOETHE [FL, did, T, § 155]
[38] GOETHE [FL, did, T, §§ 156 - 173]
[39] Aus der gleichen Überlegung hätte Goethe voraussagen - wenngleich damals noch nicht beweisen - können, daß die Erde von einer fliegenden Weltraumrakete betrachtet, als "Blauer Planet" erscheinen wird.
[40] GOETHE [FL, did, E, S. 301]
[41] GOETHE [FL, did, T, § 174]

Wir sehen bereits, worauf es bei der Vorstellung des Urphänomens ankommt: Goethe hat eine Reihe von Versuchen aufgestellt, die aneinander grenzen, sich zum Teil berühren und wenn man es genau nimmt, sozusagen bloß einen einzigen Versuch darstellen, der in verschiedenen Ausprägungen sich äußert. Eine Erfahrung, die aus mehreren Erfahrungen besteht, ist für Goethe eine Erfahrung höherer Art, die er als das eigentliche Ziel naturwissenschaftlicher Forschung ansieht.[43] Das Auffinden von Urphänomenen[44], die unmittelbar an der "Idee" stehen[45], ist das Hauptziel der Goetheschen Naturwissenschaft.

Goethe schreibt:
> Der Naturforscher lasse die Urphänomene in ihrer ewigen Ruhe und Herrlichkeit dastehen[46], der Philosoph nehme sie in seine Region auf, und er wird finden, daß ihm nicht in einzelnen Fällen, allgemeinen Rubriken, Meinungen und Hypothesen, sondern im Grund- und Urphänomen ein würdiger Stoff zu weiterer Behandlung und Bearbeitung überliefert werde.[47]

Das Urphänomen, von dem Goethe spricht, hat sich zunächst bei den physiologischen Farben zaghaft angekündigt.

---

[42] GOETHE [FL, did, T, § 175]

[43] GOETHE [FL, did, E, S. 300 f.]

[44] In den Gesprächen Eckermanns mit Goethe (23. Februar 1831) wird auch auf die hohe Bedeutung des Urphänomens Bezug genommen, "hinter welchem man unmittelbar die Gottheit zu gewahren glaube. 'Ich frage nicht' sagte Goethe, 'ob dieses höchste Wesen Verstand und Vernunft habe, sondern ich fühle: es ist der Verstand, es ist die Vernunft selber. Alle Geschöpfe sind davon durchdrungen, und der Mensch hat davon so viel, daß er Teile des Höchsten erkennen mag.' " (ECKERMANN [Gespräche, 2. Bd., S. 28])

[45] GOETHE [FL, did, T, § 741]

[46] An einem anderen Ort sagt Goethe: "Man suche nur nichts hinter den Phänomenen: sie selbst sind die Lehre" (GOETHE [FL, did, E, S. 264). Man beachte, wie modern Goethes Auffassung ist. Erklärungen durch Analogiemodelle sind bekanntlich ein zweifelhaftes Unterfangen. Man denke etwa an die früheren Versuche, das Wesen der Elektrizität mechanistisch und hydraulisch zu deuten. Hinter den Phänomenen hat man mechanische, hydraulische Ursachen gesucht. Das Verständnis der Analogien ist aber bald anstrengender geworden als das Verständnis der neuen, eigenständigen Theorie. (FASCHING [Gegenwurf, S. 283 f., 285])

[47] GOETHE [FL, did, T, § 177]

2. Farbe als Wirklichkeit

Farblose, blendende Bilder klingen im Auge langsam ab und zeigen sich in zarter Farbe, die unterschiedlich ist, je nach dem, auf welchen Hintergrund das Auge blickt: Am Dunklen entsteht das Blaue, am Hellen entsteht das Gelbe. Kräftiger und nicht bloß subjektiv haben sich dann die dioptrischen Farben der 1. Klasse gezeigt und schon sehr deutlich auf das Urphänomen verwiesen: Von der königsblauen Farbe des Himmels im Gebirge bis zu der rubinroten Sonne hat Goethe viele Beispiele aufgezählt. Und noch einmal steigern sich aber diese Phänomene bei den optischen Linsen und Prismen, wo die Farben zum Teil in überwältigender Leuchtkraft hervortreten und abermals auf das Urphänomen hinweisen. Der Wirklichkeitscharakter verfestigt sich immer mehr.

Dioptrische Farben der 2. Klasse. Dioptrische Farben der 2. Klasse können sich an durchsichtigen, farblosen Mitteln, wie Glasplatten, Linsen und Prismen zeigen.

Das Phänomen der Refraktion. Wenn man Gegenstände durch Glasplatten, Linsen[48] oder Prismen betrachtet, dann fällt einem zunächst auf, daß diese Gegenstände nicht an jenem Ort zu sehen sind, wo sie sich eigentlich befinden sollten. Das Licht gelangt auf gebogener oder gebrochener Linie zum Betrachter oder allgemein ausgedrückt: Der Bezug der Gegenstände wird verrückt.[49]

○ Deutlich erkennt man diese Erscheinung, wenn die Sonne in ein leeres, kubisches, undurchsichtiges Gefäß leuchtet und dabei aber nur die gegenüber liegende Wand trifft, nicht aber den Boden des Gefäßes bescheinen kann. Gießt man Wasser in dieses Gefäß, so ändert sich der Bezug des Lichtes zum Gefäß und ein Teil des Topfbodens wird nun gleichfalls beleuchtet. Das Licht weicht von seiner geradlinigen Richtung ab und wird in der beschriebenen Weise gebrochen.[50]

---

[48] Für unsere Zwecke genügt es, von einfachen Linsen zu sprechen. Wenn man Linsen(systeme) aus verschiedenen Gläsern zusammensetzt, dann ist man in der Lage, die Farbphänomene zu unterdrücken. Diese Phänomene der Achromasie und der Hyperchromasie behandelt GOETHE in [FL, did, T, §§ 285 - 298] und [FL, Tafeln, S. 60 f.]

[49] GOETHE [FL, did, T, §§ 184 - 186, 189]

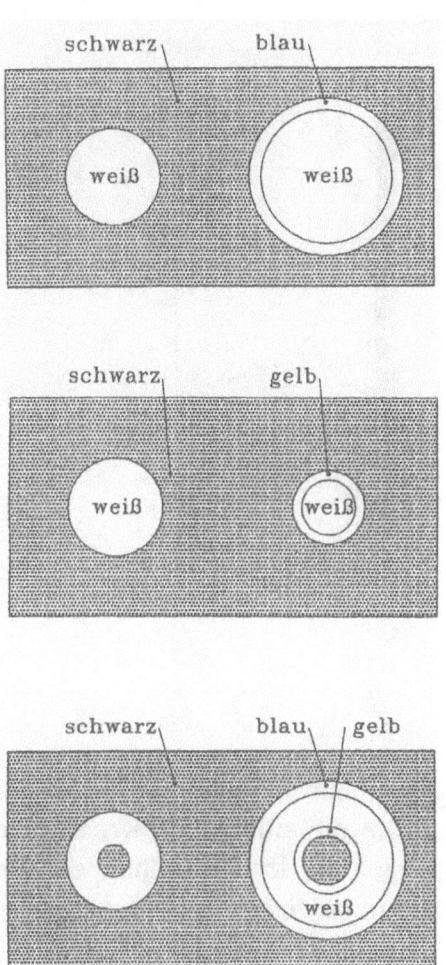

Die Abbildungen zeigen Farberscheinungen bei Linsen. Links sieht man das Objekt, das durch die Linse betrachtet wird, rechts ist dargestellt, was man dabei beobachten kann.

Abbildung 3 (oben)
Abbildung 4 (Mitte)
Abbildung 5 (unten)

2. Farbe als Wirklichkeit

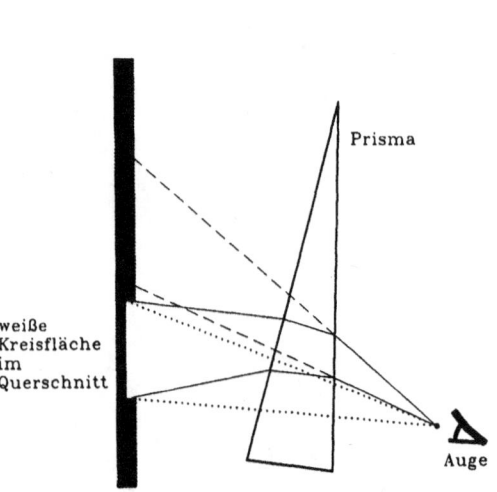

Die Abbildung zeigt auf der linken Seite im Querschnitt eine schwarze Fläche, in die eine weiße Kreisfläche eingelassen ist. Denkt man sich in der Abbildung das Prisma vorerst weg, dann geben die *punktierten Linien* an, in welcher Richtung das Auge die weiße Kreisscheibe sieht. Wenn dagegen das Prisma in der eingezeichneten Lage angeordnet ist, dann wird der Weg der Lichtstrahlen derart gebrochen, wie das die *durchgezogenen Linien* angeben. Das Auge sieht daher die Kreisscheibe nicht mehr dort, wo sie eigentlich ist, sondern nach oben verschoben, wie das die *strichlierten Linien* zeigen.

Abbildung 6

Goethes Farbenlehre

o Auch auf subjektive Weise kann man diese eben beschriebene Erfahrung machen. Blickt man über den Rand des Gefäßes in schräger Richtung, sodaß man den Boden des Topfes nicht sehen kann und gießt anschließend Wasser in das Gefäß, so scheint uns der Boden heraufgehoben und er wird dem Auge sichtbar.[51]

Aber nicht immer, so hat Goethe bemerkt, kann die Verschiebung und Verrückung im Experiment beobachtet werden; man benötigt Merkzeichen um die Veränderungen registrieren zu können. An einer einheitlichen, unbegrenzten Fläche, die keinerlei Merkmale an ihrer Oberfläche trägt, wird man eine Verschiebung nicht bemerken können, sie sieht überall gleich aus. Verrückt sich hingegen ein begrenzt Gesehenes, so hat man Merkmale vor sich, an denen man die Verrückung beobachten kann. Wenn man also nur Beobachtbares zulassen will, dann muß man sich an begrenzt Gesehenes halten oder allgemein gesagt, stets nur die Verrückung von Bildern betrachten.[52] Dieser Gedanke klingt im naturwissenschaftlichen Sinn bemerkenswert modern: Nur Beobachtbares spricht man als naturwissenschaftliche Wirklichkeit an. Nicht Beobachtbares grenzt man aus. Das Phänomen der Refraktion äußert sich unterschiedlich stark, je nach dem, welche optische Mittel man verwendet: Planparallele Glasplatten verrücken Bilder nur geringfügig; konvexe oder konkave Linsen verrücken das Bild ebenfalls in einem gewissen Sinn, denn es wird größer oder kleiner; Prismen schließlich verschieben das Bild sehr stark, ohne allerdings die Gestalt des Bildes wesentlich zu verformen.[53] Unterschiedliche Arten des Verschiebens und Verrückkens können wir also durch Refraktion bewirken. Werden sich Gemeinsamkeiten zeigen?

Refraktion ohne Farberscheinung. So sehr man unbegrenzt Gesehenes, also eine Fläche ohne Merkmale durch Refraktion verrücken mag, es entsteht innerhalb dieser Fläche keine Far-

---
[50] GOETHE [FL, did, T, § 187]
[51] GOETHE [FL, did, T, § 188]
[52] GOETHE [FL, did, T, § 191]
[53] GOETHE [FL, did, T, §§ 192 - 193]

2. Farbe als Wirklichkeit

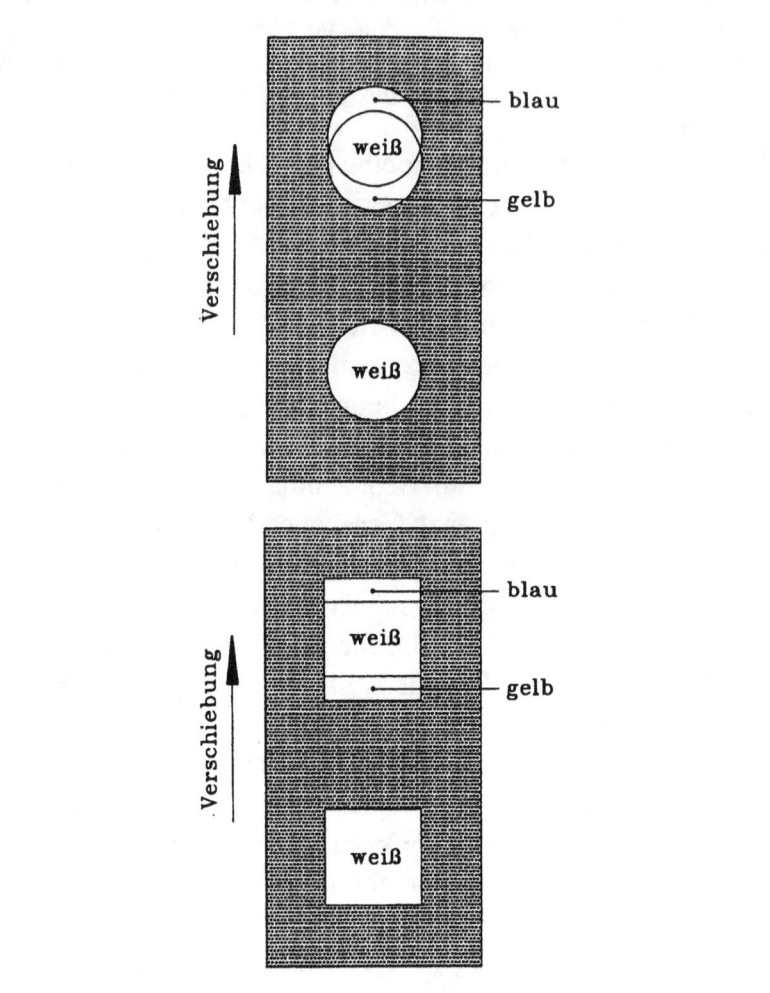

Die Abbildungen zeigen, was man beobachten kann, wenn man durch ein Prisma eine weiße Kreisscheibe, beziehungsweise ein weißes Quadrat auf schwarzem Grund betrachtet: Die Bilder erscheinen nach oben verschoben und haben farbige Ränder.

Abbildung 7 (oben)
Abbildung 8 (unten)

be. Leicht kann man das beobachten, wenn man durch ein Prisma auf eine ausgedehnte Wand oder zum einheitlich blauen Himmel blickt.[54] Das Innere der reinen Fläche bleibt farblos, an den Rändern hingegen, wo sich helle gegen dunkle Flächen abgrenzen, wo also begrenzt Gesehenes vorliegt, bemerkt man farbige Erscheinungen.[55] Eine ganz wesentliche Haupterfahrung kann also schon hier formuliert werden: Es muß begrenzt Gesehenes, es muß also ein *Bild* durch Refraktion in besonderer Weise verrückt werden, wenn Farberscheinungen auftreten sollen.[56]

Farberscheinungen bei Linsen. Ein einfaches Experiment mit optischen Linsen zeigt bereits die Grundzüge refraktionsbedingter Farberscheinungen sehr deutlich.

Betrachtet man eine helle Kreisscheibe auf einem schwarzen Grund durch eine einigermaßen starke konvexe Linse (Abbildung 3), dann zeigt sich die helle Kreisscheibe vergrößert, ihr Rand hat sich vom Mittelpunkt aus allseits nach außen, also über den schwarzen Grund, erweitert und man sieht die vergrößerte Kreisscheibe mit einem blauen Rand.[57]

Betrachtet man dagegen eine helle Kreisscheibe auf einem schwarzen Grund durch eine einigermaßen starke konkave Linse (Abbildung 4), dann zeigt sich die helle Kreisscheibe verkleinert, ihr Rand hat sich allseits über den hellen Grund zum Mittelpunkt hineinbewegt und man sieht die verkleinerte Kreisscheibe mit einem gelben Rand.[58]

Um nun deutlich zu zeigen, daß es tatsächlich bloß auf die Verschiebung eines Randes über dunkle beziehungsweise helle Flächen ankommt und die Färbung nicht etwa von der Art der Linsen - konvex oder konkav - abhängt, beschreibt Goethe noch einen weiteren Versuch:

---

[54] GOETHE [FL, did, T, §§ 195 - 196]
[55] GOETHE [FL, did, T, § 197]
[56] GOETHE [FL, did, T, § 198]
[57] GOETHE [FL, did, T, § 199]
[58] GOETHE [FL, did, T, § 200]

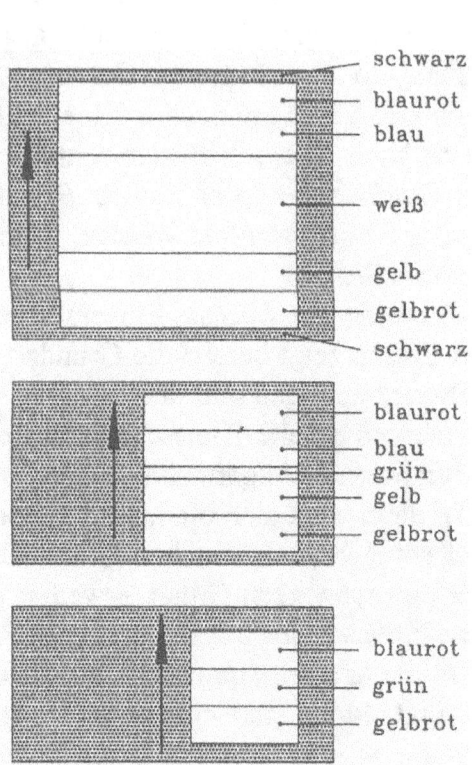

Die Abbildungen zeigen die Farberscheinungen, die man beobachten kann, wenn man große, mittlere und kleine weiße Bilder auf schwarzem Grund durch ein Prisma betrachtet. Die Bilder erscheinen nach oben verschoben und zeigen eine charakteristische Färbung.

Abbildung 9 (oben)
Abbildung 10 (Mitte)
Abbildung 11 (unten)

Betrachtet man eine helle Kreisscheibe, in der sich ein schwarzer Punkt befindet (Abbildung 5) durch eine konvexe Linse, dann zeigt sich die gesamte Anordnung vergrößert: Dabei verschiebt sich der äußere helle Rand über die dunkle Fläche und färbt sich - wie es sein soll - blau. Es vergrößert sich aber auch die innere schwarze Kreisfläche, wobei sich der dunkle Rand über die helle Fläche verschiebt und sich dabei - wie gefordert - gelb färbt.

Die Grundzüge refraktionsbedingter Farberscheinungen bei Linsen sind also sehr einfach: Verschiebt sich der helle Rand über die dunkle Fläche, so zeigt sich eine blaue Farberscheinung. Verschiebt sich dagegen der dunkle Rand über die helle Fläche, so zeigt sich eine gelbe Farberscheinung. Die blaue und die gelbe Farberscheinung zeigen sich über dem Weißen; soferne sie über das Schwarze reichen, nehmen sie - wenn man genau beobachtet - einen rötlichen Schein an.[59]

Es ist bemerkenswert, daß auch hier das gleiche Grundphänomen wirksam wird, wie wir es schon vorhin bei den dioptrischen Farben der 1. Klasse und sogar auch bei den physiologischen Farben gesehen haben. Es wird also immer deutlicher, daß das Goethesche Urphänomen eine in sich geschlossene Wirklichkeit sichtbar macht, in der eins auf das andere Bezug hat und der ganze Phänomenkreis miteinander verbunden ist. Werden die Experimente mit Prismen unsere Erwartungen weiterhin bestätigen?

Farberscheinungen bei Prismen. Durch Prismen werden Bilder besonders stark verrückt, weshalb man hier also starke Farberscheinungen erwarten wird.[60] Die Abbildung 6 zeigt im Querschnitt auf der linken Seite eine schwarze Wand mit einer weißen Kreisfläche, die von einem Auge durch ein Prisma betrachtet wird.[61] Wie der Strahlengang angibt, erscheint dem Auge die Kreisfläche nach oben verrückt. Die Abbildung 7

---

[59] GOETHE [FL, did, T, §§ 201 - 203]
[60] GOETHE [FL, did, T, § 211]
[61] GOETHE [Naturwissenschaft, 1. Abt., 3. Bd., Tafel XVI, Fig. 11]

2. Farbe als Wirklichkeit

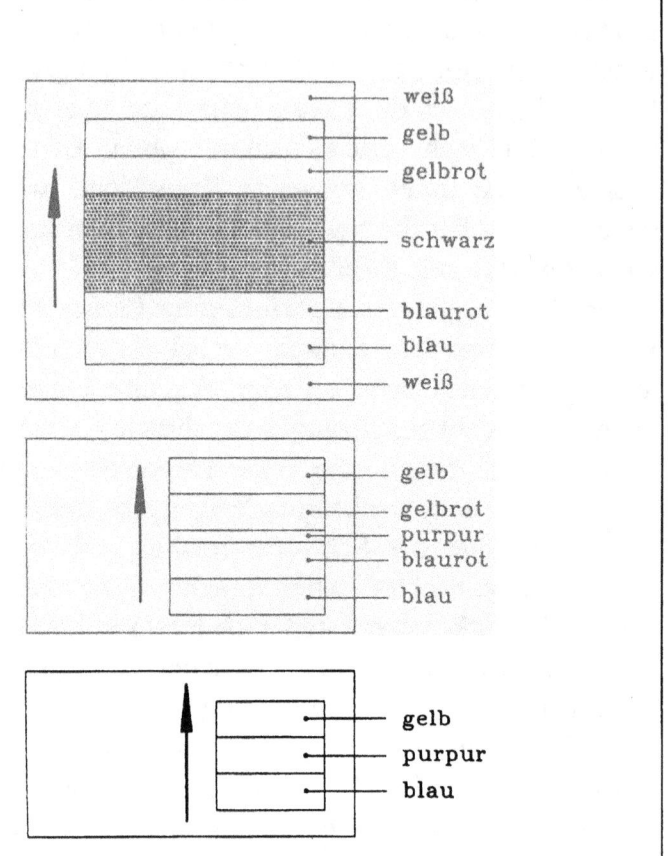

Die Abbildungen zeigen die Farberscheinungen, die man beobachten kann, wenn man große, mittlere und kleine schwarze Bilder auf weißem Grund durch ein Prisma betrachtet. Die Bilder erscheinen wieder nach oben verschoben, sie zeigen jetzt aber eine ganz andere Färbung als ein weißes Bild auf schwarzem Grund.

Abbildung 12 (oben)
Abbildung 13 (Mitte)
Abbildung 14 (unten)

zeigt, was man dabei sieht: Der helle Rand, der sich über die dunkle Fläche geschoben hat, erfährt eine blaue Färbung. Der dunkle Rand, der sich über die helle Fläche verschoben hat, erfährt eine gelbe Färbung.[62]

Auch hier zeigen Experimente, daß die Farberscheinungen nur dann auftreten, wenn Ränder über dunkle beziehungsweise helle Flächen verschoben werden. Die Abbildung 8 zeigt das deutlich. Durch ein Prisma wird ein helles Quadrat, welches sich auf schwarzem Grund befindet, nach oben verschoben. Der obere, helle Rand, der sich über die dunkle Fläche verschoben hat, zeigt eine blaue Färbung. Der untere, dunkle Rand, der sich über die helle Fläche verschoben hat, zeigt eine gelbe Färbung. Die seitlichen Berandungen des Quadrates dagegen haben sich zwar auch verschoben, sie sind jedoch bloß nebeneinander hergelaufen und haben sich nicht übereinander bewegt, weshalb an den seitlichen Berandungen keine Farben entstanden sind.[63]

Auch diese Experimente, die Goethe in mehreren Varianten ausführt und darstellt, zeigen, daß die beobachtbaren Phänomene den genannten Grundzügen refraktionsbedingter Farberscheinungen entsprechen.

Farberscheinungen an großen und kleinen weißen Bildern. Betrachten wir die Farberscheinungen, die beim Verrücken weißer Bilder durch den Einfluß von Prismen hervorgerufen werden, jetzt genauer und beschreiben wir sie detaillierter. Die Abbildung 9 zeigt das verschobene Bild eines großen weißen Quadrates auf dunklem Grund. Der Pfeil gibt an, in welcher Richtung das Bild durch das Prisma verschoben wurde. Das Prisma selbst und die Lage des ursprünglichen Bildes wurde jetzt weggelassen. Beim unteren Rand des verschobenen Bildes wurde die dunkle Grenze gegen das Helle bewegt: Ein

---

[62] GOETHE [FL, did, T, § 204] [FL, Tafeln, S. 49]. Die gleichen Phänomene zeigen sich auch, wenn man das Verrücken der Bilder durch zwei hintereinander liegende, z. B. gekreuzte Prismen bewirkt (GOETHE [FL, did, T, § 205]).

[63] GOETHE [FL, did, T, §§ 206 - 208], [FL, Tafeln, S. 49]

gelber Saum geht voran, der von einem gelbroten Rand - er entsteht durch "Intensieren"[64], durch Verdunkeln durch die nahe dunkle Grenze - gefolgt ist. Beim oberen Rand des Bildes wurde die helle Grenze gegen das Dunkle gerückt: Ein blauer Rand entsteht, der in der Nähe der dunklen Grenze sich durch Intensieren blaurot (violett) zeigt.[65] Die Mitte des großen weißen Bildes haben wir als eine "unbegrenzte" Fläche anzusehen; sie wird zwar verrückt, aber sie verändert sich nicht farblich.[66] Die Abbildung 10 zeigt das verschobene Bild eines *etwas kleineren* weißen Quadrates auf dunklem Grund. Der Pfeil gibt wieder die Verschiebungsrichtung an. Jetzt hat der gelbe Saum den blauen Rand erreicht, die Mitte des Bildes - es handelt sich jetzt nicht mehr um eine "unbegrenzte" Fläche, sie ist ja kleiner geworden, - wird durch Farben völlig zugedeckt und die beiden Extreme vereinigen sich und erzeugen das Grün. Geht man noch einen Schritt weiter und verkleinert das weiße Quadrat noch mehr, dann kommt man zu Abbildung 11. Das ursprünglich weiße Quadrat ist jetzt so klein, daß nach der Verschiebung die Farben Gelb und Blau derart übereinander greifen, daß sie sich völlig zu Grün verbinden.[67] Beim kleinen weißen Bild bleiben die Farben Gelbrot, Grün und Blaurot zurück.

Farberscheinungen an großen und kleinen schwarzen Bildern. Die Abbildung 12 zeigt das verschobene Bild eines großen schwarzen Quadrates auf weißem Grund. Der Pfeil gibt an, in welche Richtung das Bild durch das Prisma verschoben wurde. Beim unteren Rand wurde die helle Grenze gegen das

---

[64] Das Wort "Intension" stammt aus den gemeinsamen Gesprächen von Goethe und Schiller über das Thema der Farbenlehre (GOETHE [Naturwissenschaft, 2. Abt., 3. Bd., S. 363 und 118]). "Intension" bedeutet Erhöhung oder Steigerung. Die Farbe Gelb und Blau können jede an sich selbst eine neue Erscheinung hervorbringen, indem sie sich verdichten oder verdunkeln und auf diese Weise ein rötliches Aussehen erhalten. (GOETHE [FL, did, T, S. 20])
[65] GOETHE [FL, did, T, § 213]
[66] GOETHE [FL, did, T, § 214]
[67] GOETHE [FL, did, T, § 216], [FL, Tafeln, S. 65]

Dunkle bewegt: Ein blauer Rand entsteht, der in der Nähe der dunklen Grenze sich durch Intensieren blaurot färbt. Beim oberen Rand des Bildes wurde die dunkle Grenze gegen das Helle gerückt: Ein gelber Saum geht voran, der durch Intensieren in der Nähe der dunklen Grenze sich gelbrot zeigt.[68] Die Mitte des großen schwarzen Bildes bleibt ungefärbt, also schwarz, weil wir sie als eine "unbegrenzte" Fläche anzusehen haben.[69] Die Abbildung 13 zeigt die Farberscheinungen jetzt bei einem *etwas kleineren* schwarzen Quadrat auf weißem Grund. Der blaurote Saum und der gelbrote Rand erreichen einander und bilden einen purpurnen Streifen.[70] Verkleinert man das schwarze Quadrat noch mehr, dann bleiben, wie Abbildung 14 zeigt, nur mehr drei Farben zurück.[71] Beim kleinen schwarzen Quadrat sind es jetzt aber die Farben Blau, Purpur und Gelb. Diese Farben zeigen sich zum Beispiel sehr schön, wenn man durch ein Prisma Fensterstäbe betrachtet, die einen grauen Himmel zum Hintergrund haben.

Farberscheinungen sind nie statisch. Wir dürfen sie nie als eine fertige, vollendete Erscheinung betrachten. Sie sind ein werdendes Phänomen, ein zunehmendes und wenn man die Randbedingungen anders wählt, sind sie abnehmend, bis sie zuletzt wieder völlig verschwinden.[72] Ein umfangreiches Erfahrungsmaterial[73] belegt das. Und schon ein einfaches Glasprisma vor Augen macht das lebendig und deutlich.

---

[68] GOETHE [FL, did, T, § 213]
[69] GOETHE [FL, did, T, § 214]
[70] GOETHE [FL, did, T, § 215]
[71] GOETHE [FL, did, T, § 216], [FL, Tafeln, S. 69]
[72] GOETHE [FL, did, T, § 217]
[73] Über die erwähnten Beobachtungen hinaus hat Goethe aber auch andere Farberscheinungen in aller Ausführlichkeit untersucht. Insbesondere hat er sich auch mit der Verfärbung *farbiger* Bilder durch die Einwirkung von Refraktion befaßt (GOETHE [FL, did, T, §§ 258 - 284]). Die subjektiv erscheinenden Farben hat er auch an Hand objektiver Versuche nachgewiesen (GOETHE [FL, did, T, §§ 303 - 485]). In einem umfangreichen Abschnitt (GOETHE [FL, did, T, §§ 486 - 687]) analysiert er die chemischen Farben und kommt auch auf die Farbphänomene bei Mineralien, Pflanzen, Insekten, Fischen, Vögeln, Säugetieren und Menschen zu sprechen.

2. Farbe als Wirklichkeit

Zum Wesen von Licht und Farbe aus Goethescher Sicht

Bemerkenswert ist, wie Goethe an das Wesen des Lichtes und an das Wesen der Farbe herangeht. Sehr sorgsam geht er dabei mit dem anspruchsvollen Begriff des Wesens um. Es erscheint ihm vergeblich, auch nur zu versuchen, das Wesen eines Dinges auszudrücken. Denn uns werden immer nur die Wirkungen gewahr, aber ein vollständiges Studium dieser Wirkungen umfaßt das Wesen jenes Dinges auf vollständige Weise. Mehr gibt es nicht zu sagen. Er macht das an einem Vergleich deutlich:

"Vergebens bemühen wir uns, den Charakter eines Menschen zu schildern; man stelle dagegen seine Handlungen, seine Taten zusammen, und ein Bild des Charakters wird uns entgegentreten."

"Die Farben sind Taten des Lichtes, Taten und Leiden. In diesem Sinn können wir von denselben Aufschlüsse über das Licht erwarten. Farben und Licht stehen zwar untereinander in dem genauesten Verhältnis, aber wir müssen uns beide als der ganzen Natur angehörig denken: denn sie ist es ganz, die sich dadurch dem Sinn des Auges besonders offenbaren will."[74]

Die Farben sind die Taten des Lichtes, Taten und Leiden.[75] Das weiße Licht ist für Goethe das ursprüngliche Phänomen. Nicht aus Farben ist es zusammengesetzt.

Um sich dem Phänomen der Farbe zu nähern, setzt Goethe nicht nur das *Licht*, sondern auch das *Auge* als Gegebenheit

---

[74] GOETHE [FL, did, T, S. 3]

[75] Es ist anzunehmen, daß Goethe von Keplers Ausspruch "color est lux in potentia" angeregt wurde. Die Werke, Taten und Leiden beziehen sich zum Beispiel darauf, daß Licht den Dunst der Atmosphäre durchdringt und teilweise verfärbungen "erleidet". Auch an Verfärbungen von Stoffen und Substanzen durch Licht wird man denken. Auch wenn in der heutigen Physik von Absorption, Beugung, Brechung, Dispersion und Reflexion die Rede ist, bringt man zum Ausdruck, was der Lichtstrahl in einem bestimmten Experiment "erlitten" hat, bzw. was ihm "widerfahren" ist. (GOETHE [FL, did, E, S. 282 f.])

voraus. In Anlehnung an die ältesten griechischen Philosophen greift Goethe die Idee auf, daß *Gleiches nur von Gleichem erkannt wird.* Die Worte eines alten Mystikers[76], die auf diese Idee Bezug haben, hat Goethe in seinem bekannten Vers

> Wär' nicht das Auge sonnenhaft,
> Wie könnten wir das Licht erblicken?
> Lebt' nicht in uns des Gottes eigne Kraft,
> Wie könnt' uns Göttliches entzücken?[77]

ausgesprochen.

Aber nicht bloß verwandt soll man sich Licht und Auge denken, man soll beides als ein und dasselbe auffassen. Um diesen schwierigen Gedankengang leichter faßlich zu machen, hat ihn Goethe auch so formuliert, daß im Auge ein ruhendes Licht wohne, das bei der mindesten Veranlassung - von innen oder von außen - erregt werde. Nicht nur in der Einbildungskraft, auch im Traum sehen wir helle Bilder. Äußeres Licht und auch mechanischer Druck, der aufs Auge wirkt, lassen uns Licht und Farbe empfinden. Die Farbe ist dabei ein elementares Naturphänomen für den Sinn des Auges.

Besonders deutlich tritt einem die eigenständige und in sich abgeschlossene Wirklichkeit der Goetheschen Farbauffassung entgegen, wenn man in kurzen Worten sagt, um was es in der Farbenlehre geht. Goethe schreibt, "daß zur Erzeugung der Farbe Licht und Finsternis, Helles und Dunkles, oder, wenn man sich einer allgemeinen Formel bedienen will, Licht und Nichtlicht gefordert werde. Zunächst am Licht entsteht uns eine Farbe, die wir Gelb nennen, eine andere zunächst an der Finsternis, die wir mit dem Wort Blau bezeichnen. Diese beiden, wenn wir sie in ihrem reinsten Zustand dergestalt vermischen, daß sie sich völlig das Gleichgewicht halten, bringen eine dritte hervor, welche wir Grün heißen. Jene beiden ersten

---

[76] Goethe hat hier Plotin gemeint.
[77] GOETHE [FL, did, T, S. 18]

2. Farbe als Wirklichkeit

Farben können aber auch jede an sich selbst eine neue Erscheinung hervorbringen, indem sie sich verdichten oder verdunkeln. Sie erhalten ein rötliches Ansehen, welches sich bis auf einen so hohen Grad steigern kann, daß man das ursprüngliche Blau und Gelb kaum darin mehr erkennen kann. Doch läßt sich das höchste und reine Rot [= Purpur!], vorzüglich in physischen Fällen, dadurch hervorbringen, daß man die beiden Enden des Gelbroten und Blauroten vereinigt. Dies ist die lebendige Ansicht der Farben-Erscheinung und -Erzeugung. Man kann aber auch zu dem specificiert fertigen Blauen und Gelben ein fertiges Rot [=Purpur] annehmen und rückwärts durch Mischung hervorbringen, was wir vorwärts durch Intensieren bewirkt haben. Mit diesen drei [Purpur-Gelb-Blau] oder sechs [Purpur-Gelbrot-Gelb-Grün-Blau-Blaurot] Farben, welche sich bequem in einen Kreis [siehe Abbildung 2] einschließen lassen, hat die elementare Farbenlehre allein zu tun. ..."

"Sollen wir sodann noch eine allgemeine Eigenschaft aussprechen, so sind die Farben durchaus als Halblichter, als Halbschatten anzusehen, weshalb sie denn auch, wenn sie zusammengemischt ihre spezifischen Eigenschaften wechselseitig aufheben, ein Schattiges, ein Graues hervorbringen." [78]

Wenn man außerhalb des Goetheschen Paradigmas steht und diese zusammenfassende Darstellung hört, dann hat man das Empfinden, in einer fremden Welt zu sein; die Worte und Begriffe, die verwendet werden, sind uns zwar irgendwie verständlich, doch ergeben sie zunächst noch keinen Sinn. Erstaunlich aber ist, daß diese fremd anmutenden Begriffe die beobachtbaren Phänomene so treffend beschreiben! Von Licht und Finsternis, von Hellem und Dunklem, von Licht und Nichtlicht ist die Rede, an dem die Farbe entsteht. Ein Verdichten, Verdunkeln und Intensieren gibt es, wodurch Gelb und Blau ein rötliches Ansehen bekommen. Ein Verschieben eines begrenzt gesehenen Bildes durch Linsen und Prismen

---

[78] GOETHE [FL, did, T, S. 20 f.]

kann blaue, blaurote, beziehungsweise gelbe und gelbrote Farben hervorrufen. Trübes, Halblichter und Halbschatten spielen in Goethes Farbenlehre eine bedeutende Rolle. Gelb, Blau und Purpur sind die drei wesentlichen Farben, die sich zu einem Kreis zusammenschließen lassen. Zählt man noch die Zwischenfarben dazu, dann bilden sechs Farben den Farbenkreis. Mischt man alle Farben, so entsteht ein mehr oder minder helles Graues, wie man es auch bei rotierenden Farbkreiseln leicht beobachten kann. Die Farben sind verschwunden, ihre besonderen Eigenschaften haben sich wieder wechselseitig aufgehoben. Das Trübe ist zurückgeblieben.

Goethe verrät im Vorwort zur Farbenlehre dem Leser, auf welche Weise er selbst zum Verständnis der Farben gekommen ist. Er hat sich allein von seiner Erfahrung führen lassen und er läßt auf diese Weise seine eigene Überzeugung unbeeinflußt wachsen. Er fährt fort: "Das bloße Anblicken einer Sache kann uns nicht fördern. Jedes Ansehen geht über in ein Betrachten, jedes Betrachten in ein Sinnen, jedes Sinnen in ein Verknüpfen, und so kann man sagen, daß wir schon bei jedem aufmerksamen Blick in die Welt theoretisieren."[79] (Auf die gleiche Weise hat Goethe auch dem Leser seine Farbenlehre vorgetragen.)

In einem Brief hat Goethe auch deutlich von seiner anderen Zugangsweise zur Natur gesprochen, die sich von der Methode der Physik wesentlich unterscheidet. "Das ist eben das größte Unheil der neueren Physik, daß man die Experimente gleichsam vom Menschen abgesondert hat, und bloß in dem was künstliche Instrumente zeigen die Natur erkennen, ja was sie leisten kann dadurch beschränken und beweisen will. Ebenso ist es mit dem Berechnen. Es ist vieles wahr, was sich

---

[79] GOETHE [FL, did, T, S. 5]. Hier klingt bei Goethe ein Gedanke an, der auch für unsere, in diesem Buch ausgebreitete Überlegung von großer Bedeutung ist: Jede Wirklichkeit kann immer nur unter dem "Vorurteil" eines bestimmten Regel- und-Methoden-Fundamentes gewonnen werden. "Vorurteilsfrei" kann eine Wirklichkeit nicht entstehen. "... und so kann man sagen, daß wir schon bei jedem aufmerksamen Blick in die Welt theoretisieren."

nicht berechnen läßt, so wie sehr vieles, was sich nicht bis zum entscheidenden Experiment bringen läßt."[80]

Wichtige, ganz allgemeine Begriffe, die in Goethes gesamtem Naturverständnis, aber auch in seinem dichterischen Werk[81] eine Rolle spielen, treten auch in seiner Farbenlehre deutlich hervor:[82]

Die Polarität als altes Schema des Denkens: Licht und Dunkel, komplementäre Farbenpaare sehen wir. Wir sehen auch die Ergänzung zur Totalität als eine Ausprägung der Polarität. Aber auch männlich und weiblich, sowie die Polarität der Elektrizität und des Magnetismus und jene von Geist und Materie seien genannt. Aber auch Lieben und Hassen, Hoffen und Fürchten faßt Goethe in einer Tagebuchnotiz als Polarität unseres "trüben Inneren" auf, durch welches der Geist entweder nach der Licht- oder Schattenseite hinsieht.[83]

Die Steigerung faßt Goethe als ein Eigentlichwerden, als ein Entwickeln, eine Metamorphose zum Wesen auf, ähnlich, wie auch der Geist ein Streben kennt, eine geistige Bewegung. Der Vorgang der Steigerung läßt uns auch verstehen, wieso Goethe behaupten[84] kann, daß die Farbe Purpur in einem weiten Sinn alle anderen Farben "enthält" und an die oberste Stelle seines Farbenkreises (siehe Abbildung 2) zu versetzen ist:

Die Steigerung (durch Verminderung der Trübe) wandelt das Blaue ins Blaurote bis hin zum Purpur.[85]

Die Steigerung (durch Vermehrung der Trübe) wandelt das Gelbe ins Gelbrote bis hin zum Purpur.[86]

Die Vermischung des Blauroten und des Gelbroten bringt Purpur als höchste Farbe endlich in reiner Form hervor (Abbildung 13).[87]

---

[80] GOETHE [FL, did, E, S. 173, Brief vom 22. 6. 1808 an Zelter]
[81] GOETHE [Hamburger Ausg., 13. Bd., S. 633 f.]
[82] WEIZSÄCKER [Goethe, S. 548 f., 552]
[83] GOETHE [FL, did, E, S. 141, Tagebuchnotiz vom 25. Mai 1807]
[84] GOETHE [FL, did, T, § 793]
[85] GOETHE [FL, did, T, §§ 745, 786, 787]
[86] GOETHE [FL, did, T, §§ 745, 772, 774]

Die Vermischung von Blau und Gelb bringt Grün hervor (Abbildung 11).[88]

Phänomen und Urphänomen. Ein Phänomen ist etwas, was erscheint, was sich zeigt. Hier ist das, *was* erscheint, mit dem unlösbar verbunden, *dem* es sich zeigt. Die Spaltung von Subjekt und Objekt wird im Phänomen überbrückt! Das Urphänomen geht darüber noch hinaus und ist etwas Tiefstes, etwas nicht mehr Ableitbares. Das naturwissenschaftliche Denken dagegen sieht seit Descartes ausschließlich im Objekt das Primäre und drängt das Subjekt und das Subjektive ins Sekundäre. Ein Urphänomen kann hier, im Descartschen Denken, also nicht sichtbar werden.

Aber nicht nur Physiologisches und Physisches spricht Goethes Farbenlehre an. Sie greift auch auf die sinnlich-sittliche Wirkung der Farbe über.[89] Hierbei betrachtet er zunächst die Wirkungen der Einzelfarben, dann baut er Farbharmonien in Zweiklängen auf und bezieht zuletzt auch ästhetische Wirkungen in seine Überlegungen mit ein.[90]

Goethes Farbenlehre ist also nicht bloß auf ein enges physikalisches Gebiet beschränkt. Sie versucht, - und das ist ganz allgemein Goethes Bestreben - das Ganze zu erfassen, sie versucht, die Spaltung von Subjekt und Objekt zu überwinden, sie versucht also, die Wirklichkeit aus einer Metaebene heraus zu verstehen. Dem naturwissenschaftlich-rationalen Denken

---

[87] GOETHE [FL, did, T, §§ 215, 745]
[88] GOETHE [FL, did, T, §§ 745, 801]. Der Leser möge nicht den voreiligen Schluß ziehen, daß doch die additive Farbmischung von Blau und Gelb ein "Weiß", oder besser ein "Grau", ein "Unbunt" ergibt. Wie schon zu Beginn des Kapitels erwähnt wurde, meinen die hier genannten Farbnamen Goethe-Farben, deren Spektren weiter unten besprochen werden. Dort sieht man, daß das Goethesche Blau und Gelb den Spektralbereich Grün gemeinsam haben. Manche vorschnelle Kritik der Goetheschen Farbenlehre beachtet diesen Sachverhalt nicht (SEXL[Physik 2B, S. 16, 20]).
[89] GOETHE [FL, did, E, S. 271], [FL, did, T, §§758 - 920]
[90] Es ist ein wichtiges Verdienst Goethes, daß er mit den Komplementärfarben die Basis für eine Harmonielehre gelegt hat. Die Komplementärfarben haben auch für die meisten späteren Farbenlehren das theoretische Fundament abgegeben. (Vergleiche auch GOETHE [Hamburger Ausg., 13. Bd., S. 636 f.].)

2. Farbe als Wirklichkeit

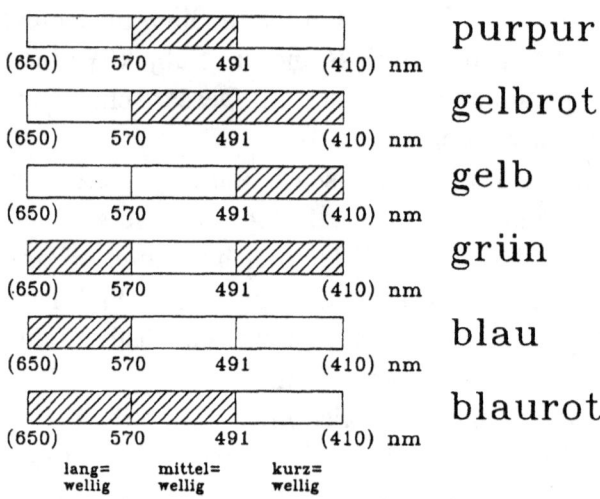

Hier sind die Spektrogramme der sechs Farben des Goetheschen Farbenkreises dargestellt. Links sind die langwelligen Strahlen, rechts die kurzwelligen abgetragen. Jene Bereiche des Spektrums, die bei einer bestimmten Farbe wirksam werden, sind im Spektrum hell gehalten. Die schraffierten Bereiche kommen im Spektrum nicht vor.

Abbildung 15

Goethes Farbenlehre

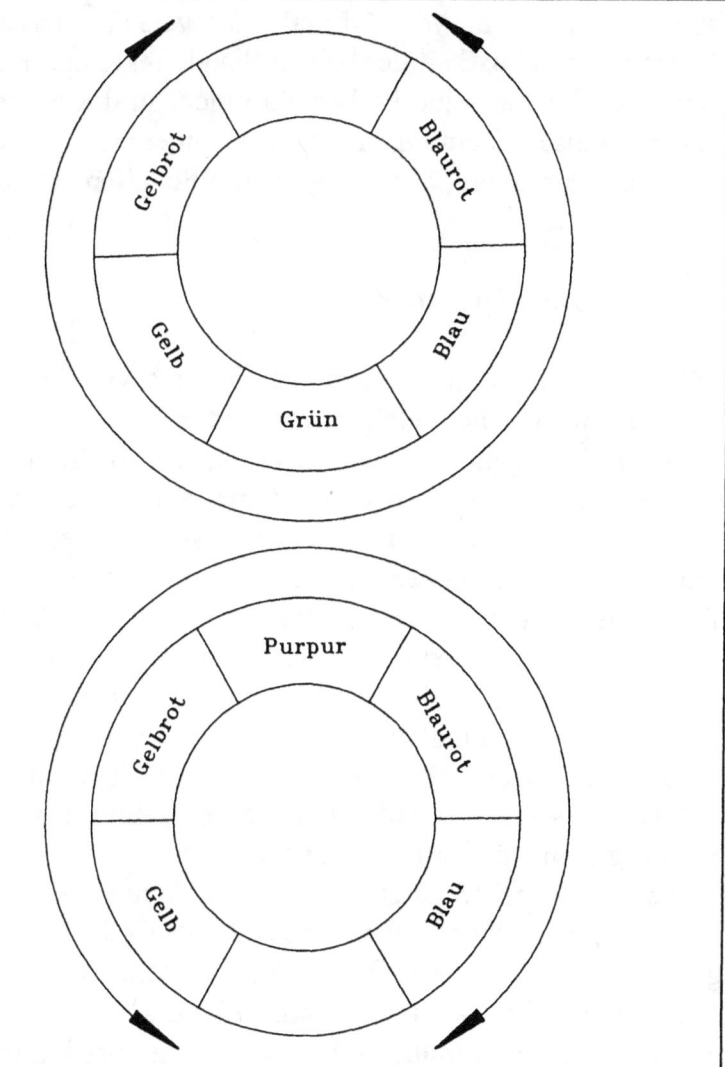

Das obere Bild zeigt die Farbfolge, wenn man ein weißes Bild auf schwarzem Grund durch ein Prisma betrachtet. Das untere Bild zeigt die Farbfolge für ein schwarzes Bild auf weißem Grund.

Abbildung 16 (oben)
Abbildung 17 (unten)

ist diese Auffassung völlig fremd. Man versteht hieraus auch die Unüberbrückbarkeit der beiden Standpunkte und man versteht, daß Goethe seine Farbenlehre nicht in das System der Naturwissenschaft einordnen durfte, wenn er nicht den Grundgedanken opfern will, der sein gesamtes Schaffen bewegt.

Farbenkreis und Spektrogramm

Goethe hat seinen Farbenkreis, den er durch vielfältige Experimente erforscht hat, auch in kolorierten Darstellungen festgehalten. Eine ganze Reihe von farbigen Entwürfen sind im Goethemuseum verwahrt; es existieren auch kolorierte Kupfertafeln, die im Jahr 1810 erschienen sind. Trotzdem hat es zunächst Schwierigkeiten bereitet, die von Goethe in seinen Texten gemeinten Farben zu identifizieren, weil nämlich die in diesen Farbdokumenten vorliegenden Farbtöne heute voneinander abweichen. Eine Reihe von Mißverständnissen war die Folge. Um verbindliche Vorlagen zu schaffen, hat man die zuverlässig wiederholbaren prismatischen Experimente an weißen und schwarzen Bildern neu durchgeführt und auch die Spektrogramme dieser Farben analysiert.[91]

Die Abbildung 15 zeigt die Spektrogramme der sechs Farben des Goetheschen Farbenkreises. Links sind die langwelligen Strahlen (ab etwa 650 Nanometer), rechts die kurzwelligen Strahlen (bis etwa 410 Nanometer) auf einer Abszisse eingetragen. Jene Spektralbereiche, die bei einer bestimmten Farbe wirksam werden, sind im Diagramm hell gehalten, jene Spektralbereiche dagegen, die unbeteiligt sind, also nicht vorkommen, sind dunkel eingetragen. Die Grenzen zwischen diesen Spektralbereichen verlaufen sprunghaft, das heißt entweder ist die volle Intensität der Strahlung vorhanden oder sie ist nicht vorhanden. In der modernen Farbmetrik nennt man heute

---

[91] GOETHE [FL, did, E, S. 271 f. und Farbtafel I], MATTHAEI [Goethes Spektren]

solche Farben Optimalfarben.[92] Man beachte, daß die Grenzwellenlängen von 570 und 491 Nanometer für alle sechs Farben gleich groß sind. Der gesamte sichtbare Spektralbereich wird für die Goethesche Farbfolge dadurch in drei nahezu gleich große Teile geteilt.

Die prismatischen Farberscheinungen an weißen und schwarzen Bildern kann man auf bemerkenswerte Weise auch direkt mit dem Goetheschen Farbenkreis (Abbildung 2) in Verbindung bringen. Die Farbfolge eines weißen Bildes (Abbildung 10) entspricht der Farbfolge des Farbenkreises mit Ausnahme der Farbe Purpur (Abbildung 16). Sie kommt hier nicht vor. Die Farbfolge eines schwarzen Bildes (Abbildung 13) entspricht der Farbfolge des Farbenkreises mit Ausnahme der Farbe Grün (Abbildung 17). Sie existiert bei diesem Experiment nicht. Weder das weiße Bild, noch das schwarze Bild bringt bei Experimenten mit Prismen also die Gesamtheit des Farbenkreises hervor. Beim ersten fehlt Purpur, beim zweiten Grün. Erst beide Experimente gemeinsam - man könnte sie komplementäre Experimente nennen - führen zur Gesamtheit des Farbenkreises. Die Prismen-Experimente Newtons - sie untersuchen nur das *weiße* Bild (den Spalt, durch den der Lichtstrahl tritt) - sind aus Goethes Sicht also nur die halbe Wahrheit. Die andere Farbfolge (Abbildung 13) mit der Farbe Purpur im Zentrum wird für Newton gar nicht sichtbar. Wir werden sehen (Abbildung 27), daß wir in der Newtonschen Sicht die Farbe Purpur nachträglich - auf künstliche Weise! - ergänzen und als sogenannte "Purpurgerade" in der Farbtafelebene eintragen müssen.

Bei den physiologischen Farben wurde erwähnt, daß die im Farbenkreis einander gegenüber stehenden Farben jene sind, welche sich wechselseitig im Auge fordern. Das Auge verlangt die Totalität. Jetzt sehen wir an den Spektrogrammen (Abbildung 15), daß sich gegenüberliegende Farben im Far-

---

[92] DIN 5033, Teil 1: Farbmessung. Grundbegriffe der Farbmetrik.

benkreis (Abbildung 2) jeweils zur Gesamtheit aller Wellenlängen ergänzen. Gelb (= langwellig + mittelwellig) und das gegenüberliegende Blaurot (= kurzwellig) ergänzen sich zur Totalität. Genau so ist es bei den Farbpaaren Blau-Gelbrot sowie Purpur-Grün. Diese Farbenpaare sind Komplementärfarben. Die in ihnen vorkommenden Wellenlängen schließen sich gegenseitig aus. Der hierfür von Goethe geprägte Begriff der *Polarität* ist also überaus zutreffend.

Aus den Spektrogrammen (Abbildung 15) ersieht man weiters, daß die Farben Purpur, Gelb und Blau sich aus den am Farbenkreis (Abbildung 2) benachbarten Farben zusammensetzen: Vom Spektralbereich aus gesehen ist

Purpur = Gelbrot + Blaurot
Gelb = Gelbrot + Grün
Blau = Grün + Blaurot.

Die Lumière-Platten haben in der frühen Farbfotografie hiervon Gebrauch gemacht.[93]

Aus den Spektrogrammen (Abbildung 15) kann man aber auch noch etwas weiteres entnehmen: Die Farben Gelbrot, Grün und Blaurot bestehen gerade aus jenen Spektralbereichen, welche die Farbkreis-Nachbarfarben gemeinsam haben:

Purpur und Gelb haben den Spektralbereich Gelbrot gemeinsam.
Gelb und Blau haben den Spektralbereich Grün gemeinsam.
Blau und Purpur haben den Spektralbereich Blaurot gemeinsam.

Beim heutigen Dreifarbendruck, aber auch bei den modernen Farbdiapositiven wird dieser Sachverhalt ausgenützt. Druckt man beispielsweise über die Farbe Blau ein Gelb, dann absorbiert das Blau den langwelligen und das Gelb den kurzwelligen Spektralbereich und es bleibt das mittelwellige Grün zu sehen. Analoges gilt für die anderen Farben.[94] Es bleibt in diesem Zusammenhang nur noch zu sagen, daß die heute als optimal erkannten Grenzwellenlängen für den Dreifarbendruck mit den Grenzwellenlängen der Goethe-Farben (491 und 570 Nanometer) übereinstimmen.[95]

---
[93] GOETHE [FL, did, E, S. 275]
[94] SEXL [Physik 2B, S. 21]

Goethes Farbenlehre können wir bis zu einem gewissen Grad als eine in sich geschlossene Wirklichkeit mit einer eigenen Begrifflichkeit auffassen, die sich von der Sprache anderer Sichtweisen - etwa der Newtonischen - unterscheidet. Manche, durch besondere Begriffe aufgegriffene Tatsachen der Goetheschen Farbenlehre sind außerhalb dieser Wirklichkeit nicht zu sehen und erscheinen obskur. Trotzdem verbinden sich innerhalb der Goetheschen Farbwirklichkeit solche Tatsachen sinnvoll miteinander, vernetzen sich zu einem Gesamtbild und verstärken dadurch ihren eigenen Tatsachencharakter. Dieses Gesamtbild trägt in sich daher eine gewisse erklärende und voraussagende Kraft und begründet dadurch auch praktische Anwendbarkeit und Brauchbarkeit. Die ganzheitliche Wirklichkeit Goethes, die bis zu Fragen "sinnlich-sittlicher" Wirkung[96] von Farben reicht und auch Fragen der Kunst mit einschließt, ist in der Newtonschen Wirklichkeit nicht zu sehen. Zu sehen sind von dort dagegen bloß ihre vermeintlichen Mängel und es ist die alternative Argumentation Goethes nicht zu verstehen.

Es ist bekannt, daß Goethes Farbenlehre schon von den zeitgenössischen Physikern nicht angenommen wurde und auch nicht angenommen werden konnte und daß es unzählige kritische Stimmen gab, die sich damit befaßt haben, die Goethesche Sicht zu widerlegen.[97] Wird also schon wieder versucht, aus *einer* Wirklichkeit heraus eine *andere* Wirklichkeit zu widerlegen? Hier nur mit anderem Vorzeichen? Die umfangreichste Entgegnung wurde jedenfalls von dem zeitgenössischen Physiker Christoph Heinrich Pfaff (1773 - 1852) verfaßt.[98] Für unseren Zweck ist es jedoch nicht erforderlich, auf diese Details näher einzugehen.

---
[95] GOETHE [FL, did, E, S. 275]
[96] Der Einfluß wird heute zum Beispiel bei Fragen farblicher Raumgestaltung sehr ernst genommen und wird auch durch Normen geregelt.
[97] Eine Zusammenstellung dieser Reaktionen sind bei GOETHE [FL, pol, E] zu finden.
[98] PFAFF [Farbentheorie]

Newtons Farben des Lichts

Einen ganz anderen Zugang zum Wesen der Farbe findet Newton. Seine Art, die Phänomene zu sehen, ist für unsere heutige Auffassung von der Wirklichkeit der Farbe ganz entscheidend geworden. Newtons berühmtes Buch mit dem Titel *OPTICKS*, welches im Jahr 1704 erschienen ist[99], ist ein großartiges Dokument, welches in allen Einzelheiten beschreibt, auf welche besondere Weise für ihn die Wirklichkeit der Farben und des Lichtes entstanden sind. Sein Buch ist systematisch gegliedert: Er formuliert Eigenschaften des Lichtes und bestätigt sie durch Experimente und logische Schlüsse. Der Leser wird dabei, ohne daß es ihm auffällt, in die Besonderheit des zergliedernden, analytischen Denkens (Descartes!) eingeführt und erfährt die Eigenschaften des Lichtes und kann sich selbst - durch Augenschein und Hausverstand! - davon überzeugen, daß es so ist und nicht anders.[100] Auf diese Weise schreitet Newton fort und findet immer genauer und genauer zu einer empirisch-wissenschaftlichen Darstellung der Struktur des Lichts: Zum Ursprung der Farben.[101]

Newton führt damit seinem Leser eine neue, schließlich sehr überzeugend wirkende Art des Argumentierens vor Augen: Die Kunst des systematischen Experimentierens. Wenn sein Leser erfahren möchte, wie Newton zu seiner Wirklichkeit der Farben kommt, muß man bloß Schritt für Schritt zuse-

---

[99] NEWTON [Optik]

[100] Newtons Vorgangsweise und seine Schlußfolgerungen erscheinen uns heute ganz selbstverständlich zu sein. Das ist aber nur deshalb so, weil wir uns an diese *spezielle analytische Methode* inzwischen gewöhnt haben. Zu Newtons Lebzeiten hat es sogar hervorragenden Physikern große Schwierigkeiten bereitet, seinen Gedanken zu folgen. So bedeutende Physiker wie Christian Huygens und Robert Hooke haben schon die erste Arbeit Newtons über die Spektralzerlegung des Lichtes nur mit Mühe verstanden. Das geht aus einem Brief von Huygens hervor. (NEWTON [Optik, S. XIII])

[101] NEWTON [Optik, S. XIV]

hen, wie er es gemacht hat, und muß auch Schritt für Schritt seiner Argumentation folgen.

Newtons Gedanken sind uns heute geläufig und sie müssen daher nicht in allen Einzelheiten ausgebreitet werden. Dennoch ist es interessant, seine eigenen Worte zu lesen, mit denen er jene Phänomene und Erfahrungen beschrieb, die ihm die neue Wirklichkeit der Farben vor Augen führten. Fünf entscheidende Experimente wollen wir herausgreifen und ihn dabei zu Wort kommen lassen.[102] Die neue Art des analytischen Denkens tritt dabei deutlich in den Vordergrund.

Newtons Experimente

Das Phänomen der Brechbarkeit spielt für Newton eine zentrale Rolle und ermöglicht erste grundlegende Definitionen:
Die Brechbarkeit der Lichtstrahlen ist ihre Fähigkeit, beim Übergang aus einem durchsichtigen Medium in ein anderes von ihrem Wege mehr oder weniger abgelenkt zu werden.[103]
Licht, dessen Strahlen gleich brechbar sind, nennt er homogen und gleichartig, dasjenige, von welchem einige Strahlen brechbarer sind als andere, nennt er heterogen und ungleichartig.[104]
Farben des homogenen Lichtes nennt er homogene und einfache Farben, die des heterogenen Lichtes nennt er heterogene und zusammengesetzte Farben.[105]
Seine Experimente führen zu der Behauptung, daß das Licht der Sonne aus Strahlen verschiedener Brechbarkeit besteht[106],

---

[102] Um nicht den Text durch übergenaue Detailangaben zu belasten, die in vielen Fällen nur dann von Bedeutung sind, wenn man das Experiment selbst wiederholen möchte, wird nur auszugsweise zitiert. Die Auslassungen sind im nachfolgenden Text durch Punkte "..." gekennzeichnet.
[103] NEWTON [Optik, S. 5, 2. Definition]
[104] NEWTON [Optik, S. 6, 7. Definition]
[105] NEWTON [Optik, S. 7, 8. Definition]
[106] NEWTON [Optik, S. 19]

2. Farbe als Wirklichkeit

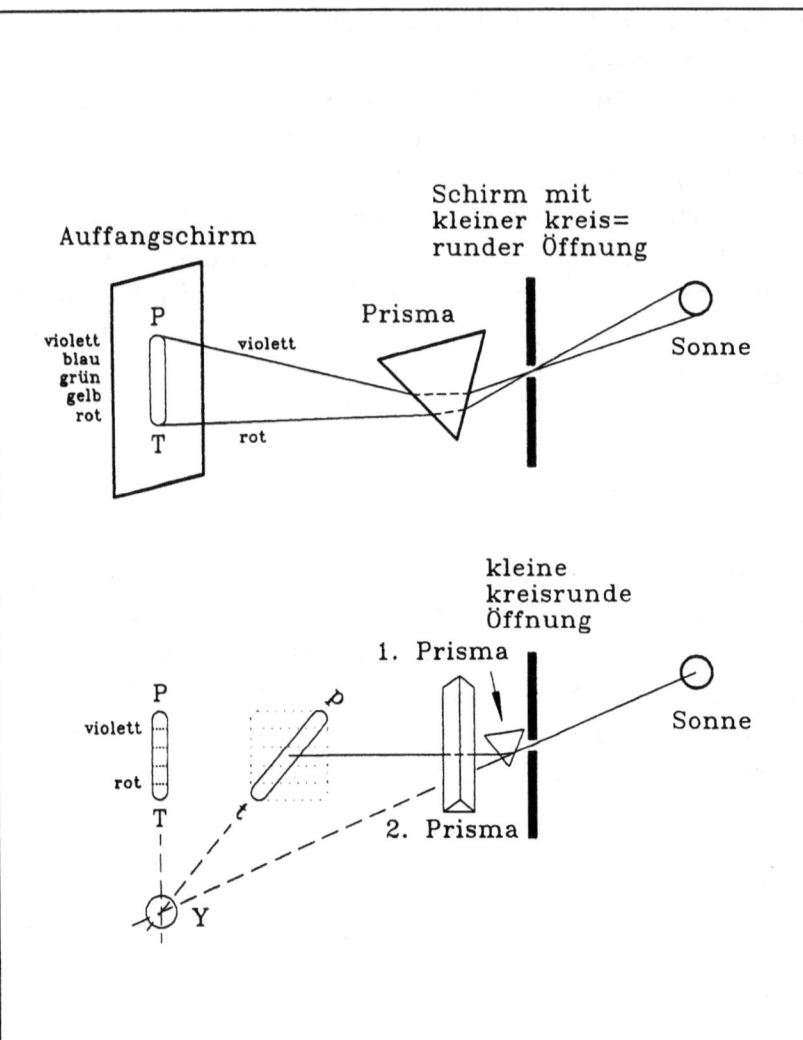

Die obere Abbildung zeigt die Newtonsche Versuchsanordnung des 1. Experimentes,
die untere Abbildung die Versuchsanordnung des 2. Experimentes.

Abbildung 18 (oben)
Abbildung 19 (unten)

also schon von vornherein aus verschiedenen homogenen Farben zusammengesetzt ist, obwohl wir es als weißes Licht empfinden. Diese Behauptung war für Newtons Zeitgenossen zunächst schockierend.

In 5 Experimenten versucht er seine Behauptung zu bestätigen:

Das 1. Experiment weist nach, daß weiße Sonnenstrahlen, die auf ein Glasprisma fallen, eine beträchtliche Ungleichheit ihrer Brechbarkeit zeigen und, isoliert betrachtet, farbig sind.

Das 2. Experiment läßt Sonnenstrahlen durch zwei Glasprismen treten und weist nach, daß blaues Licht grundsätzlich und reproduzierbar stärker gebrochen wird als rotes.

Das 3. Experiment zeigt, daß sich homogene Farben ("Spektralfarben") nicht mehr weiter zerlegen lassen.

Das 4. Experiment führt uns vor Augen, daß eine Mischung aller Spektralfarben wieder Weiß ergibt.

Das 5. Experiment zeigt die Entstehung heterogener Farben.
Sehen wir uns die einzelnen Experimente näher an:

1. Experiment (siehe Abbildung 18). Das erste Experiment beschreibt Newton folgendermaßen: In einem ganz dunklen Zimmer stellte ich ein Glasprisma vor eine runde, etwa $^1/_3$ Zoll breite Öffnung, die ich in den Fensterladen gemacht hatte, damit die in diese Öffnung gelangenden Sonnenstrahlen aufwärts nach der gegenüberliegenden Wand gebrochen würden und dort ein farbiges Bild der Sonne entstünde. ... Die Achse des Prismas [war] senkrecht zu den einfallenden Strahlen. Um diese Achse drehte ich das Prisma langsam und sah dabei das gebrochene Bild an der Wand, also das farbige Sonnenbild, auf- und absteigen. Wenn das Bild zwischen dem Auf- und Absteigen still zu stehen schien, hielt ich an und befestigte das Prisma in dieser Stellung so, daß es sich nicht weiter bewegen konnte. Denn in dieser Stellung waren die Brechungen des Lichtes zu beiden Seiten des brechenden Winkels, d.h. beim

2. Farbe als Wirklichkeit

Eintritt und Austritt der Strahlen aus dem Prisma, einander gleich. ... In dieser Stellung des Prismas also ließ ich das gebrochene Licht senkrecht auf einen Bogen weißen Papiers an der gegenüberliegenden Wand des Zimmers fallen und beobachtete Gestalt und Dimensionen des durch das Licht auf dem Papier entstehenden Sonnenbildes. Dasselbe war länglich, aber nicht oval, sondern von zwei geradlinigen, parallelen Seiten und an den Enden von zwei Halbkreisen begrenzt. An seinen Seiten war es ganz deutlich begrenzt, aber an den Enden verworren und undeutlich, indem das Licht dort immer matter wurde und allmählich verschwand. Die Breite dieses Bildes entsprach dem Durchmesser der Sonne und betrug einschließlich des Halbschattens etwa $2 \frac{1}{8}$ Zoll. ... Die Länge des Bildes dagegen betrug ungefähr $10 \frac{1}{4}$ Zoll und die Länge der geradlinigen Seiten etwa 8 Zoll; der brechende Winkel des Prismas, durch das eine so große Länge entstand, war 64°. Bei kleinerem Winkel war auch die Länge des Bildes kleiner, während die Breite dieselbe blieb. ... Ferner ist zu beobachten, daß die Strahlen vom Prisma bis zum Bilde in geraden Linien verlaufen und daß sie folglich bei ihrem Austritte aus dem Prisma sämtlich diejenige Neigung gegeneinader haben, welche die Länge des Bildes bedingt, das ist eine Neigung von mehr als $2 \frac{1}{2}°$. Und doch könnten sie nach den gewöhnlich angenommenen Gesetzen der Optik gar nicht so sehr gegen einander geneigt sein. ... Da nun aber der Versuch lehrt, daß das Bild nicht rund, sondern ungefähr 5mal so lang als breit ist, so müssen die nach dem oberen Ende P des Bildes gelangenden und die größte Ablenkung erleidenden Strahlen brechbarer sein, als die, welche zum unteren Ende T gelangen. ...[107]

Das Bild oder Spektrum PT war nun farbig, und zwar an dem weniger gebrochenen Ende rot, am stärker gebrochenen violett, dazwischen aber gelb, grün und blau. ...[108]

---

[107]NEWTON [Optik, S. 19 - 23]
[108]NEWTON [Optik, S. 23]

So scheint denn nach diesen ... Versuchen bei gleichem Einfallen eine beträchtliche Ungleichheit der Refraktionen obzuwalten. Woher aber diese stammt, ob es konstant oder zufällig eintritt, daß einige der einfallenden Strahlen mehr, andere weniger gebrochen werden, oder daß ein und derselbe Strahl durch die Brechung gestört, zerstreut und ausgebreitet und gewissermaßen gespalten und in eine Menge divergierender Strahlen zersprengt wird, ... das ergibt sich aus diesem Versuche nicht, sondern wird erst durch den folgenden erhellen.[109]

Das erste Experiment weist also nach, daß Sonnenstrahlen eine beträchtliche Ungleichheit ihrer Brechbarkeit zeigen und nach dem Durchtritt durch das Prisma farbig sind.

2. Experiment (siehe Abbildung 19): In Erwägung, daß, wenn im [1.] Versuch das Bild der Sonne zu einer länglichen Gestalt auseinandergezogen wurde ... daß alsdann durch eine zweite, nach der Seite hin stattfindende Brechung dasselbe längliche Bild ebenso viel ... in die Breite gezogen werden würde, untersuchte ich, was denn die Folge einer zweiten Brechung dieser Art sein würde. Zu diesem Zwecke ordnete ich alles so an, wie im [ersten] Versuche, und stellte nun ein Prisma unmittelbar hinter das erste in eine dazu gekreuzte Stellung, so daß es die aus dem ersten kommenden Lichtstrahlen abermals brechen mußte. Das erste Prisma brach die Lichtstrahlen nach oben, das zweite zur Seite. ...[110]

Was war das Ergebnis? Entstand durch die Brechung zweier Prismen ein Bild, das in die Breite gezogen ist, ein quadratisches Bild? Newton schreibt:

Das Bild PT wurde durch die Brechung des zweiten Prismas nicht breiter, sondern lieferte nur ein schräg stehendes Bild, wie es pt darstellt, indem sein oberes Ende P durch die Brechung mehr verschoben wurde, als sein unteres Ende T. Daher war das nach dem oberen Ende P des Bildes gelangen-

---

[109]NEWTON [Optik, S. 24]
[110]NEWTON [Optik, S. 24]

2. Farbe als Wirklichkeit

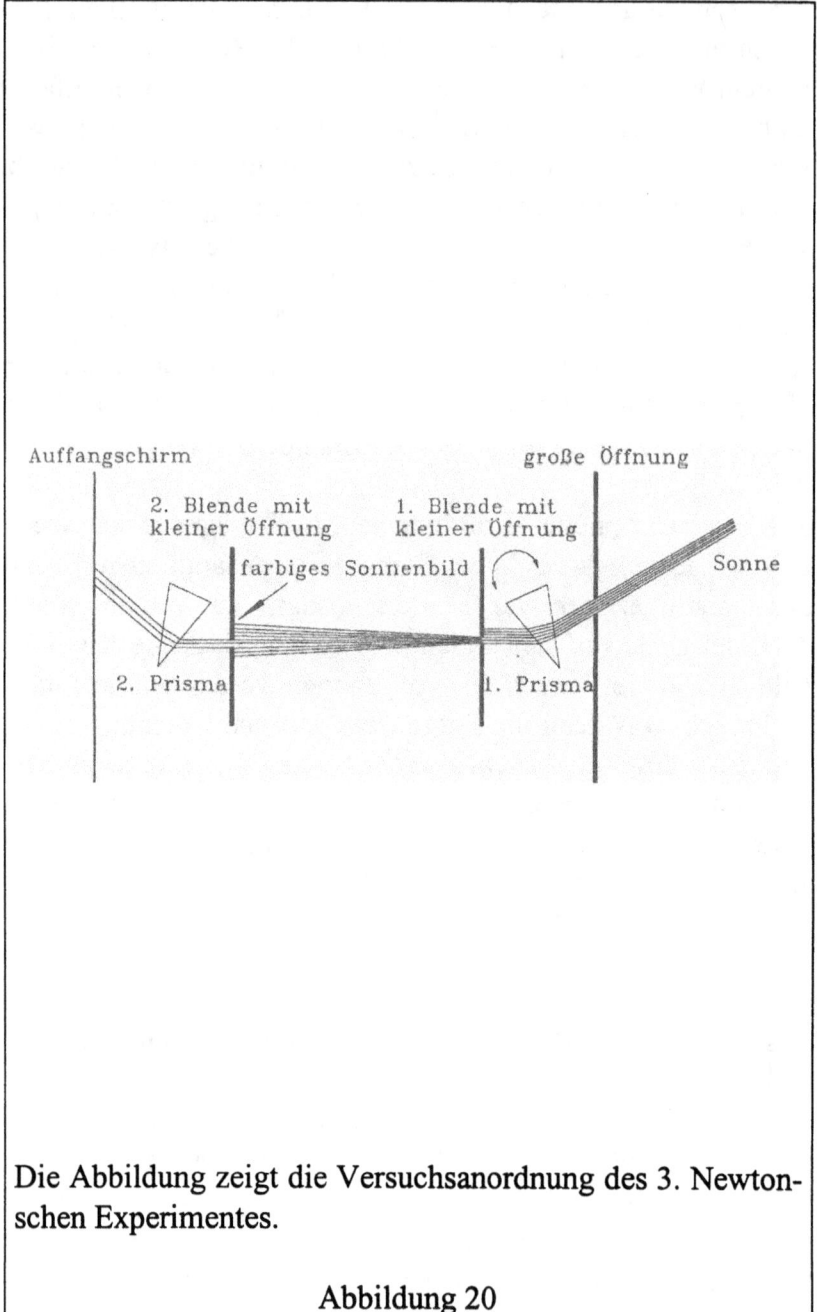

Die Abbildung zeigt die Versuchsanordnung des 3. Newtonschen Experimentes.

Abbildung 20

de Licht ... im zweiten Prisma mehr gebrochen worden, als das nach dem unteren Ende T gehende, d.h. das Blau und Violette mehr, als das Rot und Gelb. ... Dasselbe Licht war schon durch die Brechung im ersten Prisma weiter von dem Orte Y verschoben worden, nach welchem es vor der Brechung gerichtet war, erfuhr also sowohl im ersten, als im zweiten Prisma eine stärkere Brechung, als alles übrige Licht, und war also selbst vor dem Auftreffen auf das erste Prisma stärker brechbar, als das andere. ...[111]

Das zweite Experiment weist also nach, daß blaues Licht grundsätzlich stärker gebrochen wird als rotes.

3. Experiment (siehe Abbildung 20): In zwei dünne Bretter machte ich in der Mitte je ein rundes Loch von $1/3$ Zoll Durchmesser und in den Fensterladen ein viel größeres Loch, um ein dickes Bündel Sonnenstrahlen in mein verdunkeltes Zimmer fallen zu lassen. Hinter dem Fensterladen stellte ich ein Prisma [1. Prisma] in diese Lichtstrahlen, damit sie nach der gegenüberliegenden Wand gebrochen würden, und befestigte dicht hinter dem [1.] Prisma eines der Bretter [1. Blende] so, daß [in der Grundstellung etwa] die Mitte des gebrochenen Lichts durch das Loch desselben ging, das übrige aber vom Brett aufgefangen wurde. Sodann stellte ich ungefähr 12 Fuß vom ersten Brette entfernt das zweite [2. Blende] so auf, daß die Mitte des gebrochenen Lichts, welches nach Durchgang durch das Loch des ersten Brettes auf die gegenüberliegende Wand fiel, durch das Loch des zweiten Brettes hindurchgehen konnte, während das übrige Licht, von ihm aufgefangen, das farbige Sonnenbild auf ihm erzeugte. Dicht hinter diesem Brette befestigte ich ein zweites Prisma, um das durch das Loch gegangene Licht einer Brechung zu unterwerfen. Dann kehrte ich schnell zum ersten Prisma zurück, drehte es langsam um seine Achse hin und her, und bewegte so das auf das

---

[111] NEWTON [Optik, S. 26]

2. Farbe als Wirklichkeit

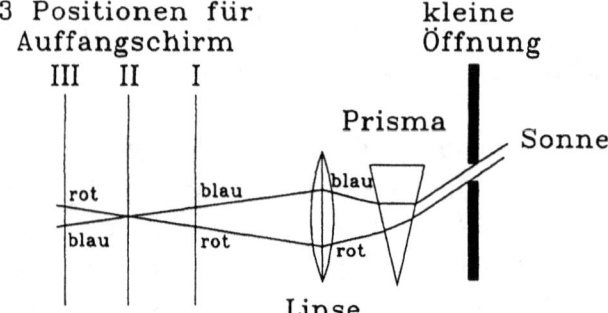

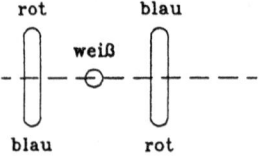

Die Abbildung zeigt die Versuchsanordnung des 4. Newtonschen Experimentes.

Abbildung 21

zweite Brett fallende Bild auf- und abwärts, sodaß nach und nach alle Teile des Lichts durch das Loch dieses Brettes gingen und auf das Prisma dahinter fielen. ...[112]

Die unveränderte Lage der Löcher in den Brettern bedingte in allen Fällen genau gleichen Eintritt der Strahlen in das zweite Prisma; und doch wurden trotz gleichen Einfalls gewisse Strahlen stärker gebrochen, andere weniger; und zwar waren diejenigen im zweiten Prisma stärker gebrochen, welche durch stärkere Brechung im ersten Prisma mehr zur Seite abgelenkt waren; weil sie also konstant mehr gebrochen werden, als andere, sind sie mit vollem Rechte stärker brechbar genannt worden. ...[113]

Das dritte Experiment zeigt also, daß homogene Lichtstrahlen, also homogene Farben durch Prismen zwar noch einmal gebrochen werden können, daß sie sich aber nicht mehr weiter zerlegen lassen.

4. *Experiment*: Bis jetzt war von der Zerlegung des weißen Sonnenlichtes in seine Spektralfarben die Rede. Umgekehrt ergibt eine Mischung aller Spektralfarben wieder weißes Licht (Abbildung 21). Newton schreibt: Das Spektrum des Sonnenlichtes falle jetzt auf eine große Linse, welche das farbige, vom Prisma her divergierende Licht konvergent macht und in der Nähe des Brennpunktes vereinigt. Dort falle das Licht senkrecht auf ein weißes Papier. Bewegt man nun dieses Papier vor- und rückwärts, so wird man bemerken, daß näher an der Linse [Position I] das ganze Spektrum intensiv gefärbt auf dem Papier erscheint, daß aber bei größerer Entfernung von der Linse die Farben einander immer näher kommen und durch Vermischung kontinuierlich undeutlich werden, bis sie schließlich ganz verschwinden und das gesamte Licht auf dem Papier in der Nähe des Brennpunktes [Position II] als kleiner, weißer Kreis erscheint. ...[114]

---

[112]NEWTON [Optik, S. 31]
[113]NEWTON [Optik, S. 33]

2. Farbe als Wirklichkeit

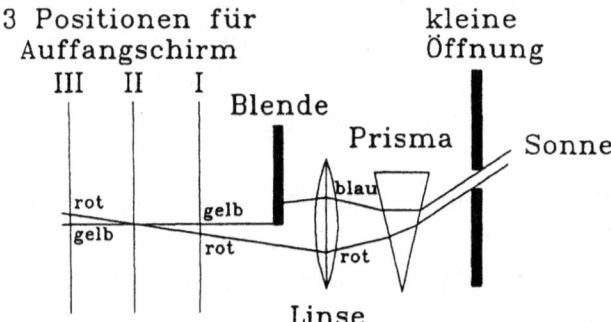

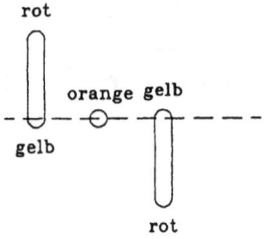

Die Abbildung zeigt die Versuchsanordnung des 5. Newtonschen Experimentes.

Abbildung 22

Das vierte Experiment zeigt also, daß die Mischung aller Spektralfarben wieder Weiß ergibt.

5. *Experiment* (Abbildung 22). Das fünfte Experiment zeigt die Entstehung heterogener Farben. Es wird wiederum die gleiche Versuchseinrichtung wie beim 4. Experiment verwendet, jedoch hält man jetzt durch unterschiedliche Blenden in der Nähe der Linse manche der vom Prisma kommenden Farben zurück und sieht nach, zu welchem Ergebnis die Vermischung der restlichen Farben führt. Newton schreibt:

Jetzt stelle man das Papier im Brennpunkt ..., wo das Licht vollkommen weiß und kreisförmig erscheint, fest und betrachte dieses Weiß, so behaupte ich, daß dieses Weiß aus den konvergierenden Farben zusammengesetzt ist. Denn wenn irgend eine oder mehrere von diesen Farben bei der Linse aufgefangen werden, so hört das Weiß auf und geht in die Farbe über, welche aus der Zusammensetzung der anderen, nicht aufgefangenen Strahlen entspringt. Läßt man alsdann die aufgefangenen Farben hindurch und auf diese zusammengesetzte Farbe fallen, so mischen sie sich mit ihr und stellen dadurch das Weiß wieder her.[115]

Wenn z.B. Violett, Blau und Grün aufgehalten werden, so geben die übrig gebliebenen Gelb, Orange und Rot zusammen auf dem Papiere [Position II] eine Art Orange, und läßt man alsdann die aufgefangenen Farben weiter gehen, so fallen sie auf dieses zusammengesetzte Orange und geben mit ihm durch doppelte Zusammensetzung Weiß.[116, 117] ...

---

[114] SEXL [Physik 2B, S. 15], BERGMANN-SCHAEFER [Optik, S. 201]

[115] NEWTON [Optik, S. 88 f.]

[116] NEWTON [Optik, S. 89]

[117] Newton beschreibt hier also sehr eindrucksvoll, daß eine Mischung von Farben, die im Spektrum nebeneinander liegen, eine entsprechende "dazwischenliegende" Mischfarbe ergibt. Professor OLIVER SACKS, ein bekannter Neurologe am Albert Einstein College of Medicine, beschreibt ein Experiment, welches überaus verblüffend ist. Er schreibt:

Edwin Land (ohnehin schon berühmt durch seine Erfindung der Polaroidkamera, darüber hinaus aber ein kühner, ja genialer Experimentator und Theoretiker)

2. Farbe als Wirklichkeit

Wenn Rot und Violett aufgefangen werden, liefern die verbleibenden gelben, grünen und blauen Strahlen auf dem Papier ein gewisses Grün; läßt man nachher das Rot und Violett auf dieses Grün fallen, so entsteht durch doppelte Zusammensetzung Weiß.[118]

Durch Zusammensetzung können Farben entstehen, die ... dem Augenscheine nach den Farben von homogenem Lichte gleichen.[119] Denn eine Mischung von homogenem Rot und Gelb liefert ein Orange, welches dem Augenscheine nach derjenigen Orangefarbe gleicht, die in der Reihe der unvermischten prismatischen Farben zwischen jenen beiden liegt; was aber die Brechbarkeit anlangt, so ist das Licht des einen Orange homogen, das des anderen heterogen, indem die Farbe des einen bei Betrachtung durch ein Prisma unveränderlich bleibt, die des anderen sich verändert und in die komponierenden Farben Rot und Gelb auflöst.[120]

Endlich entstehen, wenn Rot und Violett gemischt werden, je nach dem verschiedenen Mischungsverhältnis verschiedene Purpurfarben, die dem Augenscheine nach keiner homogenen

---

veranstaltete eine Demonstration, die jeden Anwesenden sprachlos ließ und in der Tat mit der klassischen Farbenlehre ganz und gar unvereinbar war.

Newton hat gezeigt, daß man bei Vermischung von verschiedenfarbigem Licht (zum Beispiel Orange und Gelb) eine Zwischenfarbe erhält (ein Orangegelb). Fast dreihundert Jahre später wiederholte Land das Experiment, aber benutzte das farbige Licht, um schwarzweiße Diapositive eines Stillebens, das mit Filtern in denselben Farben aufgenommen worden war, zu projizieren. Wurde nur der gelbe Lichtstrahl verwendet, sah man ein einfarbiges, gelbes Stilleben; ebenso ergab der orangefarbene Strahl ein einfarbiges Bild in Orange. Von der Kombination beider Strahlen erwartete sich der Zuschauer nun irgendeine Zwischenschattierung, doch was sie statt dessen sahen, war ein jähe Explosion von Rot-, Blau-, Grün- und Purpurtönen, sämtlichen Farben des ursprünglichen Stillebens. Unmöglich! Eine Illusion!

Es war in der Tat eine Illusion; allerdings dieselbe, wie es die farbigen Schatten für Goethe gewesen waren - die Sorte Illusion, die ihn zu der Behauptung veranlaßte: 'Optische Illusion ist optische Wahrheit!' (SACKS [Wissenschaft, Seite 149]).

[118]NEWTON [Optik, S. 89]
[119]NEWTON [Optik, S. 85]
[120]NEWTON [Optik, S. 85 f.]

Farbe gleichen. ...[121]

Endlich verfertigte ich mir einen Apparat ... in Gestalt eines Kammes. ... Wenn ich die Zähne dieses Kammes nahe bei der Linse der Reihe nach in den Gang der Strahlen einschob, fing ich einen Teil der Farben damit auf, während die übrigen durch die Lücken nach dem [Auffang]papier [Position II] gelangten und dort ein rundes Sonnenbild entwarfen. ... [Wenn der Kamm] dazwischen gebracht wurde, so ging allemal das Weiß in Folge des ... aufgefangenen Farbenanteils in eine Farbe über, die sich aus den nicht aufgefangenen Farben zusammensetzte, und diese Farbe änderte sich bei der Bewegung des Kammes beständig, und zwar so, daß bei jedem Vorübergange eines Zahns vor der Linse alle Farben, Rot, Gelb, Grün, Blau, Purpur, eine auf die andere folgten.[122]...

Beschleunigte ich ... die Bewegung [des Kammes] so, daß die Farben wegen ihrer raschen Aufeinanderfolge nicht voneinander unterschieden werden konnten, so verschwanden die einzelnen Farben ... [und] es entstand durch Mischung aller eine einförmige weiße Farbe. Und doch war von diesem durch Mischung aller Farben weiß erscheinenden Lichte kein Teil eigentlich Weiß: ein Teil war rot, ein anderer gelb, ein dritter grün, ein vierter blau, ein fünfter purpur und jeder Teil behielt die ihm eigentümliche Farbe bei, bis er die Nerven erregte.[123]

Durch die Geschwindigkeit der Aufeinanderfolge vermischen sich die Eindrücke der verschiedenen Farben in unserem Empfindungsorgan und erregen eine gemischte Empfindung.[124]

Es ist also aus diesem Versuche klar, daß die gemischten Eindrücke von allen Farben die Empfindung von Weiß erzeugen, d.h. daß Weiß aus allen Farben zusammengesetzt ist.[125]

---

[121]NEWTON [Optik, S. 86]
[122]NEWTON [Optik, S. 90]
[123]NEWTON [Optik, S. 91]
[124]NEWTON [Optik, S. 91]
[125]NEWTON [Optik, S. 91]

2. Farbe als Wirklichkeit

Das Wesen der Farbe

Ich bin mir bewußt, daß eine solche Kapitelüberschrift nach unseren bisherigen Erfahrungen auf mehrfache Weise eine Entrüstung hervorrufen muß. Wie soll es gelingen, in einem kurzen Essay auch nur annähernd das Wesen der Farbe zu erfassen? Es gelingt nicht! Erstens gelingt es deshalb nicht, weil die Fragestellung viel zu anspruchsvoll ist, um ihr auf wenigen Buchseiten gerecht werden zu können. Es kann also nur von einer oberflächlichen Betrachtung die Rede sein. Zweitens aber - und das ist noch wichtiger - muß man ja dazusagen, auf welche Weise man das Wesen der Farbe erfassen will. Jede Wirklichkeit wird ja auf eine besondere Art zu dieser Wirklichkeit. Und wenn man diese besondere Art jetzt festlegt, dann stellt man den zu betrachtenden Sachverhalt - hier also die "Farbe" - in ein gewisses Umfeld hinein, welches auf die gleiche besondere (festgelegte) Art gewonnen wurde. Der zu betrachtende Sachverhalt und sein Umfeld werden also miteinander vernetzt erscheinen. Und wenn wir jetzt konkret werden wollen, so müssen wir sagen, daß hier vom Wesen der Farbe aus naturwissenschaftlicher Sicht die Rede sein soll. Aber jetzt fällt uns auf, daß es anscheinend doch entbehrlich ist, auf diese wichtige Einschränkung separat hinzuweisen, weil ja Newtons Analyse ohnehin nur unter diesem Gesichtspunkt eine Gültigkeit beanspruchen kann. Denn von Newtons Farben des Lichts ist hier immer noch die Rede, wenngleich jetzt aber auch Forschungsergebnisse einfließen sollen, die zum Teil 250 Jahre später gewonnen wurden.

Farbe ist in naturwissenschaftlicher Sicht eine Sinnesempfindung: Eine Strahlung, die von Körpern ihren Ausgang nimmt, gelangt ins Auge, führt dort zu einer Reizung der Sinneszellen, die eine Nervenerregung bis ins Gehirn gelangen lassen, wo das Phänomen *Farbe* dem Menschen bewußt wird. Ein überaus komplizierter Vorgang ist das, der auch im naturwissenschaftlichen Bild bei weitem noch nicht vollständig erforscht ist und daher auch nicht durchgehend verstanden werden kann. Der erste Abschnitt scheint noch am einfachsten zu sein: Die Strahlung ist weitgehend der physikalischen Forschung zugänglich. Der zweite Abschnitt ist schon schwieriger, hier geht es um die sinnesphysiologische Verarbeitung der Strahlung. Der dritte Abschnitt, wo die Nervenerregung dann als "Farbe" ins Bewußtsein des Menschen tritt, ist offenbar der schwierigste Schritt, wenn man es ablehnt, sich mit irgendwelchen reduktionistischen Analogien nach Art physiologischer Datenverrechnung à la "Elektronengehirn" zufrieden zu geben. Wie es auch sein mag, eine Farbe gibt es immer erst in einem Organismus, dem die Erregung in Form einer Farbempfindung bewußt wird. Außerhalb des Bewußtseins existiert eine Farbe überhaupt nicht.

Was kann man nun aus naturwissenschaftlicher Sicht über die Farben aussagen? Auf welche Weise kann man sie methodengerecht erfassen? Wie kann man sich dieser Frage messend nähern, wenn doch Farbe eine Sinnesempfindung ist? Können naturwissenschaftliche Sonden denn bis in die menschliche Empfindung hinein messen? Natürlich nicht. Immer muß da ein Mensch sein und sagen, was er in seinem Bewußtsein empfindet.

Einfache Farbmetrik

In der Farbmetrik[126] versucht man, auf experimentelle Weise Gesetzmäßigkeiten der Farbempfindung aufzufinden. Den er-

---

[126] Eine hervorragende Darstellung der Farbmetrik findet man bei RICHTER [Farbmetrik], der wir uns im nachfolgenden Text in groben Zügen anvertrauen. Weiterführende Literatur zur Farbmetrik findet man im Schrifttumsverzeichnis des Werkes BERGMANN und SCHAEFER [Optik, S. 959 f.]

2. Farbe als Wirklichkeit

sten Zugang zu diesem Themenkreis hat man durch additive Farbmischversuche bei helladaptiertem Auge gefunden.

Wenn ein Projektor eine kreisrunde Öffnung auf einen weißen Bildschirm projiziert, dann sieht man einen kreisrunden Fleck in der Farbe der verwendeten Lichtquelle. Durch Farbfilter, die man vor die Projektoroptik hält, kann man dem projizierenden Licht eine beliebige andere Farbe geben, zum Beispiel rot. Schaltet man nun einen zweiten Projektor ein, dem ein grünes Farbglas vorgesetzt ist und richtet ihn in seiner Projektionsrichtung derart aus, daß am Projektionsschirm sich beide Flecken genau überdecken, dann wird dem Beobachter eine andere Farbe bewußt und er würde zu der Schlußfolgerung kommen:

Rot + Grün = (ein gewisses) Gelb.

Stellen wir uns vor, daß unsere Projektoren verstellbare Blenden haben, die es erlauben, die Intensität des roten und grünen Lichtes - jede für sich - kontinuierlich zu verändern. Dem Beobachter werden dann Zwischenwerte der beiden extremen Farben Rot und Grün bewußt, die er vielleicht Rot, Orange, Gelb, gelbliches Grün und Grün benennt. Man spricht von *additiver Farbmischung*, weil sich hier zwei Farbeindrücke addieren.[127]

Wir wollen jetzt unsere Versuchseinrichtung perfektionieren. Wir wollen drei Projektoren, denen ein rotes, grünes beziehungsweise blaues Farbglas vorgesetzt sind, so einrichten, daß sie ihr farbiges Bild am weißen Projektionsschirm (Abbildung 23) genau in den Bereich des linken Infeldes werfen. Ein

---

[127] Für genaue Messungen mischt man die Farben allerdings nicht erst am Projektionsschirm, sondern schon vorher zum Beispiel in der sogenannten Ulbrichtschen Kugel. Aber auch halbdurchlässige Spiegel (Lambertsche Spiegel), doppelbrechende Prismen (Wollaston-Prismen) werden verwendet. Eine additive Farbmischung kann man aber auch durch raschen periodischen Wechsel der angebotenen Farben (Farbkreisel) erreichen, aber auch dadurch, daß man die Farbelemente sehr klein macht und knapp nebeneinander anordnet, sodaß im Auge eng benachbarte Netzhautteile gereizt werden. (Dieses Prinzip wird bei Farbfernsehröhren zur Erzeugung der notwendigen Mischfarben verwendet.)

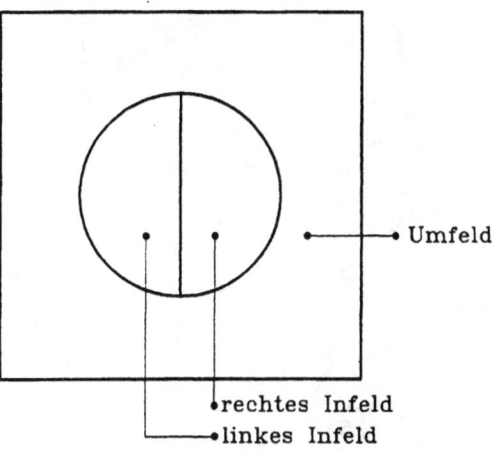

Die Abbildung zeigt, auf welche Weise man die Gleichheit zweier Farben überprüft. Die zu vergleichenden Farben werden in die beiden halbkreisförmigen Felder projiziert, die von der Testperson bei Farbgleichheit nicht mehr voneinander unterschieden werden können. Das Umfeld wird in weißer Farbe ausgeleuchtet.

Abbildung 23

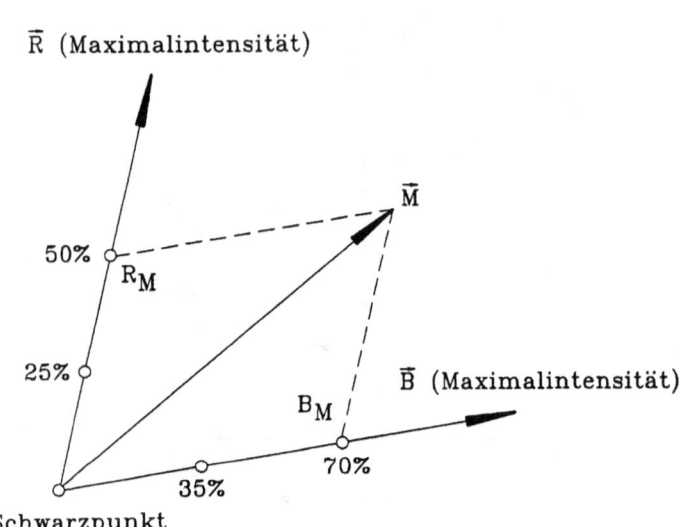

Ordnet man unterschiedlichen Farbtönen unterschiedliche Ortsvektoren zu, die nach unterschiedlichen Raumrichtungen zeigen, dann kann man Mischfarben M, die sich aus den Farbkomponenten Rot R und Blau B zusammensetzen, sehr einfach durch Vektoraddition beschreiben.

Abbildung 24

vierter Projektor, der das rechte Infeld auszuleuchten vermag, sei zur Zeit noch abgeschaltet. Ein fünfter Projektor leuchtet am Projektionsschirm das Umfeld in weißer Farbe aus. Die Lichtintensität der Projektoren möge sich zwischen Null und ihrem Höchstwert kontinuierlich verstellen lassen.

Stellen wir uns vor, daß die Projektoren für rotes und blaues Licht das Infeld beleuchten, so kann man je nach gewählter Lichtintensität jede beliebige Mischfarbe zwischen Rot und Blau erzeugen und sie dadurch quantitativ festhalten, daß man die relative Beleuchtungsstärke der Rot- und Blaukomponente zum Beispiel mit einem Belichtungsmesser separat ausmißt. Ordnet man unterschiedlichen Farbtönen unterschiedliche Ortsvektoren zu, die nach unterschiedlichen Raumrichtungen zeigen, dann kann man Mischfarben $\vec{M}$, die sich aus den Farbkomponenten Rot $\vec{R}$ und Blau $\vec{B}$ zusammensetzen sehr einfach beschreiben (Abbildung 24). Die im Bild dargestellten Ortsvektoren $\vec{R}$ und $\vec{B}$ geben die Maximalintensität des Rot- und Blau-Projektors an. Wenn die Intensität von Rot bloß 50% und die von Blau bloß 70% der jeweiligen Maximalintensität beträgt, dann kann man der entstehenden Mischfarbe durch vektorielle Addition den Ortsvektor $\vec{M}$ zuordnen. Eine Mischfarbe kann man auch durch die vektorielle *Farbgleichung*

$$\vec{M} = R_M \vec{R} + B_M \vec{B}$$

beschreiben. Die sogenannten *Farbwerte* R_M und B_M geben an, wie stark das Rot $\vec{R}$ und das Blau $\vec{B}$ an der Mischfarbe $\vec{M}$ beteiligt sind. Verändert man die Farbwerte R_M und B_M in gleichem proportionalem Ausmaß (zum Beispiel R_M auf 25% und B_M auf 35%, also beide auf die Hälfte des ursprünglich eingestellten Wertes), dann sieht man (vergleiche Abbildung 24), daß sich die Richtung des Mischfarbenvektors $\vec{M}$ nicht ändert, der Farbton bleibt also der gleiche. Es verändert sich bloß die Länge des Mischfarbenvektors, das heißt, es ändert sich an der Mischfarbe also nur ihre Helligkeit. Verändern sich die Farbwerte R_M und B_M jedoch ungleichmäßig, so verändern sich Richtung und Länge des Mischfarbenvektors $\vec{M}$, es verändern sich also Farbton und Helligkeit.

Es ist leicht einzusehen, daß man für eine Mischfarbe, die sich aus drei Farben - Rot, Grün und Blau - zusammensetzt, jetzt drei Vektoren $\vec{R}$, $\vec{G}$ und $\vec{B}$ in einem dreidimensionalen Raum braucht, um ein analoges Diagramm, wie die Abbildung 24 zeigt, zu konstruieren. In gleicher Weise erweitert sich auch die vektorielle *Farbgleichung* zu

$$\vec{M} = R_M \vec{R} + G_M \vec{G} + B_M \vec{B}.$$

Der hier beschriebene Formalismus, der davon spricht, auf welche Weise man eine Mischfarbe dreier Farbprojektoren eindeutig kennzeichnen und damit reproduzierbar festhalten kann, ist sicher recht zielführend, aber im wesentlichen doch auch ziemlich nichtssagend. Eine wichtige Erkenntnis stellt sich aber bei den nachfolgenden Experimenten ein, die mit den eben beschriebenen Überlegungen in engem Zusammenhang stehen:

Betrachten wir wieder die Abbildung 23 und projizieren wir jetzt auf das rechte Infeld des Projektionsschirmes eine beliebige, besondere Farbe. Stellen wir uns jetzt die Frage, ob man in der Lage ist, diese besondere Farbe aus den drei Projektorfarben Rot Grün und Blau nachzumischen, zu imitieren und im linken Infeld des Projektionsschirmes sichtbar zu machen. Man könnte dort die beiden aneinander grenzenden Farben bequem miteinander vergleichen und die drei Farbprojektoren solange nachregeln, bis die beiden Halbkreise der Infelder in Farbton und Helligkeit nicht mehr voneinander zu unterscheiden sind und eine Einheit bilden. Umfangreiche experimentelle Untersuchungen haben nun gezeigt, daß man tatsächlich immer (!) in der Lage ist, den ins Bewußtsein dringenden Farbeindruck einer beliebigen vorgelegten Farbe aus den drei Projektorfarben Rot, Grün und Blau additiv nachzumischen.[128]

---

[128] Wir haben bis jetzt bei der additiven Mischung zweier Farbkomponenten der

Das ist an sich sehr erstaunlich, weil doch die besondere Farbe, die man da nachgemischt hat, ja ganz anders entstanden ist und mit den verwendeten Farbprojektoren gar nichts zu tun hat. Und so versteht sich auch von selbst, daß diese Nachmischbarkeit unabhängig davon ist, welche drei Projektorfarben man hierfür verwendet: Statt Rot, Grün und Blau könnte man also auch Zitron, Violett und Türkis verwenden. Es muß nur gewährleistet sein, daß die Farben voneinander unabhängig sind, keine darf also eine Mischfarbe der anderen sein! Man muß aber ganz deutlich dazusagen, daß im strengen Sinn die festgestellte Farbgleichheit nur für ein und denselben Beobachter gilt[129] und eigentlich auch nur für ein und dasselbe Auge[130]. Man weiß, daß unterschiedliche Beobachter auch unterschiedliche Gleichheiten registrieren; dennoch stimmt aber ein großer Prozentsatz der Bevölkerung in ihrem Urteil überein. In diesem Sinn ist ein sogenannter "Normalbeobachter" definierbar.[131]

Einfachheit wegen nur von der sogenannten *inneren* additiven Farbmischung gesprochen. Es ist selbstverständlich, daß man zum Beispiel ein "farbkräftigeres" Rot als die rote Projektorfarbe hergibt, nicht faktisch ermischen kann. Um hier trotzdem gemäß Abbildung 23 messende Vergleiche anstellen zu können, muß man sich der sogenannten *äußeren* additiven Farbmischung bedienen. Diese äußere Farbmischung ermöglicht es, solche farbkräftigere Farben durch das Farbtripel Rot-Grün-Blau der Projektoren zumindest quantitativ zu charakterisieren, wenn man es schon nicht tatsächlich auf den Projektionsschirm bringt. Näheres hierzu findet man bei RICHTER [Farbmetrik, S. 648 f.]

[129] RICHTER [Farbmetrik, S. 649]

[130] Eine weitere Einschränkung besagt, daß die Farben, die auf Gleichheit geprüft werden sollen, auch möglichst eng benachbart liegen müssen (RICHTER [Farbmetrik, S. 651], wie das beim Projektionsschirm nach Abbildung 23 gewährleistet ist.

Es sei ergänzend erwähnt, daß experimentelle Untersuchungen gezeigt haben, daß die Gleichheitseinstellung auch dann erhalten bleibt, wenn durch farbige (!) Umfeldbeleuchtung die Farbeindrücke des Infeldes eine Verschiebung erleiden. Dieser Effekt der Verschiebung der Farbeindrücke durch "irritierende" Nachbarfarben wird heute "Umstimmung" des Auges genannt. Wir haben diesen Effekt bei Goethes Physiologischen Farben ausführlich beschrieben. (DIN 5033, Teil, Abschnitt 1 und 12])

Ob die Beurteilung der Farbgleichheit durch einen Beobachter bei Drogengenuß erhalten bleibt, ist mir nicht bekannt.

Die wichtige Aussage, die man also gefunden hat, besagt, daß jede Farbvalenz[132] stets eindeutig auf einen gewählten Satz von drei Primärvalenzen beziehbar ist.
Eine Farbvalenz braucht daher zu ihrer Beschreibung stets drei voneinander unabhängige Bestimmungsstücke. Die Farbe ist also eine dreidimensionale Größe. *(1. Graßmannsches Gesetz)*[133]
Für das Ergebnis einer additiven Farbmischung ist ausschließlich das Aussehen der Komponenten maßgebend, nicht aber ihre Zusammensetzung. *(2. Graßmannsches Gesetz)*[134]

Das Auge

Die Aussage dieser beiden Gesetze lenkt die Aufmerksamkeit jetzt stärker auf unser optisches Sinnesorgan, auf unser Auge. Die beiden Graßmannschen Gesetze lassen sich nämlich, wenn man jetzt das Auge explizit einbezieht, zu einem farbmetrischen Grundgesetz vereinen, in dem die Wirkungsweise des Auges einschließlich der physiologischen "Verrechnung" bis zu jenem Punkt, wo der Reiz in unser Bewußtsein tritt, zum Ausdruck kommt:
Das helladaptierte trichromatische Auge bewertet die einfallende Strahlung nach drei voneinander unabhängigen spektralen Wirkungsfunktionen linear und stetig, wobei sich die Einzelwirkungen zu einer untrennbaren Gesamtwirkung addieren.

---

[131] DIN 5033, Abschnitt 1

[132] Unter *Farbvalenz* können wir jene Gegebenheit verstehen, die durch den Ortsvektor im dreidimensionalen Farbenraum dargestellt wird (DIN 5033, Abschnitt 1, Pkt. 4). Oder exakter formuliert: Die Farbvalenz ist diejenige Eigenschaft einer ins Auge einfallenden Strahlung (Farbreiz), die das Verhalten dieses Farbreizes in der additiven Mischung mit anderen Farbreizen bestimmt. Sie beschreibt also die "Wertigkeit" der Strahlung für die additive Mischung (RICHTER [Farbmetrik, S. 652]). Farbvalenzen können mittels Gleichheitsurteils über Farbempfindungen zahlenmäßig beschrieben werden.

[133] RICHTER [Farbmetrik, S. 649]

[134] RICHTER [Farbmetrik, S. 651]

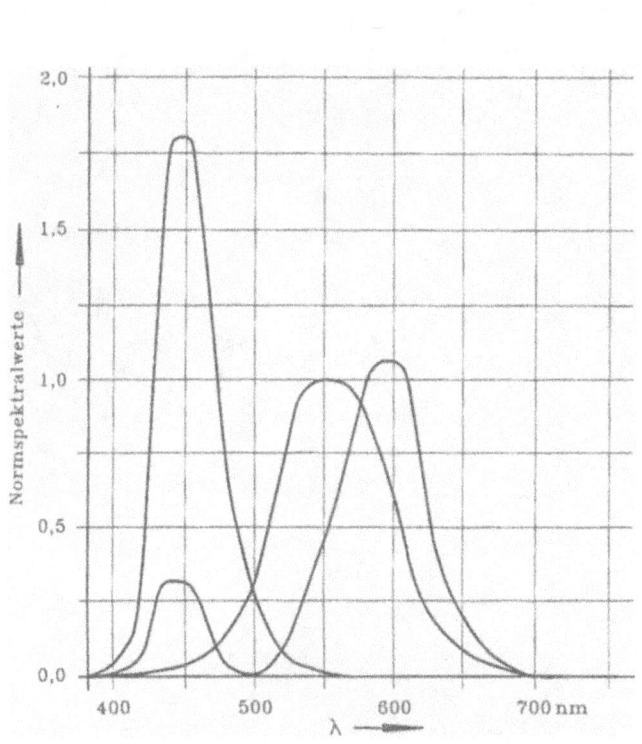

In der Farbmetrik benützt man zur Kennzeichnung der Empfindlichkeitskurven der drei Farbrezeptoren des Auges die sogenannten Spektralwertfunktionen. Die Kurven geben die spektrale Empfindlichkeit für die drei verschiedenen Rezeptoren an. Licht einer bestimmten Zusammensetzung reizt die unterschiedlichen Rezeptoren auf unterschiedlich starke Weise. Eine verschlüsselte Nervenerregung wird zuletzt an das Gehirn weitergeleitet.

Abbildung 25

2. Farbe als Wirklichkeit

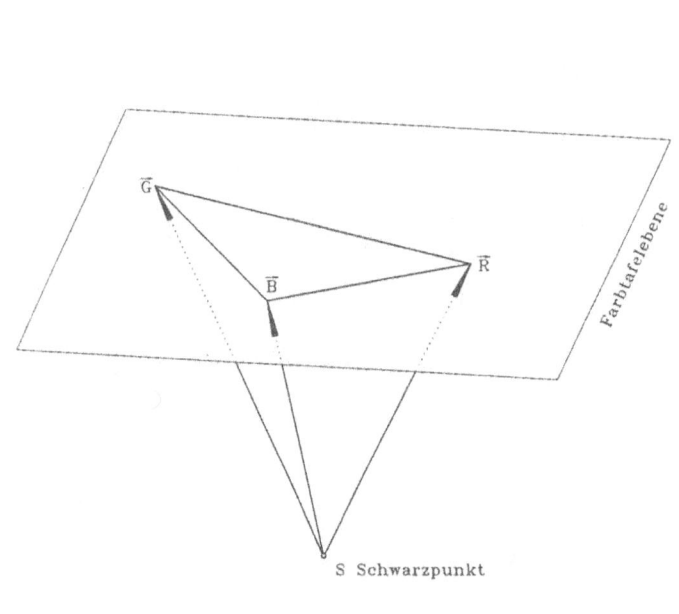

Hier ist im Schrägriß die Lage der drei Vektoren dargestellt, die das Licht der Farbprojektoren Rot R, Grün G und Blau B repräsentieren. Durch die Spitzen dieser Vektoren hat man eine Ebene - die sogenannte Farbtafelebene - gelegt. Man kann in dieser Ebene die drei Farben Rot, Grün und Blau durch drei Punkte (R, G und B) festhalten und auch alle Mischfarben, die man aus diesen Farben gewinnen kann, in der Farbtafelebene eintragen.

Abbildung 26

(Farbmetrisches Grundgesetz nach Richter)[135]

Die naturwissenschaftliche Art zu denken, läßt dem Physiologen natürlich keine Ruhe und er will den Mechanismus verstehen, der diese beobachtbaren Zusammenhänge hervorbringt. Er möchte also durch seine Forschung bis zu jenem äußersten Punkt vordringen, bei dem das grundsätzlich unverständliche Geschehen des Insbewußtseintretens passiert. Es versteht sich, daß die Untersuchungen nicht einfach sind, weil man ja nur am lebenden Auge solche physiologische Meßergebnisse gewinnen kann. Und so stochert man in Fischaugen mit Sonden und Einstichelektroden bis hinunter zur Netzhaut herum und stellt fest, daß die dort gemessene elektrische "Amplitude an einigen Ableitungsstellen der Netzhaut im Rot, bei anderen im Grün oder Blau maximal war."[136] Daraus schließt man, daß es spezielle Rot-, Grün- und Blaurezeptoren gibt. Andere Forscher nehmen dagegen für Helligkeits- und Farbempfindungen verschiedene Systeme an und prüfen sie an farbtüchtigen tierischen Augen.[137] Darüber hinaus gibt es auch eine sogenannte Zonentheorie, die die unüberbrückbaren Gegensätze zwischen den erstgenannten beiden Theorien zu mildern sucht.[138] Wie auch immer, insgesamt sind die physiologischen Modelle recht umstritten[139] und zumindest vom Standpunkt der Farbmetrik relativ vage.[140] In der Farbmetrik benützt man daher zur Kennzeichnung der Empfindlichkeitskurven der drei Farbrezeptoren, die wir schon aus den Graßmannschen Gesetzen erschließen konnten, sogenannte Spektralwertfunktionen. Diese Spektralwertfunktionen konnten auf indirektem Weg erschlossen[141] und festgelegt[142] werden. Die Ab-

---

[135] RICHTER [Farbmetrik, S. 652]
[136] KEIDEL [Physiologie, S. 17.21]
[137] KEIDEL [Physiologie, S. 17.22]
[138] RICHTER [Farbmetrik, S. 656]
[139] GERTHSEN, KNESER [Physik, S. 547]
[140] RICHTER [Farbmetrik, S. 654]
[141] Die Kurven wurden zum Teil durch Messungen der Absorptionskurven der in den drei Zäpfchentypen eingelagerten Farbstoffe erschlossen. GERTHSEN

2. Farbe als Wirklichkeit

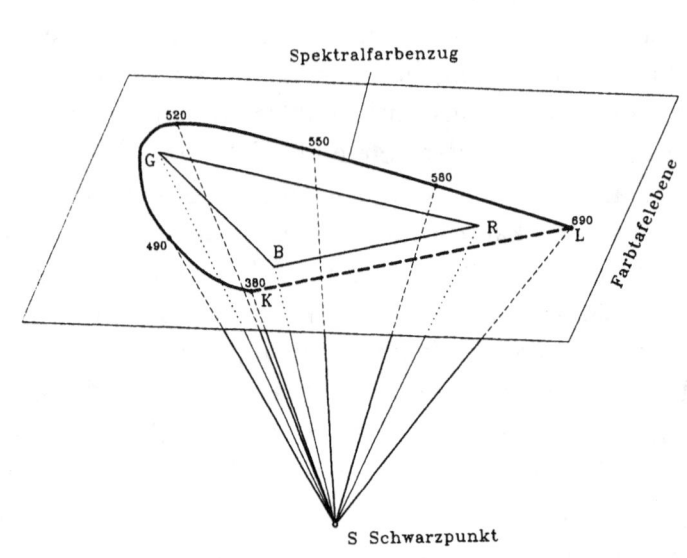

Man ist durch individuelle Farbvergleiche in der Lage, in der Farbtafelebene auch die Spektralfarben lagerichtig einzutragen. Es ergibt sich dabei ein stetig gekrümmter Kurvenzug, der vom kurzwelligen Spektrumsende K bis zum langwelligen Spektrumsende L reicht. Das kurzwellige Spektrumsende ist das äußerste Violett, das langwellige das äußerste Rot. Durch additive Farbmischung dieser beiden extremen Enden kann man den Spektralfarbenzug auf künstliche Weise schließen. Diese Verbindungsgerade zwischen K und L nennt man die Purpurgerade, weil auf ihr die verschiedenen Purpurfarben liegen.

Abbildung 27

bildung 25 zeigt die spektralen Empfindlichkeitskurven für die drei verschiedenen Rezeptoren, die sogenannten Zäpfchen der Netzhaut des Auges. Licht einer bestimmten Zusammensetzung reizt die unterschiedlichen Rezeptoren auf unterschiedlich starke Weise. Eine "verschlüsselte" Nervenerregung wird zuletzt an das Gehirn weitergeleitet. Es darf erwähnt werden, daß wir bis heute keine fundierten Kenntnisse über die Art der Verschlüsselung besitzen.[143]

Der Spektralfarbenzug

Die Abbildung 26 zeigt im Schrägriß die Lage der drei Vektoren, die das Licht der Farbprojektoren Rot $\vec{R}$, Grün $\vec{G}$ und Blau $\vec{B}$ repräsentieren. Legt man durch die Spitze dieser drei Vektoren eine sogenannte Farbtafelebene, dann kann man die drei Farben Rot, Grün und Blau durch drei Punkte (R, G und B) auf dieser Ebene festhalten und auch alle Mischfarben, die man aus ihnen gewinnen kann, in der Farbtafelebene eintragen. Das 1. Graßmannsche Gesetz hat uns gelehrt, daß man *jede* beliebige Farbe aus einem solchen Farbtripel "nachzumischen" in der Lage ist.[144]

Wenn das so ist, dann muß man auch in der Lage sein, die hellen, intensiven Farben, die man im Glasprisma so deutlich sehen kann, aus den drei Projektorfarben nachzubilden und gleichsam als äußerste Grenze farbkräftigsten Lichtes auf der Farbtafelebene lagerichtig einzutragen. Die Abbildung 27 zeigt, welches Ergebnis man aus solchen experimentellen Untersuchungen erhält, wenn man das Newtonsche Spektrum

---

KNESER [Physik, S. 547], RICHTER [Farbmetrik, S. 654]
[142] DIN 5033, Teil 2
[143] RICHTER [Farbmetrik, S. 692]
[144] Wie bereits erwähnt, gibt es eine innere und eine äußere additive Farbmischung. Durch die *innere Farbmischung* erreicht man alle Mischfarben, die innerhalb des Dreiecks RGB liegen. Durch die *äußere Farbmischung* findet man zu den Mischfarben, die außerhalb des Dreiecks RGB angeordnet sind.

2. Farbe als Wirklichkeit

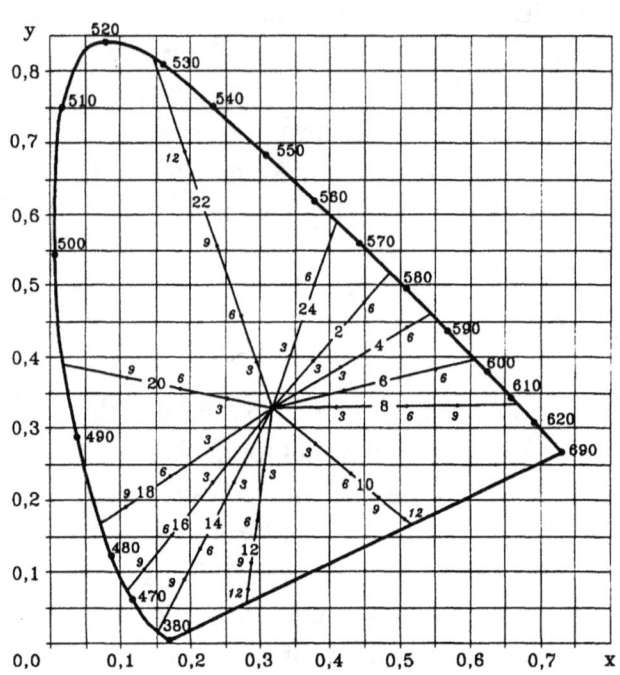

Diese Abbildung zeigt die Farbtafelebene, in der der Spektralfarbenzug mit Wellenlängenangaben (in Nanometer) eingetragen ist. Die strahlenförmigen Linien, die von ihrem Zentrum nach außen gehen, sind Linien gleichen Farbtons. Die Abstände der Linien sind so gewählt, daß sie in erster Näherung empfindungsmäßig gleichabständige Farbabstufungen ergeben. Das Zentrum, in dem die Linien zusammenlaufen, ist "unbunt", also weiß, grau oder schwarz. Die Skalierung (3, 6, 9, ...) der strahlenförmigen Linien ist ein Maß für die Ausgeprägtheit des Farbtones, es ist das die Sättigung Farbtons.

Abbildung 28

analysiert. Die Spektralfarben ordnen sich in der Farbtafelebene in einem stetig gekrümmten Kurvenzug an, der vom Punkt K bis zum Punkt L reicht. Das kurzwellige Spektrumsende K ist das äußerste Violett, das langwellige Spektrumsende L ist das äußerste Rot. Man versteht, daß der Spektralfarbenzug nicht in sich geschlossen ist, weil ja Violett und Rot zwei grundsätzlich verschiedene Farben sind. Durch additive Farbmischung dieser beiden extremen Enden gelingt es jedoch auf künstliche Weise, den Spektralfarbenzug zu schließen. Die additive Farbmischung dieses äußersten Violett und dieses äußersten Rot führt je nach Mischungsverhältnis auf die verschiedenen Purpurfarben, weshalb die strichlierte Verbindungsgerade von K nach L *Purpurlinie* oder Purpurgerade heißt. Jede Farbvalenz, die tatsächlich existiert, hat daher ihren Farbort stets im Inneren dieses nun in sich geschlossenen Spektralfarbenzuges, bestenfalls liegt die Farbart am Spektralfarbenzug selbst oder auf der Purpurlinie .

Die Abbildung 28 zeigt die Farbtafelebene[145], in der der Spektralfarbenzug mit Wellenlängenangaben (in Nanometer) versehen ist, jetzt aufrecht stehend. Die strahlenförmigen Linien, die mit den Ziffern 2, 4, 6 usw. beschriftet sind, sind Linien gleichen *Farbtons*. Als Maß für den Farbton kann man die Wellenlänge der farbtongleichen Spektralfarbe definieren. Die Abstände der Linien gleichen Farbtons sind in erster Näherung so gewählt, daß sich empfindungsmäßig gleichabständige Farbabstufungen ergeben.[146] Das Zentrum, in dem diese Linien zusammentreffen, ist unbunt (weiß, grau, schwarz). Der Farbton einer bunten Farbe kann unterschiedlich stark ausgeprägt sein: Es gibt stark leuchtende Farben, sie können aber auch in abgeschwächter Form, zart pastellfarben, wirken und zuletzt von Unbunt (Zentrum der Graphik) kaum zu unterscheiden sein. Dieses Maß der Ausgeprägtheit eines Farbtons nennt man *Sättigung*. Die dritte Eigenschaft, die einer Farbe

---

[145] nach DIN 6164, Teil 1
[146] RICHTER [Gleichabständigkeit]

2. Farbe als Wirklichkeit

zukommt, ist die *Helligkeit*; es ist das die Stärke der jeweiligen Lichtempfindung.

Die Farben bilden eine Folge von Farbtönen, die in sich selbst wieder zurücklaufen und einen geschlossenen Zyklus ergeben. Es folgen aufeinander:[147]

laubgrün	(525 nm)
zitron	(560 nm)
gelb	(570 nm)
orange	(585 nm)
rot	(620 nm)
purpur	
violett	(420 nm)
indigo	(475 nm)
blau	(485 nm)
türkis	(495 nm)
seegrün	(500 nm)
laubgrün	(525 nm)
usw.	

Die eben genannten Farben sind die Farben eines weitgehend monochromatischen Lichtes. Faßt man dagegen, um ein anderes Beispiel zu nennen, weite Wellenlängenbereiche (Drittelbereiche des Spektrums) zu Mischfarben zusammen (und bildet sogenannte Optimalfarben), so findet das Auge auch für diese extrem breitbandigen Lichterscheinungen schwerpunktmäßig zu bestimmten Farbbezeichnungen. Beispielsweise ergibt:

mittelwelliges Licht	→ grün
mittel- und langwelliges Licht	→ gelb
langwelliges Licht	→ orange
kurz- und langwelliges Licht	→ purpur

---

[147] Die in Klammern angegebenen Wellenlängen der farbtongleichen Spektralfarbe sind bloß als Richtwerte aufzufassen. Die Abstände der Linien gleichen Bunttons (die strahlenförmigen Linien in der Abbildung 28) zeigen deutlich, wie umfangreich der Spektralbereich ist, in dem die einzelnen Farben ineinander übergehen. Die sprachliche Benennung der Farben umfaßt also eine relativ breite Streuung.

kurzwelliges Licht → violett
kurz- und mittelwelliges Licht → blau
mittelwelliges Licht → grün
usw.

Die Aufeinanderfolge der Farbtöne ist also die gleiche wie bei den Spektralfarben; durch die extreme Breitbandigkeit dieser Mischfarben wirken diese Farben dagegen eher abgeschwächt und pastellfarben. Die Farbbezeichnungen und Wellenlängen-Zuordnungen unserer obigen Aufstellung haben wir in Abbildung 15 bereits kennengelernt.

Unversehens sind wir also wieder zum Goetheschen Farbenkreis nach Abbildung 2 zurückgekehrt.

Auch Goethes Prismenexperimente kann man nachträglich aus Newtons Farbenlehre deuten. Weiße Bilder auf schwarzem Grund (Abbildung 9) entsprechen einem breiten Spalt in Newtons Spektralapparat (Abbildung 18). Dieses breite Bild wird entsprechend seinen Spektralfarben unterschiedlich weit verschoben: Violett (Goethe nennt es blaurot; vergleiche Abbildung 15) wird am stärksten nach oben verschoben; rot (Goethe nennt es gelbrot; vergleiche Abbildung 15) wird am geringsten nach oben verschoben. Die Farben der Bilder überlagern sich und ergeben gemäß Abbildung 15 in Summe:

				schwarz
blaurot			=>	blaurot
blaurot	grün		=>	blau
blaurot	grün	gelbrot	=>	weiß
	grün	gelbrot	=>	gelb
		gelbrot	=>	gelbrot
				schwarz

Diese Farberscheinung entspricht der Goetheschen Beobachtung (Abbildung 9).

In gleicher Weise bauen sich auch die Farberscheinungen bei schwarzen Bildern auf weißem Grund (Abbildung 12) auf.

blaurot	grün	gelbrot	=>	weiß
blaurot	grün	gelbrot	=>	weiß
	grün	gelbrot	=>	gelb
		gelbrot	=>	gelbrot
			=>	schwarz
blaurot			=>	blaurot
blaurot	grün		=>	blau
blaurot	grün	gelbrot	=>	weiß
blaurot	grün	gelbrot	=>	weiß

2. Farbe als Wirklichkeit

Diese Farberscheinungen nennt man auch "Kantenspektren bei breitem Spalt" und "umgekehrte Spektren bei negativem Spalt".[148]

Zwei Wirklichkeiten

Auch wenn für uns heute die naturwissenschaftliche Art der Farbauffassung in hohem Grade überzeugend wirkt, so macht es uns doch recht nachdenklich, daß sich die Farbe auch als anders strukturierte Wirklichkeit zeigen kann.

Zwei bemerkenswerte Annäherungsversuche an die Wirklichkeit der Farbe haben wir beschrieben: Goethes Farbenlehre und Newtons Farben des Lichts. Grundlegend verschiedene Ausgangspositionen haben zu unterschiedlichen Wirklichkeiten geführt.

Goethes Grundauffassung ist, daß alles eine harmonische Einheit bildet, die nur aus dem Umfassenden heraus verstanden werden kann. Goethes Denken ist auf das Ganze gerichtet. Für ihn ist das Urphänomen das eigentlich Erforschenswerte. Das Urphänomen überbrückt auf tiefste Weise die Subjekt-Objekt-Spaltung.

Newtons Denken ist dagegen auf das Objekt alleine gerichtet. Seine Art zu sehen ist analytisch und zergliedernd, er betrachtet das Kleine, das Elementare, er betrachtet die Teile.

Deutlich sehen wir daher, daß solche unterschiedlich gewordenen Wirklichkeiten auch unterscheidbar vor uns stehen.

Zwei *bedeutende* Wirklichkeiten.

---

[148] Weiterführende Literatur findet man hierzu bei E. BUCHWALD: Fünf Kapitel Farbenlehre. Physik Verlag, Mosbach Baden, 1957 ab Seite 58.

3
HEILKUNDLICHE WIRKLICHKEITEN

3. Heilkundliche Wirklichkeiten

Heilkundliche Wirklichkeiten
    Chinesische Lebenswirklichkeit
        Das Schafgarbenorakel
        Das Yin-Yang-Prinzip
        Shen und Kuei. Qi und Jing
        Die fünf Elemente
    Chinesische Medizin
        Yin-Yang-Theorie
        Lebenssubstanzen
            Qi
            Blut und Säfte
            Jing
            Shen
        Die Funktion der inneren Organe
        Die Leitbahnen oder die Meridiane
        Wie kommt es zur Disharmonie?
            Die Sechs Übel
            Die Sieben Emotionen
            Die Lebensweise
        Die Diagnostik
        Das Disharmoniemuster
        Ein Beispiel
    Ein simultanes Massenphänomen

Aus der griechischen Sprachwurzel autó-nomos kommt unser Wort "autonom"; es bedeutet soviel wie "nach eigenen Gesetzen lebend", unabhängig und selbständig. Wenn wir sagen, Wirklichkeiten sind autonom, so charakterisiert das eigentlich recht treffend, was unsere Überlegungen bis jetzt zu Tage gefördert haben: Wirklichkeiten leben nach eigenen Gesetzen, die sie sich sozusagen selbst geschaffen haben. Eine solche Wirklichkeit bleibt so lange bestehen, so lange man an ihrem Entstehungsmodus, also am Verknüpfungsinstrument, welches die Anschauungselemente zu *dieser* Wirklichkeit zusammenfügt, nichts ändert. Wirklichkeiten verwandeln sich dagegen in eine andere Gestalt, wenn man auf andere Art an sie herangeht. Verschiedene Beispiele haben das im Lauf der Kulturgeschichte gezeigt: Licht und Farbe, Kosmos und Kosmographie haben sich in einer Vielheit von Gestalten - von Wirklichkeits-Gestalten - präsentiert. Nicht die "eine wahre Wirklichkeit", die da draußen vermeintlich "tatsächlich" existiert, hat sich gezeigt. *Verschiedene* autonome Wirklichkeiten waren es, die sich da *gebildet* haben und auch ein menschliches Handeln leiten konnten.

Allerdings wird man einwenden, daß bei diesen Beispielen die einzelnen Wirklichkeiten nicht alle gleichzeitig aufgetreten sind, sondern im wesentlichen zeitlich nacheinander erschienen sind. So hat sich das *Licht* zuerst als Teilchenstrahl "erwiesen", dann als longitudinale Ätherwelle, dann als transversale Welle, dann als Welle und (!) Teilchen, usw. Oder beim Beispiel der *Farbe* hat Goethes Farbenlehre die historisch frühere, ganzheitliche Sichtweise erfaßt, während Newton eine zergliedernde, analytische Sichtweise verfolgt hat, die für die spätere Zeit das tragende Paradigma wurde. Oder am Beispiel der *ptolemäischen Wirklichkeit* haben wir den wissenschaftlichen Vorläufer der kopernikanischen Wirklichkeit kennengelernt. So eindrucksvoll die verblüffende In-sich-Geschlossenheit dieser Wirklichkeiten auch sein mag, man wird unwillkürlich der "moderneren" den Vorzug geben und die früher aktuell gewesenen Wirklichkeiten beiseite schieben. Man wird also sagen, Wirklichkeiten, in denen viele Menschen leben, können sich im Lauf der Zeit verändern, sodaß sie hinterher wie eine Aufeinanderfolge verschiedener Bilder sichtbar werden. Unmittelbar erhebt sich da die Frage, ob unterschiedliche Wirklichkeiten nicht auch gleichzeitig auftreten können?

Gibt es einen solchen Wirklichkeits-Pluralismus auch als ein echtes *simultanes Massenphänomen*? Wir fragen also danach, ob auch der Fall auftreten kann, daß große Menschengruppen gleichzeitig nebeneinander existieren, wobei die eine die Wirklichkeit *so* sieht und die andere die Wirklichkeit irgendwie *anders* sieht? Ohne, daß man sagen könnte, irgendeine von beiden sei einem Trugschluß aufgesessen.

Wenn man so etwas sucht, wird man am ehesten ein Beispiel dort finden, wo viele Menschen schon von vornherein in einer fremdartigen Lebenswirklichkeit beheimatet sind, wo Menschen aus einem andersartigen kulturellen Hintergrund heraus denken. Auf der Grundlage einer für uns fremdartigen Lebenswirklichkeit könnten sich nämlich spezielle, in sich abgeschlossene Wirklichkeiten bilden, die zu den Wirklichkeiten, wie wir sie selbst sehen, sehr verschieden sind.

Fremdartige Lebenswirklichkeiten wird man zum Beispiel in Kulturen finden, die sich durch lange historische Perioden - von außen unbeeinflußt - eigenständig entwickeln konnten. Aber kann es denn zwischen fremdartigen Lebenswirklichkeiten überhaupt eine Verständigungsmöglichkeit geben, damit man verschiedenartige Wirklichkeiten vor sich sehen kann? Soferne Lebenswirklichkeiten sich nicht allzu sehr voneinander unterscheiden, findet man immer wieder Bereiche, die sowohl da als auch dort analoge Bestrebungen zum Ziel haben und somit einen gewissen Vergleich möglich machen. Bei-

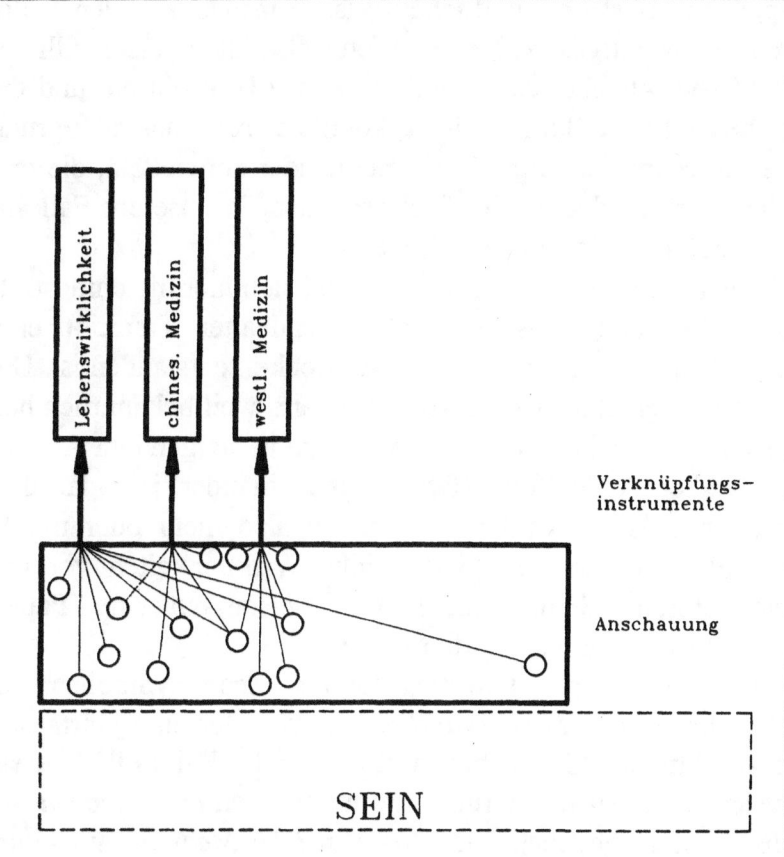

Die chinesische *Lebenswirklichkeit*, von der eine jahrtausendealte Philosophie Zeugnis ablegt, war das kulturelle Umfeld, welches zur Strukturierung der autonomen *chinesischen Medizin* Anlaß gegeben hat. Die *westliche Medizin*, auf einem anderen Kulturfundament beheimatet, ist im Vergleich dazu nahezu inkompatibel.

Abbildung 1

spielsweise ist heilkundliches Wissen in nahezu allen Kulturen ein wichtiges Anliegen. Wenn also in unterschiedlichen Lebenswirklichkeiten in einer gewissen Hinsicht ein und dieselbe Zielvorstellung vorliegt, könnte es sein, daß sich grundverschiedene Paradigmen nebeneinander entwickeln, die trotz aller Verschiedenheit ihr Ziel erreichen, in unserem Fall also das Ziel, den Menschen zu heilen.

Als besonders gutes Beispiel bietet sich hier die chinesische Medizin an, die aus einer jahrtausendealten Tradition einer uns wohl sehr fremden Lebenswirklichkeit entstanden ist. Dieses Beispiel ist deswegen so interessant, weil bekanntlich heute sowohl in China als auch in Europa in steigendem Ausmaß tatsächlich beide Heilverfahren nebeneinander, ja sogar alternativ eingesetzt werden. Wir haben also mehr oder minder komplett ausgebaute heilkundliche Wirklichkeiten vor uns, die fast keine Gemeinsamkeiten aufweisen, außer den Patienten natürlich, dem sie helfen wollen.

Die Abbildung 1 stellt die Situation wieder symbolisch dar. Die chinesische *Lebenswirklichkeit*, von der eine jahrtausendealte Philosophie Zeugnis ablegt, war das kulturelle Umfeld, welches zur Strukturierung der autonomen *chinesischen Medizin* Anlaß gegeben hat. Die *westliche Medizin*, auf einem ganz anderen Kulturfundament beheimatet, erscheint im Vergleich dazu nahezu inkompatibel.

Im folgenden Text sollen einige Grundgedanken der alten chinesischen Philosophie beleuchtet werden, um eine gewisse Vorbereitung auf die völlig fremdartige Terminologie und Heilstrategie der chinesischen Medizin zu geben.[1]

---

[1] Zur Darstellung der vorklassischen und klassischen Zeit der chinesischen Philosophie habe ich das zweibändige Werk über die "Geschichte der chinesischen Philosophie" von ZENKER [China] aber auch JASPERS [Philosophen], GLASENAPP [Weltreligionen], N. N. [I Ging] und DEUSSEN [Nachveda], herangezogen. Für historische Fragen war insbesondere das Werk von GOETZ [Propyläen, Bd. 1] von großem Wert. Für die später zu erörternden medizinischen Details wurde von mir vor allem das Buch des führenden amerikanischen Experten für östliche Medizin T. J. KAPTCHUK [Chin. Med.] verwendet. Dieses

Heilkundliche Wirklichkeiten

Wenn im folgenden Abschnitt Gedanken dargestellt werden, die zum Teil bis in die vorgeschichtliche Zeit der chinesischen Kultur zurückreichen, dann wird man sich bei der Lektüre im allgemeinen des Eindrucks nicht erwehren können, daß hier hauptsächlich von Aberglauben, Magie und Okkultismus die Rede ist, die doch mit der heutigen Zeit nichts mehr zu tun haben. Ich halte diesen Eindruck für unvermeidlich, weil er uns nämlich deutlich auf die Fremdartigkeit dieser Kultur hinweist. Es erscheint uns daher im ersten Moment völlig ausgeschlossen, daß man auf einem solchen Fundament auch nur irgendeine ernst zu nehmende Wirklichkeit aufbauen kann. Umso interessanter wird es dann sein zu sehen, daß auf diesem so andersartigen Sockel sich eine zielführende Heilkunde entwickeln konnte.

Wir haben in der chinesischen und in der westlichen Medizin offenbar ein hervorragendes Beispiel für einen Wirklichkeitspluralismus vor uns, der sich über Jahrtausende in die Vergangenheit erstreckt und allein in der heutigen Zeit viele Millionen Menschen betrifft. Ein besonders eindrucksvolles Musterbeispiel für einen Wirklichkeits-Pluralismus als simultanes Massenphänomen steht hier also vor uns.

Einen ersten Eindruck über die ungeheuer große Zeitspanne, die die chinesische Kultur umfaßt, gibt ein geraffter Überblick[2] über die Dynastien dieses Weltreiches. Bis in das zweite

---

Werk hält man für einen der wichtigsten Beiträge zur Synthese von westlicher und östlicher medizinischer Theorie und Praxis (EPSTEIN, Harvard University). Das Lehrbuch über die Grundlagen der chinesischen Medizin von G. MACIOCIA [Chin. Med.] ist gleichfalls ein wichtiges Standardwerk; es paßt die Theorie der chinesischen Medizin den Bedürfnissen der westlichen Praxis an und ist tief in den chinesischen Klassikern verwurzelt. Das Werk von BISCHKO [Akupunktur] ist von großer Bedeutung, weil hier ein europäischer Wegbereiter und erfahrener Anwender der Akupunktur grundlegendes Wissen vermittelt und die Umsetzung in der täglichen Praxis beschreibt.

[2] Solche Angaben sind mit gewissen Schwierigkeiten verbunden. Einerseits ist zu sagen, daß die genannten *Jahreszahlen* zum Teil nur einen überschlägigen Hinweis geben. Ein anderes Problem, welches sich auf das gesamte Kapitel erstreckt, ist die *Transkription der chinesischen Schriftzeichen* in unser westliches Schriftsystem. Unterschiedliche Schreibweisen sind hier zu finden. Darauf wird

vorchristliche Jahrtausend reichen die historisch nachweisbaren Wurzeln. Im dritten vorchristlichen Jahrtausend sieht man das Zeitalter der sogenannten legendären Kaiser.

3. Jahrtausend v. Chr.	legendäre Kaiser
2200 - 1600 v. Chr.	Xia-Dynastie (z. T. legendär)
1600 - 1100 v. Chr.	Shang-Dynastie
1100 - 221 v. Chr.	Zhou-Dynastie (einschließlich Frühling- und Herbstperiode, sowie Kämpfende Staaten)
221 - 207 v. Chr.	Qin-Dynastie
206 v. Chr. - 220 n. Chr.	Han-Dynastie
220 - 265 n. Chr.	Periode der Drei Königreiche
265 - 420 n. Chr.	Jin-Dynastie
420 - 581 n. Chr.	Südliche und nördliche Dynastien
581 - 618 n. Chr.	Sui-Dynastie
618 - 907 n. Chr.	Tang-Dynastie
907 - 960 n. Chr.	Fünf Dynastien. Zehn Königreiche
960 - 1279 n. Chr.	Song-Dynastie
1279 - 1368 n. Chr.	Yuan-Dynastie
1368 - 1644 n. Chr.	Ming-Dynastie
1644 - 1911 n. Chr.	Qing-Dynastie
1911 - 1949 n. Chr.	Republik China
seit 1949	Volksrepublik China

Chinesische Lebenswirklichkeit

Frühe Wurzeln haben jene Gedanken, die, in der chinesischen Lebenswirklichkeit verankert, zur Grundlage der chinesischen Medizin geworden sind. Sie reichen bis zu den Anfängen der chinesischen Kultur und verlieren sich dort im mythischen Dunkel.[3] Wichtige Quellen historischer Erkenntnisse sind vor allem die Zeugnisse alter Literatur. Allerdings ist die gesamte

---

man zu achten haben, wenn man andere Literaturstellen zum Vergleich heranzieht.

[3] GOETZ [Propyläen, Bd. 1, Seite 173 f.]

Literatur nicht in ihrer ursprünglichen Fassung erhalten geblieben. Im dritten vorchristlichen Jahrhundert fand nämlich eine teilweise Vernichtung des alten Literaturgutes statt.[4] Gewisse Schriften wurden damals von den Behörden in weiten Teilen des Landes eingesammelt und verbrannt. Im zweiten vorchristlichen Jahrhundert hat man dann versucht, aus Handschriften, die da und dort aus ihren Verstecken wieder aufgetaucht sind, in mühseligen Kommissionsarbeiten (hier wird der greise Gelehrte Fu Seng genannt) die Texte wieder zu rekonstruieren. Hierbei ist zu bedenken, daß man diese Arbeit natürlich nur vor dem geistigen Hintergrund des damals orthodoxen Kanons durchführen konnte. Überlieferte und erhalten gebliebene Texte wurden, so gut es eben ging, nachträglich zusammengefügt. Textkritische Arbeiten stehen also immer wieder vor dem großen Problem der richtigen zeitlichen Eingliederung einzelner Textteile.[5] Die alten Texte haben nicht so sehr historischen Charakter, sondern sie sind weitgehend von religiösem und moralischem, aber auch philosophischem Gedankengut geprägt und sind auch unter dem Gesichtspunkt der Ahnenverehrung zu verstehen. In diesem Sinn der Ahnenverehrung sind sicher auch die legendären Kaiser des dritten vorchristlichen Jahrtausends zu sehen, die wahrscheinlich als taoistische Mythologie in eine weit zurückliegende Urzeit projiziert wurden. Für historische Zwecke ist das sicher ein nicht unerhebliches Problem, weil man hier geschichtliche Fakten festhalten möchte. Für unsere Zwecke dagegen, wo wir sozusagen bloß an dem "Humus" der ganz frühen chinesischen Lebenswirklichkeit interessiert sind, ist es eher belanglos. Auf diesem Humus - egal, wie und wann er entstanden ist - hat sich die traditionelle chinesische Medizin entwickelt und weiter vervollkommnet.

---

[4] ZENKER [China, I, Seite 21 f.]
[5] Eine umfangreiche Literaturzusammenstellung, die sich auf das klassische Zeitalter bis 200 v. Chr. bezieht, findet man bei ZENKER [China, I].

3. Heilkundliche Wirklichkeiten

Die Chinesen sind zweifellos als das älteste Kulturvolk der Erde anzusehen. Man nimmt an, daß sich die ihnen eigene Kulturform vor allem in der vorhistorischen Zeit gebildet hat und später nur geringfügigen Veränderungen ausgesetzt war. Das unerschütterliche Fundament ihres Kulturgutes ist sicher die Ursache für den erstaunlich stationären Charakter ihrer Kultur. Die bewegte Geschichte der staatlichen Macht, die unzähligen usurpatorischen Ereignisse, die stets von Aufschwüngen und Niedergängen herrschender Dynastien begleitet waren, haben die Struktur der chinesischen Kultur dagegen kaum verändert. Fremde Völker haben dabei den Kulturbesitz in Einzelheiten eher bereichert, nie haben sie ihn ernstlich gefährdet. Erst unserer Zeit dürfte es gelingen, einen grundlegenden Wandel einzuleiten. Ein zweifelhafter Erfolg!

Die Chinesen hatten die tiefe innere Überzeugung und Sicherheit, daß ihre Kultur ihren Daseinsbedingungen ideal entspricht, weshalb sie nie ein Bedürfnis nach Fortschritt und Veränderung empfunden haben. Und gerade dieses unveränderte Festhalten an ihren Kulturprinzipien hat die Größe des Chinesentums bewirkt und ihre geistige Herrschaft in Ost- und Zentralasien ermöglicht. Ihre überaus starke und einheitliche Kultur hat auch zu Zeiten einer Fremdherrschaft schließlich nationale Gegensätze überwunden und Fremdes im Sinn einer Kulturherrschaft eingemeindet. In kriegerischen Auseinandersetzungen wurde China zwar oft erobert, aber die chinesische Kultur ist zuletzt siegreich geblieben und hat dem gesamten, nun größer gewordenen Reich eine zähe Lebenskraft verliehen. Eine derart einheitliche und standfeste Kultur ist weltweit wohl einzigartig.

In den frühesten Quellen zeigt sich das chinesische Volk als seßhaft; eine vorausgehende primitivere Form des Jäger- und Sammlertums findet nicht einmal in der mythischen Überlieferung Erwähnung. Auch von Kämpfen und Eroberungen ist in den Mythen nicht die Rede. Es geht dagegen stets um die

Chinesische Lebenswirklichkeit

I	☰	Kien, das Schöpferische, der Himmel
II	☷	Kun, das Empfangende, die Erde
III	☳	Dschen, das Erregende, der Donner
IV	☵	Kan, das Abgründige, das Wasser
V	☶	Gen, das Stillehalten, der Berg
VI	☴	Sun, das Sanfte, der Wind
VII	☲	Li, das Haftende, das Feuer
VIII	☱	Dui, das Heitere, der See

Diese Abbildung stellt die 8 Trigramme dar und nennt die zugehörigen chinesischen Namen und ihre Übertragung ins Deutsche.

Abbildung 2

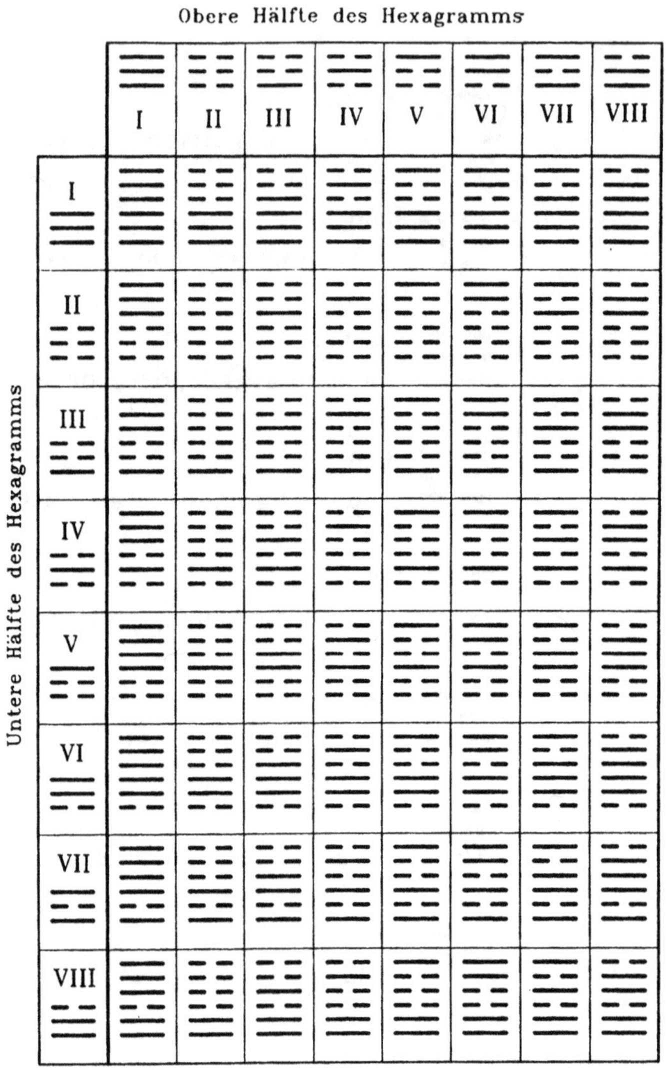

3. Heilkundliche Wirklichkeiten

Die 64 Hexagramme.

Abbildung 3

Entwicklung der Bodenkultur, der Ethik, sowie um den Ausbau des Staates im Inneren. Den mythischen Herrschern der Urzeit werden die entscheidenden Errungenschaften der chinesischen Zivilisation zugeschrieben.

Das Schafgarbenorakel

Zu den ältesten literarischen Denkmälern der Menschheit gehört das *Buch der Wandlungen*, das *I Ging*. Es liegt uns heute zwar nicht in seiner ursprünglichen Form vor, sondern es ist von Konfuzius (551 - 479 v. Chr.) und seiner Schule vor dem Untergang bewahrt, aber sicher dabei auch in gewisser Weise durch Zusätze und Ergänzungen rezensiert worden. Die ältesten Teile dieses Textes könnten in ihren gedanklichen Wurzeln vielleicht aus dem Jahr 2000 v. Chr. stammen. Manche Kommentare dürften in späterer Zeit, zum Teil in der Han-Dynastie, also etwa in den Jahrhunderten um Christi Geburt, verfaßt und beigefügt worden sein.

Nach mythischer Überlieferung sind dem legendären Kaiser Fu-hi im dritten vorchristlichen Jahrtausend durch ein Drachenpferd 8 Kua, das sind 8 Urzeichen überbracht worden. Das Drachenpferd ist aus dem Hoangho aufgetaucht und hat auf seinem Rücken mystische Zeichen in Form schwarzer und weißer Flecken getragen. Diese acht Kua, man nennt sie auch die acht Trigramme, wurden in der Überlieferung durch drei übereinander liegende Striche dargestellt, die zum Teil ungebrochen —— oder gebrochen — — waren. Die Abbildung 2 zeigt die acht Trigramme und nennt die zugehörigen chinesischen Namen sowie ihre Übertragung ins Deutsche.

Diese Trigramme stellen die einfachsten Grundelemente des Buches der Wandlungen dar, deren Bedeutung durch die beiden deutschen Worte aber noch keineswegs zur Gänze erfaßt ist. In einem umfangreichen Kommentarteil[6] des Buches der

Wandlungen werden die Zeichen ausführlich erläutert. Es werden ihnen Himmelsrichtungen, Jahreszeiten und Wirkungen auf die Natur zugeschrieben, die Trigramme stehen mit der innerweltlichen Ordnung in Verbindung (Reihenfolge und Wirkungen im Kreislauf des Jahres, Tageslauf, ...), Eigenschaften, symbolische Tiere, Körperteile sind ihnen zugeordnet. Die Trigramme faßt man auch als Symbole auf, die sich in den Begriffen der Familie manifestieren können: das zeugende Element im Vater, das empfangende wird in der Mutter gesehen, das bewegende Element in drei Söhnen, das hingebende in drei Töchtern.

Schon in sehr früher historischer Zeit hat man diese acht Trigramme paarweise miteinander kombiniert, indem man je zwei dieser Trigramme übereinander gestellt hat und auf diese Weise sogenannte Hexagramme gebildet hat. Insgesamt ergeben sich 64 solche Zeichen, die in Abbildung 3 zusammengefaßt sind. Die oberste Zeile beziehungsweise die linke Spalte zeigen, aus welchen Trigramm-Bestandteilen die Hexagramme bestehen. Im Treffpunkt von Zeile und Spalte ist das komplette Hexagramm abgebildet.

Jedem Hexagramm sind im Buch der Wandlungen[7] in archaischen Worten eine Erörterung des Bildes, ein Urteil darüber, was ein solches Hexagramm besagt und eine Erklärung beigefügt, die erläutert, was die einzelnen Linien des betreffenden Hexagramms bedeuten und aussagen. Im zweiten Teil des Buches[8] werden in Kommentaren, die weitgehend auf Konfuzius zurückgehen, Zusammenhänge aufgezeigt, die den Wahrspruch des Hexagramms verständlich machen.

Eine wichtige Eigenschaft, die den Hexagrammen zukommt, wurde bis jetzt noch nicht erwähnt. Und gerade diese Eigenschaft ist es, die schließlich den grundsätzlich anderen Charakter der chinesischen Lebenswirklichkeit deutlich

---

[6] Vergleiche N. N. [I Ging, Seite 237 f.]
[7] N. N. [I Ging, Seite 25 - 236]
[8] N. N. [I Ging, Seite 239 - 335]

macht: Die Linien, aus denen sich die Hexagramme aufbauen, können nämlich einen "stationären" oder aber auch einen "sich wandelnden" Charakter haben. Das heißt, jene Linien, die durch einen sich wandelnden Charakter gekennzeichnet sind, *können* sich verändern: Aus einer ungebrochen Linie ⎯⎯ kann also eine gebrochene Linie ⎯ ⎯ werden und umgekehrt. Wenn das der Fall ist, dann verwandelt sich aber das Hexagramm in ein anderes Hexagramm. 64 Möglichkeiten stehen hierfür zur Verfügung (Abbildung 3). Hier wird also das Prinzip des kontinuierlichen Wandelns deutlich, ein ständiges komplexes Verändern findet statt, ohne dabei Bahnen zu durchlaufen, die vorausbestimmbar wären. Die Unendlichkeit des Universums erscheint in der chinesischen Wirklichkeit hierdurch erfaßbar. Die Hexagramme beschreiben symbolisch die Gegenwart und machen gleichzeitig darüber eine Aussage, mit welchen Veränderungen man in dieser Gegenwart rechnen muß, wenn man die Ratschläge für richtiges Handeln nicht beachtet. Die Hexagramme verkünden also nicht einfach die Zukunft, die unabwendbar über uns hereinbricht, sondern sie geben eine Antwort auf die Frage, was man in der Gegenwart tun soll. Hier liegt also nicht ein simples Wahrsagebuch vor, sondern dieses in der vorgeschichtlichen Zeit wurzelnde Dokument wurde als Weisheitsbuch aufgefaßt, welches die Keime des zukünftigen Geschehens rechtzeitig erkennen läßt.

Das Buch der Wandlungen wurde seither als Pflanzenorakel verwendet, welches durch medial veranlagte Menschen gehandhabt wird.[9] Die Schafgarbe, die bei diesem Pflanzenorakel benützt wird, gilt in China als heilige Pflanze, die mit dem Ursprung des Seins in Verbindung steht. Fünfzig Schafgarbenstengel braucht man hierzu. Neunundvierzig dieser Stengel werden in zwei Haufen geteilt und diese zwei Stengelhaufen werden nach einem genau festgelegten Verfahren[10] ausgezählt. Nicht jedermann hat in gleicher Weise die Fähigkeit, das Ora-

---
[9] N. N. [I Ging, Seite 244 f.]
[10] N. N. [I Ging, Seite 336 f.]

Diese Abbildung zeigt das traditionelle Yin-Yang-Symbol. Eine *einzige* geschlungene Linie, die wieder in sich selbst zurückläuft, bringt eine *Zweiheit* in die Welt, die durch ihre bildliche Gestalt das Prinzip des Wandelns symbolisiert. Die schwarze Fläche repräsentiert das Yin, die weiße das Yang. Sowohl in der schwarzen, als auch in der weißen Fläche liegt ein entgegengesetzt gefärbter Punkt, der zum Ausdruck bringt, daß in jedem Yin auch ein Yang enthalten ist und umgekehrt.

Abbildung 4

kel zu befragen. Es bedarf hierzu eines klaren und ruhigen Gemütes, das empfänglich ist für die kosmischen Einwirkungen, die in den Oräkelstengeln aufgespürt werden können.[11] Der Orakelsuchende formuliert zu Beginn sein Anliegen und empfängt dann wie ein Echo die passende Orakelantwort, welche ihn die Zukunft erkennen läßt. Nahes oder Fernes, Geheimes oder Tiefes zeigt sich.[12] Aber nicht ein unabwendbares Schicksal wird dabei sichtbar, sondern die Tendenz zukünftiger Entwicklungen zeigt sich, die durch ernstes Bemühen des Orakelsuchenden noch rechtzeitig beeinflußt werden kann.

Das Yin-Yang-Prinzip

Die Idee der Wandlungen, des stetigen Fließens, des Veränderns ist also durch Jahrtausende im chinesischen Denken verwurzelt. Als Konfuzius einst an einem Fluß stand, hat er einen Satz ausgesprochen, der dieses Prinzip des Wandelns zum Thema hat: "So fließt alles dahin wie dieser Fluß, ohne Aufhalten, Tag und Nacht."[13] Nicht einzelne Dinge - wie in unserem westlichen Denken - sind es also, die im Mittelpunkt des Interesses stehen. Nicht das in den Wellen vorbeiziehende Treibholz oder jener Fisch dort ist das Bleibende. Nach kurzer Zeit sind sie verschwunden und sind nicht mehr zu sehen. Anderes kommt, und auch dieses wandelt sich wieder. Der ununterbrochene Wandel ist das Bleibende!

Dieses ewige Prinzip des Wandelns wurde schon sehr früh durch das traditionelle Yin-Yang-Symbol zum Ausdruck gebracht. Die Abbildung 4 zeigt die bekannte Graphik. Eine *einzige* geschlungene Linie, die wieder in sich selbst zurückläuft, bringt eine *Zweiheit* in die Welt, die durch ihre bildliche Gestalt - sie scheint sich ununterbrochen zu drehen - das Prinzip

---

[11] N. N. [I Ging, Seite 18]
[12] N. N. [I Ging, Seite 291]
[13] N. N. [I Ging, Seite 19]

des Wandelns symbolisiert. Der Kreis, also das Ganze, ist in eine schwarze und eine weiße Fläche unterteilt. Die schwarze Fläche repräsentiert das Yin, die weiße das Yang. Sowohl in der schwarzen, als auch in der weißen Fläche liegt ein entgegengesetzt gefärbter Punkt, der zum Ausdruck bringt, daß in jedem Yin auch ein Yang zumindest keimhaft enthalten ist und umgekehrt. Yin und Yang schaffen einander, sie verwandeln sich ineinander und halten sich wechselseitig im Gleichgewicht.

Das Yin und Yang ist nicht etwas, was man begrifflich herauslösen und definieren könnte um festzulegen, was gemeint ist. Das Yin und Yang steht für eine ganze Welt, die in einem ständigen Wandel begriffen ist.

Die chinesischen Schriftzeichen für Yin und Yang geben einen ersten Hinweis dafür, was Yin und Yang meint.[14] Das Schriftzeichen für Yin besteht aus Zeichen-Teilen, die einen Hügel oder Berg und eine Wolke darstellen, und daher die *Schattenseite eines Hügels* meint. Das Schriftzeichen für Yang zeigt wiederum einen Hügel, jetzt aber mit einer Sonne, die über dem Horizont steht und Lichtstrahlen aussendet. Yang meint also die *Sonnenseite eines Hügels*.

Unser westliches Denken wirkt im Gegensatz zum chinesischen in seiner Struktur weitgehend starr und unbeweglich; in der chinesischen Lebenswirklichkeit empfindet man dagegen eine ungewöhnliche Dynamik. Yin und Yang, die immer wieder ineinander überwechseln, meinen auch *Nacht* und *Tag*, aber auch die damit zusammenhängende *Ruhe* und *Aktivität*. Schattenseite und Sonnenseite leiten über zu den Gegensätzen *Dunkelheit* und *Licht*, *Mond* und *Sonne*, *Schatten* und *Helligkeit*. Ein Gedanke führt zum anderen: Weil die Sonne am Himmel steht, ist der *Himmel* Yang und die *Erde* Yin; weil der Himmel ein rundes Gewölbe zeigt, ist *rund* Yang und *flach* Yin. Die sich am Himmel bewegenden Himmelskörper

---

[14] MACIOCIA [Chin. Med., Seite 2 f.]

führen zum Kalender, also zur *Zeit* (Yang); die Erde mit ihren weitläufigen Feldern, Waldungen, Gebirgen und Seen verkörpert die Kategorie des *Raumes* (Yin). Die im Osten aufgehende Sonne läßt ihr Licht erstrahlen, weshalb der *Osten* zum Yang gehört und der *Westen* somit zum Yin. Bei kaiserlichen Zeremonien hat sich der Herrscher nach *Süden* gewendet, um sich dem Himmel, dem Licht, dem Yang aufzutun; der *Norden* ist dagegen wie die Erde, ist also Yin. Für den nach Süden blickenden Herrscher ist Osten links und Westen rechts. Aus der Yin-Yang-Zuordnung von Ost und West ergibt sich, daß *links* (= Ost) also Yang ist und *rechts* (= West) daher Yin ist.

Wie von selbst ordnen sich jetzt schon andere Begriffspaare, ja sogar auch modern klingende Gegensätze in unsere Yin-Yang-Gegenüberstellung ein: *materiell - immateriell, Absinken - Aufsteigen, Wasser - Feuer, Kontraktion - Expansion, Wachstum - Zeugung, Materie - Energie.* Manche Beispiele werden einem hierfür unvermittelt in den Sinn kommen und wie eine Bestätigung für diese Gegensatzpaare wirken. Weitere Pole werden sichtbar: *kalt - heiß, ruhig - unruhig, feucht - trocken, weich - hart, langsam - schnell, speichern - verwandeln.* Die nachfolgende Aufstellung zeigt die polaren, wir würden fast sagen komplementären Begriffe und verdeutlicht hierdurch jenes, was man unter Yin und Yang aufgefaßt hat.

YIN	YANG
Schattenseite des Hügels	Sonnenseite des Hügels
Nacht	Tag
Ruhe	Aktivität
Dunkelheit	Licht
Mond	Sonne
Schatten	Helligkeit
Erde	Himmel
flach	rund
Raum	Zeit
Westen	Osten
Norden	Süden
rechts	links

3. Heilkundliche Wirklichkeiten

materiell	immateriell
Absinken	Aufsteigen
Wasser	Feuer
Kontraktion	Expansion
Wachstum	Zeugung
Materie	Energie
kalt	heiß
ruhig	unruhig
feucht	trocken
weich	hart
langsam	schnell
speichern	verwandeln
Herbst, Winter (inaktiv)	Frühling, Sommer (aktiv)

Wie schon erwähnt, vermittelt das Yin-Yang-Symbol der Abbildung 4 den Gedanken des Wandelns explizit durch die entgegengesetzt gefärbten Punkte in den Yin- beziehungsweise Yang-Feldern: In jedem Yin ist schon ein keimhaftes Yang enthalten und in jedem Yang schon ein keimhaftes Yin. Dieser Wandel zeigt sich im Tageszyklus (Abbildung 5) in gleicher Weise wie im Jahreszyklus (Abbildung 6).

Yin und Yang kann man nie voneinander trennen; Yin und Yang bedingen und ergänzen einander. Nichts kann für sich selbst existieren. Yin und Yang kontrollieren sich gegenseitig. Ein taoistischer Philosoph der Han-Dynastie, Wang Cong, beschreibt den Wandel mit den Worten:

> Nicht zu handeln, ist der Weg des Himmels. Im Frühling wird nichts getan, das Leben zu entfachen, im Sommer nichts, dem Wachstum nachzuhelfen; im Herbst wird nichts getan, die Reife herbeizuführen, im Winter nichts zur Speicherung. Wenn Yang von selbst zum Zuge kommt, erwachen die Dinge zum Leben und wachsen. Wenn das Yin von selbst zum Zuge kommt, reifen die Dinge und werden gespeichert. Von Anfang wird kein Ergebnis gesucht, und doch werden Ergebnisse erzielt.[15]

---

[15] KAPTCHUK [Chin. Med., Seite 26 f.] (Zitat gekürzt.)

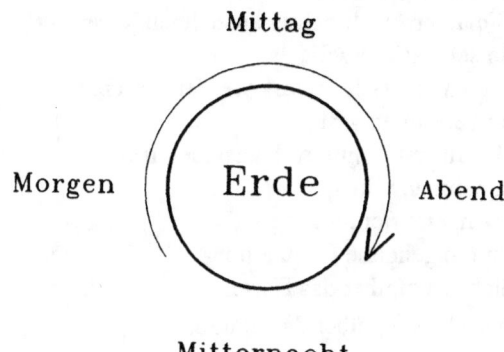

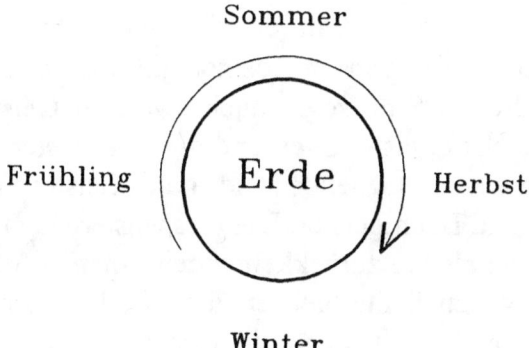

Die Abbildung 5 zeigt den Gedanken des Wandelns am Beispiel des Tageszyklus.
Die Abbildung 6 zeigt den Gedanken des Wandelns am Beispiel des Jahreszyklus.

Abbildung 5 (oben)
Abbildung 6 (unten)

3. Heilkundliche Wirklichkeiten

Laotse bringt diesen Gedanken auf ganz ähnliche Weise zum Ausdruck:

> Was man zusammenziehen will,
> das muß man erst sich richtig ausdehnen lassen.
> Was man schwächen will,
> das muß man erst richtig stark werden lassen.
> Was man beseitigen will,
> das muß man erst richtig sich ausleben lassen.
> Wo man nehmen will,
> da muß man erst richtig geben.
> Das heißt die geheime Erleuchtung.
> Das Weiche siegt über das Harte,
> Das Schwache siegt über das Starke.[16]

Shen und Kuei. Qi und Jing.

Die Yin-Yang-Lehre weist auf eine Urpolarität hin, die für alles Leben und für den ganzen Kosmos gilt. Im Volksglauben[17] hat man in diesem Sinn sogar auch zweierlei Geister unterschieden, die Naturgeister *Shen* und die Gespenster *Kuei*. Die Naturgeister waren segnende und gute Geister, es waren Fluß-, Berg- und Baumgeister. Die Gespenster waren gefürchtet, man hat sie als die zurückkehrenden Toten aufgefaßt. Die Naturgeister waren lichte Geister, die mit dem Himmel, mit Yang in Verbindung stehen; die Gespenster waren dunkle Geister, der Erde zugeordnet und mit Yin identifiziert. Man hat sich vorgestellt, daß der Mensch eine Vereinigung dieser Geister ist.

Ein anderer geheimnisvoller Ausdruck, der tief in die chinesische kulturelle Vergangenheit zurückreicht ist *Qi*[18]. Für diesen Ausdruck gibt es kein deutsches Wort mit gleicher Bedeu-

---

[16] LAOTSE [Tao, W, Seite 38] (gekürzt).
[17] ZENKER [China, II, Seite 31 f.]
[18] Aussprache von *Qi*: [tji; Gaumenlaut], etwa wie das englische Wort *cheer*.

tung, weshalb es sehr schwer ist, sich darunter etwas Konkretes vorzustellen. Qi meint einerseits das Atmen, das Einziehen und Ausstoßen der Luft. Alte chinesische Philosophen sehen im Qi aber auch etwas, was man mit Ursubstanz, Lebensprinzip, Lebenskraft oder auch Seele übersetzen kann. Aber man muß sich davor hüten, hier eine westliche Begriffsbedeutung dem Ausdruck Qi zu unterschieben. Nach uraltem Volksglauben ist das Atmen ein Mittel, die aus dem vereinten Hauch von Yin und Yang bestehende Lebenssubstanz, die das All durchflutet, in sich aufzunehmen und sich so am Leben zu erhalten.

Diese Lebenssubstanz hat man *Jing* genannt, was soviel wie "genießbarer Kern des Reiskornes" bedeutet. Später war es das Beste, das Feine, das Lautere, das Reine oder vielleicht am treffendsten die Essenz. Dieses Jing war aber auch der Same oder die intelligente Seele[19]. Für die alten Chinesen war Jing eine magische Kraftsubstanz, die alles erfüllt, in der alles lebt und die man durch das Atmen in sich aufnimmt. Jing ist sozusagen "Medizin" im magischen Sinn. Das Geheimnis, wie man diese Zaubersubstanz in richtiger Weise in sich aufnimmt, reinigt, speichert und erhält, war die Kunst, sich körperlich und geistig gesund zu erhalten.[20]

Die fünf Elemente

Eine uralte Vorstellung, die auf eine magische Lebensdeutung zurückgeht, ist die weit verbreitete Lehre von der fünfgliedrigen Ordnung des Kosmos und des Lebens.[21] Keinesfalls kann man behaupten, daß in dieser Frage Übereinstimmung und Klarheit unter den antiken chinesischen Denkern geherrscht

---

[19] Im alten China kennt man mehrere Formen für jenes, was wir Seele nennen.
[20] ZENKER [China, II, Seite 33]
[21] ZENKER [China, II, Seite 41 f.]

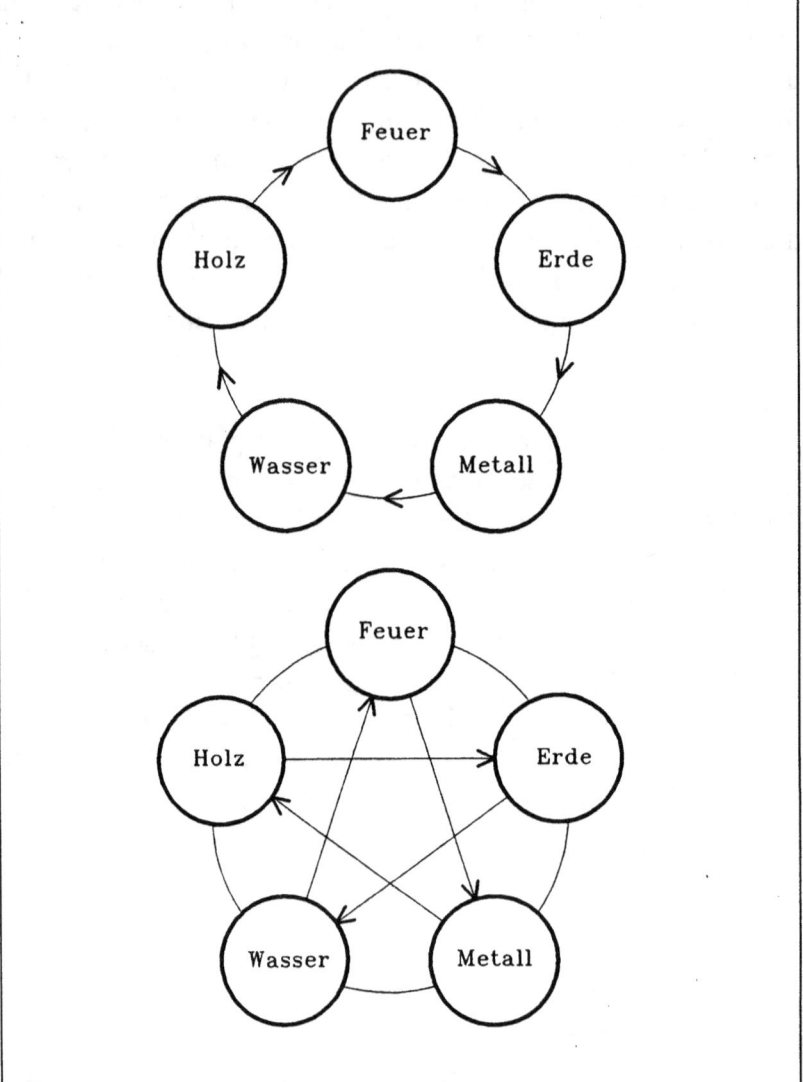

Die Abbildung 7 stellt die Hervorbringungs-Sequenz, die Abbildung 8 die Kontroll- oder Überwindungs-Sequenz der Fünf-Elemente-Lehre symbolisch dar.

Abbildung 7 (oben)
Abbildung 8 (unten)

hat, geschweige denn bei der Übertragung dieser Ideen in die abendländische Gedankenwelt.

Die Vorstellung war, daß der gesamte Kosmos einer fünfgliedrigen Ordnung genügt. An der Spitze dieser Systematik stehen die fünf Elemente Holz, Feuer, Erde, Metall, Wasser. Gleich an dieser Stelle muß man aber ausdrücklich betonen, daß es sich hierbei *nicht* um Elemente, etwa in der Bedeutung von chemischen Elementen, handelt. Es ist also *nicht* ein Urstoff oder ein letzter Grundbestandteil gemeint. In der Fünf-Elemente-Lehre wird der Versuch unternommen, alle Erscheinungen des inneren und äußeren Lebens in einen fünfteiligen Raster zu gliedern und zu systematisieren, um das Leben verständlicher zu machen. Man muß annehmen, daß diese Systematik aus einer prälogischen Zeit stammt.

Die fünf Elemente symbolisieren eine Dynamik von Ereignissen[22]:

Holz	symbolisiert	wachsende Aktivität
Feuer	symbolisiert	maximale Aktivität
Metall	symbolisiert	sich vermindernde Aktivität
Wasser	symbolisiert	minimale Aktivität
(Erde	symbolisiert	Balance, Neutralität)

Man hat die fünf Elemente auch zur Beschreibung des jährlichen Zyklus der Jahreszeiten verwendet:

Holz	entspricht	dem Frühling
Feuer	entspricht	dem Sommer
Metall	entspricht	dem Herbst
Wasser	entspricht	dem Winter
(Erde	entspricht	dem jahreszeitlichen Zentrum)

Ein anderer Gedanke ist die Idee der sogenannten Hervorbringungs-Sequenz. Jedes Element wurde von einem anderen hervorgebracht und bringt selbst wieder einen Nachfolger hervor:

Holz	bringt	Feuer	hervor	(Feuerstelle)
Feuer	bringt	Erde	hervor	(Asche)
Erde	bringt	Metall	hervor	(Erz)
Metall	bringt	Wasser	hervor	(Kondenswasser)

---

[22] KAPTCHUK [Chin. Med., Seite 391]

3. Heilkundliche Wirklichkeiten

Wasser bringt Holz hervor (Baum)

Die Schritte dieses Zyklus wurden im Chinesischen zumeist blumiger formuliert: "Die Erde ist das Kind des Feuers und die Mutter des Metalls." Das heißt: Die Erde wird vom Feuer hervorgebracht und sie bringt ihrerseits das Metall hervor (Abbildung 7).

Ein anderer Zusammenhang, der im Zug der Fünf-Elemente-Lehre immer wieder auftaucht, ist die Kontroll- oder Überwindungs-Sequenz. Jedes Element kontrolliert ein anderes und wird selbst von einem weiteren kontrolliert:

Holz	kontrolliert	Erde	(Wurzeln[23])
Erde	kontrolliert	Wasser	(Flußbett)
Wasser	kontrolliert	Feuer	(löscht es aus)
Feuer	kontrolliert	Metall	(schmilzt es)
Metall	kontrolliert	Holz	(sägt es ab)

Man sieht, daß in der zyklischen Reihenfolge Holz - Feuer - Erde - Metall - Wasser jedes Element das übernächste Element kontrolliert oder überwindet (Abbildung 8).

Das altchinesische Denken hat die verschiedenartigsten Eigenschaften, Phänomene und Objekte des Mikro- und Makrokosmos in diese fünfgliedrige Ordnung eingereiht und hat gemeint, auf diese Weise Zusammenhänge und Korrespondenzen zu sehen.[24] Es wurden Schemata zusammengestellt, die die unterschiedlichsten Gesichtspunkte, wie Jahreszeiten, Himmelsrichtungen, Klima, Farben, Emotionen, Tiere, Getreidesorten und vieles mehr in analogen Entsprechungen angeordnet haben. Die nachfolgende Aufstellung[25] will einen diesbezüglichen Eindruck vermitteln.

---

[23] Die *Wurzeln* festigen das Erdreich und verleihen ihm einen besonders guten Halt.
[24] MACIOCIA [Chin. Med., Seite 23]
[25] KAPTCHUK [Chin. Med., Seite 393], MACIOCIA [Chin. Med., Seite 24], ZENKER [China, II, Seite 44], GLASENAPP [Weltreligionen, Seite 119]

Chinesische Lebenswirklichkeit

	HOLZ	FEUER	ERDE	METALL	WASSER
Yin-Yang	kleines Yang	äußerstes Yang	Mitte	kleines Yin	äußerstes Yin
Tageszeit	Morgen	Mittag	Zentrum	Abend	Nacht
Himmelsrichtungen	Osten	Süden	Mitte	Westen	Norden
Klima	Wind	Hitze	Nässe	Trockenheit	Kälte
Regierungsarten	Gehenlassen	Erleuchtung	Sorgfalt	Energie	Ruhe
Tugend	Liebe	Sitte	Treue	Gerechtigkeit	Weisheit
Sinne	Gefühl	Gehör	Gesicht	Geruch	Geschmack
Emotionen	Zorn, Ärger	Freude	Schwermut, Grübeln	Traurigkeit, Kummer	Angst
menschliche Laute	rufen, schreien	lachen	singen	weinen	stöhnen
Farben	blau, grün	rot	gelb	weiß	schwarz

Die Fünf-Elemente-Lehre hat fast alle Bereiche des traditionellen chinesischen Denkens durchdrungen. Es ist verständlich, daß sie auch Einfluß auf die medizinische Theorie gefunden hat. Man hat dabei versucht, unter anderem die Analogien der erwähnten Hervorbringungs- und Kontroll-Sequenzen auch auf medizinische Fragen zu übertragen und hieraus spekulative Schlußfolgerungen im Hinblick auf die Heilkunde zu ziehen.[26] Moderne chinesische Kritiker bezeichnen die Fünf-Elemente-Lehre allerdings als einen starren metaphysischen Überbau über den praktischen und flexiblen Beobachtungen der chinesischen Medizin.[27]

---

[26] In KAPTCHUK [Chin. Med., Seite 399 f.] werden Beispiele angegeben, auf welche Weise die Fünf-Elemente-Lehre Disharmonie-Muster im kranken Menschen aufzuspüren versucht.

3. Heilkundliche Wirklichkeiten

In der Fünf-Elemente-Lehre sieht man[28] im Hinblick auf die chinesische Medizin folgende Entsprechungen:

	HOLZ	FEUER	ERDE	METALL	WASSER
Yin-Organe	Leber	Herz	Milz	Lunge	Niere
Yang-Organe	Gallenblase	Dünndarm	Magen	Dickdarm	Blase
Öffner (Sinnesorgan)	Augen	Zunge	Mund	Nase	Ohren
Gewebe	Sehnen	Blutbahnen, Gefäße	Fleisch, Muskeln	Haut	Knochen

Substituiert man in den vorhin genannten Hervorbringungs- beziehungsweise Kontroll-Sequenzen die Begriffe Holz, Feuer, Erde, Metall, Wasser durch die ihnen zugeordneten medizinischen Begriffe, so findet man zu den sogenannten Hervorbringungs- beziehungsweise Kontroll-Sequenzen der Organe. In der blumigen Sprache der Chinesen beschreibt man die *Hervorbringungs-Sequenz* beispielsweise durch:

    Die Leber ist die Mutter des Herzens.
    Das Herz ist die Mutter der Milz.
    Die Milz ist die Mutter der Lunge.
    Die Lunge ist die Mutter der Niere.
    Die Niere ist die Mutter der Leber.

---

[27] KAPTCHUK [Chin. Med., Seite 403]. Die Glaubwürdigkeit der Fünf-Elemente-Lehre im Bereich der Medizin wurde auch schon von Mohisten (400 v. Chr.) zum Teil in Frage gestellt. Die Lehre erwies sich in diesem Bereich nämlich als zu starr und unflexibel. Die Hauptschwierigkeit liegt in ihrem Mangel an Folgerichtigkeit. In formaler und linguistischer Sicht ist sie dagegen von Bedeutung. Mnemotechnische Qualitäten, die zu Assoziationen Anlaß geben, sind ihr keinesfalls abzusprechen. Im Gegenteil, es ist erstaunlich, in welch großem Umfang sich die betreffenden Assoziationen in der traditionellen chinesischen Medizin finden. Eine kritische Analyse findet man bei KAPTCHUK [Chin. Med., Seite 390 - 408].

[28] KAPTCHUK [Chin. Med., Seite 393], MACIOCIA [Chin. Med., Seite 23 f.]

Die *Kontroll-Sequenz* besagt analog:
>Die Leber kontrolliert die Milz.
>Das Herz kontrolliert die Lunge.
>Die Milz kontrolliert die Niere.
>Die Lunge kontrolliert die Leber.
>Die Niere kontrolliert das Herz.

So fremd diese Aussagen für uns klingen, so wird im Rahmen der chinesischen Heilkunde doch immer wieder Bezug auf diese Gedanken genommen.[29] Hierbei ist aber unbedingt zu beachten, daß die hier genannten "Organe" der chinesischen Medizin *nicht* im Sinn der westlichen Medizin verstanden werden dürfen. Hierüber wird später noch zu sprechen sein.

Chinesische Medizin

Yin-Yang-Theorie

Die aus der chinesischen Lebenswirklichkeit kommenden Begriffe und Vorstellungen erscheinen uns - milde gesagt - unsinnig, irrational und einem magischen Zeitalter verhaftet zu sein. Umso größer ist unser Erstaunen, wenn man ein Lehrbuch[30] der traditionellen chinesischen Medizin aufschlägt und zum Beispiel über die Anwendung des Yin-Yang-Prinzips in der Medizin nachliest. Ein Großteil der chinesischen Medizin wird nämlich auf die fundamentale Theorie von Yin und Yang zurückgeführt; alle physiologischen Vorgänge und Krankheitszeichen werden im Hinblick auf Yin und Yang analysiert und auch jede Behandlungsmaßnahme versucht das Yin-Yang-Gleichgewicht wieder herzustellen.

---
[29] Ausführliche medizinische Details über diese Frage findet man bei MACIOCIA [Chin. Med.].
[30] MACIOCIA [Chin. Med., Seite 7 - 15] und KAPTCHUK [Chin. Med.].

3. Heilkundliche Wirklichkeiten

Schon den verschiedenen Teilen des menschlichen Körpers werden Yin-Yang-Eigenschaften zugesprochen, die sich fast nahtlos an unsere bisherige Yin-Yang-Gegenüberstellung anschließen. Vereinfacht gesagt könnte man fürs erste folgende Zuordnung treffen:

YIN	YANG
unten	oben
innen	außen
Vorderseite	Hinterseite
Struktur	Funktion

Was kann man hieraus entnehmen?

Nach der oben stehenden Gegenüberstellung hat die Hinterseite des menschlichen Körpers, der *Rücken* Yang-Charakter. Es ist das Wesen von Yang, an der Oberfläche zu liegen und zu schützen. Die Körpervorderseite, die *Brust*, der *Bauch*, hat Yin-Charakter. Yin hat eine nährende Funktion. Insbesondere der *Kopf*, als das höchstgelegene Areal des Körpers, aber auch das Gebiet *oberhalb der Taille* gehört zum Yang; das Gebiet *unterhalb der Taille* gehört zum Yin.[31] Die *Oberfläche des Körpers*, also *Haut* und *Muskeln* gehören zum Yang und haben Schutzfunktion, das *Körperinnere* gehört zum Yin und hat Nährfunktion. Die *Struktur der Organe* und die in ihnen enthaltenen Substanzen gehören zum Yin. Die *funktionelle Aktivität der Organe* gehört zum Yang. Die Yin-Yang-Polarität des menschlichen Körpers beginnt sichtbar zu werden:

YIN	YANG
Vorderseite des Körpers, Brust, Bauch	Hinterseite des Körpers, Rücken

---

[31] Es ist zu beachten, daß der Yin- beziehungsweise Yang-Charakter von Körperteilen relativ zu sehen ist: So ist die Brust im Vergleich zum Bauch Yang, sie ist dagegen Yin im Vergleich zum Kopf.

Gebiet unterhalb der Taille	Gebiet oberhalb der Taille, Kopf
Körperinneres	Oberfläche des Körpers, Haut, Muskeln
Struktur der Organe	Funktion der Organe

Die Yin-Yang-Polarität hat in der chinesischen Medizin für die Interpretation von Krankheitszeichen eine große Bedeutung. Beim gesunden Menschen ist Yin und Yang in einem dynamischen Gleichgewicht, weder das eine, noch das andere überwiegt. Krankheitszeichen sind also nicht zu bemerken. So hat beim Gesunden zum Beispiel das Gesicht eine blühende, rosarote Farbe, es ist weder zu blaß, noch zu rot. Kommt hingegen Yin und Yang aus dem Gleichgewicht, dann werden sie als Symptom hervortreten. Das Gesicht erscheint zum Beispiel zu blaß, wenn Yin überwiegt, es erscheint zu rot, wenn Yang überwiegt. Krankheitszeichen werden also als ein Gleichgewichtsverlust der Yin-Yang-Polarität aufgefaßt. Man spricht von Disharmonie-Mustern.

Hitze zeigt sich bei einem Yang-Überschuß, *Kälte* bei einem Yin-Überschuß. *Unruhe* (Schlafstörungen, Zittern) weist auf Yang-Überschuß hin, *Ruhe* (Bewegungsunlust, Schläfrigkeit) auf Yin-Überschuß. Die Polarität bezieht sich aber auch auf Symptome, die man als *Trockenheit* (trockene Augen, trockene Kehle) bei Yang oder als *Feuchtigkeit* (Augenrinnen, Nasenrinnen) bei Yin einordnet. *Hart* (harte Knoten oder Schwellungen) ist Yang-, *weich* ist Yin-Überschuß. *Erregung* (Überaktivität, Herzjagen) ist Yang, *Hemmung* (langsame Herztätigkeit) kann auf einen Überschuß von Herz-Yin hinweisen. Auch die Polarität von *schnell* und *langsam* (in Bezug auf Körperbewegung und Sprache) weist auf einen Yang- oder Yin-Überschuß hin.

3. Heilkundliche Wirklichkeiten

Das Yin-Yang-Prinzip wird noch einmal deutlicher, wenn man die betreffenden Krankheitszeichen einander gegenüberstellt:

YIN	YANG
Wasser	Feuer
Kälte	Hitze
Ruhe	Unruhe
Feuchtigkeit	Trockenheit
weich	hart
Hemmung	Erregung
langsam	schnell

medizinische Zeichen:

chronische Krankheit	akute Krankheit
langsamer Beginn der Krankheit	rascher Beginn
Schläfrigkeit, Lustlosigkeit	Schlaflosigkeit, Unruhe
blasses Gesicht	rotes Gesicht
leise Stimme	laute Stimme
redet nicht gerne	redet viel
seichte Atmung	heftige Atmung
kein Durst	Durst
blasse Zunge	rote Zunge

Lebenssubstanzen

Wenn im Rahmen der chinesischen Medizin von Lebenssubstanzen die Rede ist, so hat man zu bedenken, daß diese Substanzen im westlichen Denken zum Teil überhaupt nicht vorkommen, beziehungsweise eine ganz andere Bedeutung haben. Es ist zu betonen, daß die traditionelle chinesische Medizin in ihrer Gesamtheit ein anderes Paradigma darstellt als das Paradigma der westlichen Medizin. Der chinesische Arzt schaut selten weiter als bis zum Patienten selbst. Die medizinische Theorie dient ihm im wesentlichen nur zur Führung der Wahrnehmung. Sein medizinisches Paradigma hilft ihm in angemessener Weise, jenes zu diskutieren, was "vor sich geht", und erlaubt ihm, ein Disharmonie-Muster am kranken Menschen zu erkennen. Seine Diagnose ist schließlich die Voraussetzung für die Auswahl einer geeigneten Behandlung, deren Erfolg zuletzt wieder das ursprüngliche Paradigma zu überprüfen gestattet.[32]

Lebenssubstanzen[33] im Sinn der traditionellen chinesischen Medizin sind vor allem Qi, Blut, Jing und Shen.

Qi

Qi ist ein Begriff, der auf früheste Ideen der chinesischen Philosophie zurückgeht. Er kann nicht angemessen übersetzt werden; er bedeutet soviel wie Ursubstanz, Lebensprinzip oder Lebenskraft. Qi durchflutet wie ein Hauch das ganze Universum. Alles setzt sich aus ihm zusammen und alles, was im Universum vorkommt, wird aus seinem Qi definiert. Qi stellt einen ganz frühen chinesischen Grundbegriff dar, der in diesem Denken nicht erklärt zu werden braucht. Im Gegenteil: Aus dem Qi erklärt sich alles andere!

Das Qi im menschlichen Körper stammt einerseits aus dem "vorgeburtlichen Qi", welches von den Eltern bei der Empfängnis auf das Kind übertragen wurde, weiters ist es ein "Nahrungs-Qi", welches aus der Nahrung entnommen wird, und zuletzt gewinnt man beim Atmen das "natürliche Luft-Qi". Alle drei Qi-Arten erfüllen den ganzen Körper und sind das sogenannte "normale Qi".

---

[32] KAPTCHUK [Chin. Med., Seite 45, 46]
[33] KAPTCHUK [Chin. Med., Seite 45 - 61]

3. Heilkundliche Wirklichkeiten

Qi erfüllt im Körper gewisse Funktionen und gewährleistet auf diese Art die Unversehrtheit des Körpers.

Funktionsstörungen des Qi führen zu Disharmonien. In der chinesischen Medizin unterscheidet man hierbei verschiedene Möglichkeiten: Qi-Mangel (Qi wird hierdurch seinen Funktionen nicht gerecht), zusammengebrochenes Qi (extremes Qi-Defizit), stagnierendes Qi (Kann Ursprung von Organschwächen und Schmerzen sein.), gegenläufiges Qi.

Blut und Säfte.
Blut hat in der chinesischen Terminologie zum Teil eine andere Bedeutung. Es gehört zu den Yin-Substanzen, entsteht durch Umwandlung von Nahrung, wobei wiederum verschiedene Qi-Arten ihren Einfluß ausüben. Herz, Leber und Milz sorgen für den harmonischen Kreislauf, für die Speicherung von Blut und für die Funktion der Blutbahnen. Soferne es zu Blut-Disharmonien kommt, unterscheidet man "Blutmangel" und "gestautes Blut".
Säfte sind verschiedene flüssige Substanzen, deren Aufgabe das Benetzen und Nähren ist. Säfte sind dem Blut ähnlich und sind gleichfalls Yin-Substanzen.

Jing
Die Lebenssubstanz Jing, die in ihrer Wortbedeutung soviel wie "genießbarer Kern des Reiskorns" meint, ist schon von den alten Chinesen als magische Kraftsubstanz gesehen worden. In deutscher Übersetzung nennt man Jing das Lautere, das Reine, aber zumeist spricht man von "Essenz". Jing ist die Quelle organischer Veränderungen. Es ist für die langzeitliche Entwicklung eines Organismus zuständig; es hat Einfluß auf Fortpflanzung, Wachstum, Reifung und Verfall. Jing-Disharmonien äußern sich im Organismus zum Beispiel als unzureichende Reifung, sexuelle Disfunktion und ähnliches.

Shen

Shen haben wir im frühen chinesischen Volksglauben als Naturgeister (gute Geister, Fluß-, Berg- und Baumgeister) kennengelernt. Es waren das lichte Geister, die mit dem Himmel (Yang) in Verbindung stehen. Shen ist in medizinischer Hinsicht im menschlichen Körper in gewisser Weise mit der Vitalität gleichzusetzen. Man könnte sagen, daß das Shen das menschliche Bewußtsein meint, die Kraft der Persönlichkeit ausmacht und die Denkfähigkeit bestimmt. Shen-Disharmonien äußern sich auf mannigfache Weise: glanzlose Augen, unklares Denken, Vergeßlichkeit, Schlaflosigkeit und ähnliches.

Die Lebenssubstanzen sind für die Beschreibung der medizinischen Vorgänge von großer Bedeutung.

Die Funktion der inneren Organe

In der chinesischen Medizin ist von "Organen" die Rede, die man aber nicht mit den Organen im Sinn der westlichen Medizin verwechseln darf. Dieser Unterschied muß unbedingt beachtet werden, weil man sonst zu absurden Vorstellungen käme. Die chinesische Medizin ist eine in sich geschlossene, autarke Wirklichkeit, die man mit den Vorstellungen der westlichen Medizin keinesfalls vermischen darf.

In der traditionellen chinesischen Medizin sucht man nicht nach starren körperlichen, also physischen Strukturen, sondern man sucht nach dynamischen und funktionellen Aktivitäten, die dann als "Organ" bezeichnet werden. Das führt dazu, daß manche Organe, die von der westlichen Medizin klar erkannt werden (zum Beispiel die Bauchspeicheldrüse oder die Nebennieren), von der chinesischen Medizin dagegen überhaupt nicht beachtet werden. Der umgekehrte Fall tritt aber auch auf: Die chinesische Medizin identifiziert mit ihren eigenen

3. Heilkundliche Wirklichkeiten

medizinischen Möglichkeiten Organe, die jetzt umgekehrt von der westlichen Medizin nicht wahrgenommen werden.[34] Ein Beispiel dafür ist der sogenannte Dreifache Erwärmer.

Das Vorliegen unterschiedlicher, in sich geschlossener Wirklichkeiten wird für uns jetzt deutlich sichtbar. Einschlägige Lehrbücher der traditionellen chinesischen Medizin weisen auf diesen Sachverhalt immer wieder explizit hin. Bei Kaptchuk liest man:

> Die chinesische Medizin stellt ein zusammenhängendes Gedankengebäude dar, das als intellektuelles Gefüge keiner Bestätigung durch den Westen bedarf. Das intellektuelle Erfassen dieser chinesischen Konzepte muß über die Prüfung ihrer internen Logik und Folgerichtigkeit geschehen. Sie als westliche Konzepte verkleiden zu wollen oder einfach abzutun, weil sie unseren westlichen Anschauungen nicht entsprechen, würde bedeuten, an der Sache vorbeizugehen. Das chinesische System *ist* in sich logisch: Alle beobachtbaren Manifestationen des Körpers sind zu einem in sich geschlossenen System von Funktionen und Beziehungen zusammengefaßt. Das Verstehen dieser Funktionen und Beziehungen befähigt den Praktiker, eine Disharmonie zu identifizieren und zu behandeln.
>
> Die chinesischen Konzepte können wahrscheinlich einfacher auf der klinischen Ebene bewertet werden, wenn man westliche Techniken dazu benutzt, um herauszufinden, ob die aus der Theorie abgeleitete Praxis tatsächlich funktioniert. Die chinesische Medizin wurde dieser Prüfung unterzogen, und die Ergebnisse haben bewiesen, daß sie durchaus effektiv ist. ...
>
> Es ist die Wahrnehmungsweise, die die beiden Systeme grundsätzlich unterscheidet - die Gleichsetzung oder der Austausch eines chinesischen Begriffes mit einem westlichen ist einfach nicht möglich. Der Mangel an anatomischer Theorie bedeutet nicht, daß das chinesische System im Vergleich zum westlichen unwissenschaftlich ist. Es heißt lediglich, daß alternative Denkungsarten existieren: eine östliche und eine westliche.[35]

In der chinesischen Medizin werden Körper und Geist nicht getrennt voneinander betrachtet. Die dynamischen und funktionellen Aktivitäten eines Organes haben physische, emotio-

---

[34] KAPTCHUK [Chin. Med., Seite 63]
[35] KAPTCHUK [Chin. Med., Seite 64 - 65]

nale, geistige, soziale und transzendente Komponenten.[36] Umgekehrt kann ein Organ im Sinn der chinesischen Medizin grundsätzlich nur durch eben diese Dimensionen definiert werden; man muß also mit seiner Argumentation in der betreffenden Wirklichkeit "drinnen bleiben". Das heißt in unserem Fall, daß erst das Zusammenspiel physischer, emotionaler, geistiger, sozialer und transzendenter Komponenten und Phänomene jenes zum Vorschein bringt, was in der chinesischen Medizin ein "Organ" ist.

Für das Verständnis aus unserer Sicht ist es weiters erschwerend, daß die Organe nicht nur untereinander im physischen Einklang agieren müssen, sondern daß sich ihre Aufgabe auch auf jene Lebenssubstanzen bezieht, die für uns so ungreifbar und fremd waren: *Qi* als Ursubstanz, *Blut* als Yin-Substanz, *Jing* als das Lautere und Reine (Essenz) und *Shen* als geistiges Prinzip mit Yang-Charakter (Vitalität). Stehen Aktivitäten der Organe in einem harmonischen Gleichklang zueinander, dann ist der Mensch gesund.

In der chinesischen Medizin unterscheidet man im wesentlichen[37] Yin- und Yang-Organe. Yin-Organe liegen tiefer im Inneren des Körpers (innen = Yin) als Yang-Organe. Den Yin-Organen wird eine größere Bedeutung zugemessen als den Yang-Organen. Den Funktionen, die die Yin- beziehungsweise Yang-Organe zu erfüllen haben, wird in den Lehrbüchern der traditionellen chinesischen Medizin hohe Aufmerksamkeit gewidmet.[38] Die Funktionen der Organe werden in der Literatur zumeist nach den Texten zitiert, die etwa 100 v. Chr. erschienen sind. Es handelt sich um "Des Gelben Kaisers Klassiker des Inneren".[39]

---

[36] Im weiter unten stehenden Abschnitt über "Die Sieben Emotionen" wird diese Frage noch einmal angeschnitten.
[37] Wir sehen hier von den sechs sogenannten "außergewöhnlichen Organen" ab.
[38] KAPTCHUK [Chin. Med., Seite 62 - 89], MACIOCIA [Chin. Med., Seite 71 - 134]
[39] HUANG TI NEI JING SU WEN: "The Yellow Emperor's Classics of Internal Medicine - Simple Questions". Peoples Health Publishing House, Beijing, 1979.

3. Heilkundliche Wirklichkeiten

Die Leitbahnen oder die Meridiane

Die Leitbahnen, die oft auch Meridiane genannt werden, sind "Wege", auf denen Qi, aber auch Blut im Körper geleitet werden.[40] Wenn gesagt wird, daß auch Blut in den Leitbahnen befördert wird, so darf man nicht meinen, daß diese Leitbahnen mit den Blutgefäßen identisch sind. In der chinesischen Medizin nimmt man nämlich an, daß diese Leitbahnen unsichtbar sind, auch wenn sie physischer Natur sind. Jedenfalls bilden die Leitbahnen ein Netzwerk, welches alle Lebenssubstanzen und alle Organe miteinander verbindet. Nährstoffe und Lebenskraft werden hierdurch verbreitet.[41]

Die Leitbahnen sind die Voraussetzung für das harmonische Zusammenspiel aller Organe im menschlichen Körper. Im Buch "Des Gelben Kaisers Klassiker des Inneren" liest man daher:

> "Die Leitbahnen transportieren Qi und Blut, regulieren Yin und Yang, halten Sehnen und Knochen elastisch und fördern die Gelenke."[42]

Man muß sich vorstellen, daß die Leitbahnen auf komplexen Wegen das Innere des Körpers sowie die unterschiedlichen Organe mit der Oberfläche des Körpers verbinden. Hierdurch kann der chinesische Arzt an bestimmten Punkten, den

---

bzw.
HUANG TI NEI JING SU WEN: "The Yellow Emperor's Classics of Internal Medicine. Übersetzt von Ilza Veith, University of California Press, Berkely, 1972.
Ferner: LING SHU JING: "Spiritual Axis". Peoples Health Publishing House, Beijing, 1981. (Dieser Text ist gleichfalls etwa 100 v. Chr. erstmals erschienen.)

[40] KAPTCHUK [Chin. Med., Seite 90 - 129]
[41] Über "Energie" und Meridiane kann man bei BISCHKO [Akupunktur, Seite 25 f.] nachlesen. Das Wort "Energie" darf man hier aber nicht im rein physikalischen Sinn auffassen, sondern man muß diesen Begriff in einem sehr weiten Bedeutungsumfang sehen. Oft wird der chinesische Begriff Qi beibehalten, um Verwechslungen vorzubeugen.
[42] zitiert nach KAPTCHUK [Chin. Med., Seite 90]

sogenannten Akupunkturpunkten, die Aktivität der Lebenssubstanzen, die in den Leitbahnen fließen, beeinflussen.

In der Hauptsache sind die Leitbahnen den Organen (im weit gefaßten Sinn der chinesischen Medizin!) zugeordnet und tragen auch ihre Namen. Man unterscheidet[43]:

    Lungen- und Dickdarm-Leitbahn
    Magen- und Milz-Leitbahn
    Herz- und Dünndarm-Leitbahn
    Blasen- und Nieren-Leitbahn
    Herzbeutel-Leitbahn und Leitbahn des
        Dreifachen Erwärmers
    Gallenblasen- und Leber-Leitbahn
    Lenkergefäß
    Dienergefäß

Auf diesen Leitbahnen liegen die Reizpunkte[44], die zur eindeutigen Identifikation besondere Namen und Bezeichnungen tragen. In den Lehrbüchern der traditionellen chinesischen Medizin findet man Darstellungen des menschlichen Körpers, wo der Verlauf der Leitbahnen, sowie die zugehörigen Aku-

---

[43] Die Leitbahnen wurden in der nachfolgenden Aufstellung zum Teil paarweise zusammengefaßt. In dieser Reihenfolge schließen sie auch im Körper aneinander und werden (vergleiche zum Beispiel CHAVANNE [Akupunkt-Massage]) auch in diesem Fortlauf therapiert.

[44] An dieser Stelle sei erwähnt, daß die Reizpunkte auch mit Methoden der westlichen Medizin ausführlich untersucht wurden (BISCHKO [Akupunktur, Seite 37 f.]):

○ Elektrische Widerstandsmessungen haben gezeigt, daß es sich hier um kleinste Stellen herabgesetzten elektrischen Hautwiderstandes handelt.

○ Es ist auf Grund von Untersuchungen durch MARESCH bekannt, daß bei Störungen des luftelektrischen Feldes an gewissen kleinen Hautarealen elektrische Potentialschwankungen meßbar werden. Diese sogenannten "elektrisch vorzüglichen Punkte der Haut" korrelieren dabei offenbar mit bestimmten Akupunkturpunkten. Das Phänomen der *Wetterfühligkeit* wird auf diese meß- und simulierbaren Schwankungen zurückgeführt.

○ Akupunkturpunkte zeigen sich aber auch in histologischen Untersuchungen als Anhäufung von Endbilden mit rezeptorischen und effektorischen Eigenschaften.

○ Nachweis der Akupunkturpunkte und des Meridianverlaufes durch Isotopen-Methoden (DARRAS [Akupunktur]).

3. Heilkundliche Wirklichkeiten

punkturpunkte eingetragen sind. Aus früherer Zeit sind auch Bronzefiguren aufgefunden worden, wo die Akupunkturpunkte als feine Löcher markiert wurden, die der chinesische Arzt bei seiner Ausbildung auch dann noch mit seiner Nadel auffinden mußte, wenn die Broncefigur mit Wachs überzogen wurde, damit die feinen Löcher nicht zu sehen sind. Auch am menschlichen Körper hat der Arzt ja keinen *unmittelbaren* Anhaltspunkt, wo die Akupunkturpunkte sitzen.

Die Leitbahnen ermöglichen es dem chinesischen Arzt, durch Akupunktur und Heilkräuterpraxis das Yin-Yang-Gleichgewicht im Körper herzustellen und Disharmonien auszugleichen. Hierzu werden feine Nadeln unterschiedlich tief eingestochen oder es werden bestimmte pflanzliche Produkte[45] in unmittelbarer Nähe der Reizpunkte verbrannt. Dieses zweite Verfahren wird Moxibustion genannt. Die Reizung eines Punktes hat offenbar eine Rückwirkung auf *alle* Punkte einer Leitbahn, nicht jedoch eine Rückwirkung auf Reizpunkte anderer Leitbahnen.[46]

Die Reizpunkte[47] haben unterschiedliche therapeutische Wirkung[48] und der Arzt muß je nach dem vorliegenden Dis-

---

[45] Hier wird zumeist der Gemeine oder Echte Beifuß (Artemisia vulgaris) verwendet. Dieses Korbblütengewächs blüht bei uns von Juli bis Oktober an Wegen und Waldrändern und wird zum Teil höher als 1 Meter.

[46] Zu dieser Auffassung muß man auch aus westlicher Sicht kommen: KRÖTLINGER hat in einer Versuchsanordnung gezeigt, daß sich das elektrische Potential *aller* Akupunkturpunkte einer Leitbahn ändert, wenn ein Punkt der betreffenden Leitbahn durch eine Akupunkturnadel oder durch einen Laserstrahl gereizt wurde. Nachbar-Leitbahnen wurden dagegen nicht beeinflußt. (BISCHKO [Akupunktur, Seite 170 f.])

[47] Die klassische Theorie der chinesischen Heilkunde kennt 365 Akupunkturpunkte, die auf den erwähnten Leitbahnen verteilt liegen. Insgesamt sind etwa 2000 verschiedene Punkte bekannt. Ein durchschnittlicher Arzt verwendet in der Praxis etwa 150 Punkte.

[48] Es gibt Reizpunkte, die sich bei der Behandlung bestimmter Krankheiten oder Beschwerden generell bewährt haben. Diese Punkte werden *Meisterpunkte* genannt (BISCHKO [Akupunktur, Seite 20 f.]). Sie werden verwendet, wenn ein Organ in Mitleidenschaft gezogen wurde, ohne das spezielle Krankheitsgeschehen dabei zu berücksichtigen . Die *symptomatischen Punkte* sind dagegen nicht so sehr den Organen zugeordnet, sondern sie werden im allgemeinen in Verbin-

harmoniemuster eine geeignete Kombination von Punkten auswählen, um eine individuelle Behandlung durchführen zu können. Gleichzeitig mit der Akupunktur finden immer auch Heilkräuter Anwendung. Auch hier werden stets Kombinationen mehrerer Drogen eingesetzt. Dem chinesischen Arzt steht eine umfangreiche Heilkräuterkunde, die weit in die Tradition zurückreicht, zur Verfügung.

Wie kommt es zur Disharmonie?

Es wurde schon öfter von den Disharmoniemustern geredet, die der Arzt am Patienten beobachten kann. Wie kommt es aus chinesischer Sicht aber überhaupt zu einer Disharmonie? Diese Frage verleitet dazu, die Ursache einer Krankheit zu benennen. Wir sind im westlichen Denken nämlich stets der Versuchung ausgesetzt, alle Kreisläufe aufzutrennen, um damit lineare Ursache-und-Wirkungs-Ketten zu sehen. In der chinesischen Medizin steht jedoch eine Theorie über die Entstehung einer Krankheit nicht im Vordergrund des Interesses. Es wird nämlich *nicht* ein linearer, kausaler Weg von einer Ursache zu einer Wirkung gesehen, sondern Ursache und Wirkung verschmelzen im Sinn der chinesischen Grundvorstellung des ununterbrochenen Wandelns zu einer zirkulären Einheit, die sich als Disharmoniemuster äußert. In dieser Auffassung werden Ursache und Wirkung zu synonymen Begriffen.[49] Das bedeutet aber nicht, daß jenes, was wir im Westen Ursache nennen, für den chinesischen Arzt keine Bedeutung hätte. Es wird jedoch die Frage nach der Ursache nicht in den Vordergrund gerückt. Das, was wir Ursache nennen, ist ein Bestandteil des aufkeimenden Disharmoniemusters und ist damit zu einem

---

dung mit den Meisterpunkten verwendet, um ein Disharmoniemuster gezielt zu beeinflussen.
[49] KAPTCHUK [Chin. Med., Seite 130 - 154]

untrennbaren Teil des Ganzen geworden. Das Disharmoniemuster meint also immer diese integrale Einheit.

Den chinesischen Ärzten war es stets bewußt, daß unterschiedliche Faktoren eine entscheidende Rolle spielen, wenn es um Gesundheit und Krankheit geht. Einige typische und gleichzeitig auch für uns eher exotisch anmutende Beispiele für solche Faktoren seien herausgegriffen:

die Sechs Übel (liu-yin)[50],

die Sieben Emotionen (qi-qing)[51] und

die Lebensweise (bu-nei-wai-yin)[52].

Selbstverständlich werden darüber hinaus auch noch andere Faktoren gesehen und in das heilkundliche Denken einbezogen (Konstitution[53], Unfälle, Parasiten und Vergiftungen[54], Verbrennungen und Verletzungen[55], sowie Seuchen und Epidemien, u. a. m.).

Die Sechs Übel.

In der chinesischen Medizin tragen die "sechs bösartigen Einflüsse" Bezeichnungen, die auf klimatische Bedingungen zurückzuführen sind; sie stehen auch im Hinblick auf das erscheinende Disharmoniemuster in enger Beziehung zu jenen Phänomenen, die jedem Menschen bekannt sind: Wetter und Jahreszeiten.

Ein komplexes Geflecht von Aktivitäten (Qi, Blut, Jing, Shen; Speichern, Bewegen, Verbreiten; Yin-Organe, Yang-Organe) ist in der Lage, im gesunden Körper das Yin-Yang-Gleichgewicht stabil zu halten. "Bösartige Einflüsse", die ja

---

[50] KAPTCHUK [Chin. Med., Seite 133 - 144], MACIOCIA [Chin. Med., Seite 141 - 143]

[51] KAPTCHUK [Chin. Med., Seite 144 - 147], MACIOCIA [Chin. Med., Seite 137 - 141]

[52] KAPTCHUK [Chin. Med., Seite 147 - 151], MACIOCIA [Chin. Med., Seite 143 - 150]

[53] MACIOCIA [Chin. Med., Seite 143 f.]

[54] KAPTCHUK [Chin. Med., Seite 151], MACIOCIA [Chin. Med., Seite 150]

[55] KAPTCHUK [Chin. Med., Seite 151]

an sich im allgemeinen natürliche Ereignisse darstellen, werden ausgeregelt, wodurch der gesunde Körper auch bei recht intensiven Attacken immer wieder ins Yin-Yang-Gleichgewicht zurückfinden kann. Wenn allerdings das Gleichgewicht seine Stabilität bis zu einem gewissen Grad einbüßt, dann können diese sogenannten bösartigen Einflüsse ihre Wirkung entfalten. Insbesondere wenn das sogenannte Abwehr-Qi zu schwach ist oder aber auch wenn die Einflüsse zu intensiv sind, können innere Organe angegriffen werden. Die Interaktion zwischen Abwehr-Qi und bösartigem Einfluß macht sich auf verschiedene Weise bemerkbar: Abneigung gegen Wind und Kälte, Gliederschmerzen, trockener Hals und andere Symptome treten auf.

Bösartige Einflüsse können dabei sowohl von außen in den Körper eindringen, sie können aber auch im Inneren des Körpers entstehen. Wenn in der chinesischen Medizin von "sechs bösartigen Einflüssen" die Rede ist und diese Einflüsse auch bestimmte Namen erhalten, so muß man sie gewissermaßen als Modelle auffassen, die körperliche Prozesse abbilden, indem sie klimatische Bedingungen nachahmen.[56] Man beachte die Ähnlichkeit zur Methodologie der westlichen Naturwissenschaft. Auch hier werden durch den Methodenkanon jene Tatsachen zueinander in Relation gesetzt, die erst durch den Methodenkanon zu diesen Tatsachen geworden sind. In der chinesischen Medizin werden die Vorgänge im Körper in Analogie zu Naturvorgängen beschreiben. Einige Stichworte mögen die sechs Einflüsse kurz charakterisieren, um einen beiläufigen Eindruck zu gewinnen, was hier gemeint ist:

    Wind (feng)
        Wind ist ein Yang-Phänomen.
        Wind ist oftmals mit Kälte und Feuchtigkeit kombiniert.
        "Der Wind ist ein Muster der Bewegung und vieler Veränderungen."

---

[56] KAPTCHUK [Chin. Med., Seite 134]

Kälte (han)
: Kälte ist ein Yin-Phänomen.
: Kälte zieht zusammen; behindert Bewegung; blockiert Qi- und Blutzirkulation.

Hitze (re) oder Feuer (huo)
: Hitze und Feuer sind Yang-Phänomene.

Feuchtigkeit (shi)
: Feuchtigkeit ist ein Yin-Phänomen.
: Feuchtigkeit ist schwer, bewegt sich nach unten, ist trübe und schleichend.

Trockenheit (zao)
: Yang-Phänomen.

Sommerhitze (shu)
: Yang-Phänomen.

Die Sieben Emotionen.
Auch Emotionen können zu Disharmonien führen. Mehrfach wurde bereits darauf hingewiesen, daß sowohl die Lebenssubstanzen (Qi, Blut und Säfte, Jing, Shen) als auch die Organe eng mit seelischen Aspekten verbunden sind. Deshalb haben auch die Emotionen auf Gesundheit und Krankheit einen großen Einfluß. Die traditionelle chinesische Medizin kennt sieben Emotionen, die sie mit den fünf Yin-Organen in Beziehung setzt:

Ärger	-	Leber
Freude	-	Herz
Schwermut	-	Milz
Traurigkeit und Kummer	-	Lunge
Angst und Furcht	-	Niere

Wir erinnern uns, daß sich diese Analogien bereits in der Fünf-Elemente-Lehre widergespiegelt haben. Soferne Emotionen übermäßig stark ausgelebt werden oder aber auch vollständig fehlen, können Disharmonien in den zugeordneten Yin-Organen auftreten. Aber auch umgekehrt muß das Disharmoniemuster gelesen werden: Eine bestehende Organ-Disharmonie ist in der Lage, die Emotionen aus dem Gleichgewicht zu bringen.

Selbstverständlich erkennt auch die *westliche Medizin* diese Wechselwirkungen zwischen Körper und Seele an.[57] Jedoch ist darauf hinzuweisen, daß hier eine andere Sichtweise vorliegt: Hier werden durch ein emotionales Ungleichgewicht Nervenimpulse ausgelöst, die zu den entsprechenden inneren Organen weitergeleitet werden, wodurch die betreffende Wechselwirkung schließlich entsteht. Aus Sicht der *chinesischen Medizin* sind dagegen Körper, Geist und Emotionen eine ganzheitliche Einheit. Das Qi ist die Quelle nicht nur physischer, sondern auch geistiger und emotionaler Phänomene. Die Emotionen sind hier also ein untrennbarer Bestandteil der Wirkungssphäre eines inneren Organs.

Beispielsweise meint in der chinesischen Medizin der Begriff Niere sehr viel mehr als der Begriff Niere in der westlichen Medizin. Einerseits umfaßt er nämlich jenes *Organ*, welches wir aus der anatomischen Sicht als Niere bezeichnen. Anderseits umfaßt er aber auch jenen funktionalen Aspekt, den das *Nieren-Qi* erfüllt und er umfaßt zum Beispiel auch Aspekte des Denkens (Willenskraft, psychische Triebkraft, Entschlossenheit, ...) auf der *geistigen Ebene*, sowie die erwähnte Angst auf der *emotionalen Ebene*. Der chinesische Begriff Niere sieht hier - wo wir nur Getrenntes erkennen können - eine Einheit komplexer, untrennbarer Wechselwirkungen. Auch hier finden wir also den in sich geschlossenen und verwobenen "Kreislauf der Wandlungen" und nicht eine lineare (!) Kausalkette, die typisch für unser westliches Denken ist.

Die Lebensweise.
Die traditionelle chinesische Medizin legt darüber hinaus besonders großen Wert auf eine vernünftige Lebensweise. Das menschliche Leben soll in Harmonie mit dem Universum verlaufen, wodurch dann das Yin-Yang-Gleichgewicht im Lot ist und die Emotionen ausgeglichen sind. Die Forderung nach

---

[57] MACIOCIA [Chin. Med., Seite 137]

vernünftiger und ausgeglichener Lebensweise bezieht sich insbesondere auf Ernährungsweise, sexuelle Aktivität und physische Aktivität. Hierzu werden in der chinesischen Literatur detaillierte Ratschläge gegeben, die aber wahrscheinlich nur im kulturellen Kontext gesehen werden können.

Die Diagnostik

Um ein Disharmoniemuster im Sinn der chinesischen Medizin zu erkennen, muß der Arzt im Rahmen seiner speziellen medizinischen Begrifflichkeit verschiedenste Zeichen und Symptome sammeln und interpretieren. Die sogenannten "Vier Untersuchungen" (si-zhen) sind seit dem 5. Jhdt. v. Chr. gebräuchlich und lassen vier verschiedene Wahrnehmungsebenen bei der Diagnose zusammenwirken:
1. Beobachten: Konstitution des Patienten; Gesichtsfarbe; Zunge; körperliche Ausscheidungen; ...
2. Hören und Riechen: Atmung; Stimme; Husten; Geruch; ...
3. Befragen: Kälte/Hitzeempfindung; Fieber; Transpiration; Kopfschmerz; Schwindelgefühle; Schmerzqualität; körperliche Ausscheidungen; Durst; Appetit; Schlaf; Krankheitsgeschichte; ...
4. Betasten: Pulsdiagnostik; ...

Es kann nicht unsere Aufgabe sein, eine zusammenfassende Darstellung über das komplexe Gebiet der chinesischen Diagnostik zu geben. Wenn man sich hierüber informieren will, wird man Lehrbücher der traditionellen chinesischen Medizin heranziehen. Wohl aber wollen wir auf eine ungewöhnliche Besonderheiten hinweisen, die es dem chinesischen Arzt erlaubt, weitreichende und spezielle diagnostische Rückschlüsse zu ziehen:

Die chinesische Diagnostik geht nämlich ganz allgemein von zwei grundlegenden Prinzipien aus:

"Betrachte das Äußere, um das Innere zu untersuchen"
und
"Der Teil spiegelt das Ganze wider."
Insbesondere das zweite Prinzip erscheint uns fremd. Aber die jahrhundertelang angesammelte klinische Erfahrung hat gezeigt, daß man aus der Untersuchung eines kleinen Körperareals Rückschlüsse auf den Gesundheitszustand des gesamten Körpers ziehen kann.

Insbesondere die Pulsdiagnostik[58] ist hierfür ein hervorragendes Beispiel und sie sei deshalb auch kurz beschrieben:

Bei dieser Untersuchung tastet der Arzt den Puls an der Speichenschlagader neben dem Handgelenk und zwar beiderseits, an der linken und an der rechten Hand, jeweils mit drei Fingern ab. Hierdurch werden je drei Positionen erfaßt (Abbildung 9). Der Zeigefinger liegt auf Position I, der Mittelfinger auf II und der Ringfinger auf III. Die Pulswelle schlägt dabei an die Fingerbeere und wird hinsichtlich Geschwindigkeit, Breite, Kraft, Form, Rhythmus und Länge erfaßt. Es muß betont werden, daß hierfür eine außerordentlich große Erfahrung Voraussetzung ist, um die Kunst der Pulsdiagnostik zu beherrschen.

Der Arzt unterscheidet und registriert dabei jedenfalls die besondere Art der Pulswelle in den drei lagemäßigen Positionen I, II und III sowohl an der linken Hand als auch an der rechten Hand des Patienten. Insgesamt sechs verschiedene Positionen gilt es also zunächst zu untersuchen. Je nachdem wie stark die Fingerbeere auf die Schlagader drückt, unterscheidet man einen oberflächlichen Puls (die Fingerbeere liegt bloß zart auf der Haut des Patienten auf), einen mittleren und einen tiefen Puls. Um den tiefen Puls zu spüren, drückt man zunächst so lange zu, bis der Puls unterdrückt ist; wenn man jetzt den Druck gerade so weit vermindert, bis Pulswellen

---

[58] KAPTCHUK [Chin. Med., Seite 176 - 196, 331 - 359], MACIOCIA [Chin. Med., Seite 170 - 182], BISCHKO [Akupunktur, Seite 49 - 59], BISCHKO [Akupunktur f. F.]

3. Heilkundliche Wirklichkeiten

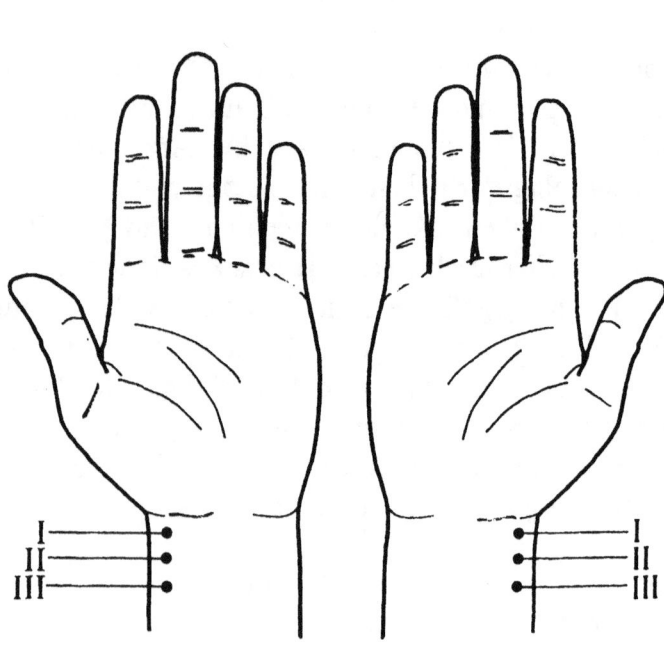

Die Abbildung zeigt die drei Positionen I, II, und III an der linken und rechten Hand, die für eine Pulsdiagnose verwendet werden.

Abbildung 9

spürbar werden, dann entspricht diese Pulsposition dem tiefen Puls. Die 2 x 3 lagemäßigen Positionen, die in 3 verschiedenen Tiefen abgegriffen werden, sind die 18 wichtigsten Pulspositionen, die dem Arzt die grundsätzlichen Disharmonien anzeigen.[59]

"Der Teil spiegelt das Ganze wider" ist, wie gesagt, ein grundlegendes Prinzip der chinesischen Diagnostik. Und dieses Prinzip kommt bei der Pulsdiagnostik in besonderer Weise zum Tragen.[60] In der chinesischen Medizintheorie werden nämlich den sechs verschiedenen lagemäßigen Positionen, wie sie die Abbildung 9 zeigt, unterschiedliche Organe (!) zugeordnet[61]:

---

[59] KAPTCHUK [Chin. Med., Seite 179]
[60] Andere Beispiele für das Prinzip, daß der Teil das Ganze widerspiegelt, sind die Zungen-, Ohr-, Augen- und Hand-Diagnostik (Vergleiche z.B. KÖNIG G., WANCURA I. et al.: Praxis und Theorie der Neuen Chinesischen Akupunktur, 3 Bde., Verlag Wilhelm Maudrich, Wien München Berlin, 1987; RUBACH A.: Propädeutik der Ohr-Akupunktur, Hippokrates Verlag, Stuttgart, 1995; LANGE G.: Akupunktur der Ohrmuschel, WBV Biol.-Med. Verl. Ges., Schorndorf, 1985). Den unterschiedlichen Arealen von Zunge, Ohr, Auge und Hand sind gleichfalls *verschiedene innere Organe* zugeordnet. Aus Farbe, Form, oberflächlicher Beschaffenheit und Art der Druckempfindlichkeit kann der Arzt Rückschlüsse auf die Natur allfälliger Disharmonien im Sinn der traditionellen chinesischen Medizin ziehen. Diagnostik und Therapie, die sich z. B. auf das Mikrosystem der Ohrmuschel bezieht, läßt sich nicht nur auf den Menschen anwenden, sondern auch im Rahmen der Veterinärmedizin. Karten über die Topographie der Reflexzonen beim Tierohr (Hund, Pferd, Rind, Schwein, Katze), sowie das einschlägige Schrifttum hierzu findet man bei LANGE.
[61] Die Art der Zuordnung ist in gewissen Details strittig, was für unsere Überlegungen aber eher belanglos ist. Einen kurzen tabellarischen Überblick über die verschiedenen Ansichten in einem Zeitraum der letzten 2000 Jahre findet man bei KAPTCHUK [Chin. Med., Seite 332]. Siehe auch BISCHKO [Akupunktur, Seite 55].

3. Heilkundliche Wirklichkeiten

	linkes Handgelenk	rechtes Handgelenk
Position I	oberflächlich: Dünndarm	oberflächlich: Dickdarm
	tief: Herz	tief: Lunge
Position II	oberflächlich: Gallenblase	oberflächlich: Magen
	tief: Leber	tief: Milz
Position III	oberflächlich: Blase	oberfl.: Dreif. Erwärmer
	tief: Niere	tief: Herzbeutel

Wenn man jetzt sehr feinfühlig die Pulswellen abtastet, so kann man eine ganze Reihe verschiedener Pulsqualitäten unterscheiden.[62] In den Lehrbüchern werden diese Pulsqualitäten ausführlich beschrieben und durch graphische Darstellungen des zeitlichen Pulsverlaufes ergänzt. Die Pulsdiagnostik gibt dem chinesischen Arzt eine rasche und allgemeine Information über den Zustand des Patienten.[63] Sie ist für die chinesische Medizin eine grundlegende und unverzichtbare Methodik.[64]

Die "Vier Untersuchungen" (Beobachten, Hören und Riechen, Befragen, Betasten) liefern jedenfalls die *Elemente*, aus denen sich das besondere Disharmoniemuster, welches beim Patienten vorliegt, entwickelt.

---

[62] In der Praxis wird man zu beachten haben, daß die verschiedenen Pulsqualitäten oft nicht in reiner Form, sondern in unterschiedlichen Kombinationen auftreten. Es liegt hier also ein außerordentlich komplexes System vor, welches der Pulsdiagnostiker für präzise und *sehr differenzierte Aussagen* anzuwenden versteht.

[63] BISCHKO [Akupunktur, Seite 59] weist darauf hin, daß aufgrund einer Pulsdiagnose eine rein "energetisch" ausgleichende Behandlung sofort einsetzen kann, die in Kürze den Wegfall vieler Beschwerden bewirkt.

[64] Über mögliche Fehlerquellen bei der Durchführung der Pulsdiagnostik vergleiche BISCHKO [Akupunktur, Seite 53 f.].

Das Disharmoniemuster

Wenn man die Vielfalt aller möglichen Krankheitsphänomene in Betracht zieht, dann kann man sich gar nicht vorstellen, daß die hierdurch hervorgerufenen Disharmonien auch nur irgendwie in einem "Disharmoniemuster-Katalog" dargestellt werden können. Wie soll da der chinesische Arzt das zutreffende Disharmoniemuster aus der Unzahl von Möglichkeiten heraussuchen? Die Lösung dieser Frage ist ebenso einfach wie genial: Genau so wie im Computer durch 2 Symbole, Ja-oder-Nein, Null-oder-Eins, beliebig komplizierte Sachverhalte erfaßt werden können, genau so erfaßt die chinesische Medizin ihre Disharmonien durch sogenannte Grundmuster, die sie durch Kombination genügend fein abzustufen weiß. In der traditionellen chinesischen Medizin werden aber nicht zwei unterschiedliche Symbole wie beim Computer, sondern insgesamt acht verschiedene Grundmuster verwendet.

Der chinesische Arzt steht also vor der Aufgabe, die verschiedenen Grundmuster[65] zu erkennen und gegeneinander abzuwägen, um die gesundheitliche Disharmonie des Patienten als spezielles Disharmoniemuster zu erfassen.

Die acht verschiedenen Grundmuster sind nicht voneinander unabhängig, sondern sie bilden vier Gegensatzpaare:

Innen	-	Außen
Mangel	-	Übermaß
Kälte	-	Hitze
Yin	-	Yang

Und noch etwas weiteres fällt auf. Die drei zuerst genannten Gegensatzpaare stellen genau genommen eine Unterteilung von Yin und Yang in je drei Unterkategorien dar. Hierdurch kann auf abgestufte Weise das Yin-Yang-Prinzip in der medizinischen Praxis eingesetzt werden.

---

[65] KAPTCHUK [Chin. Med., Seite 197 - 220]

3. Heilkundliche Wirklichkeiten

Im Rahmen der Diagnose versucht der Arzt zuerst, in der Begrifflichkeit der acht Grundmuster die grundlegende Komposition des betreffenden Disharmoniemusters zu erkennen, um sie später auch in ihrer Feinheit zu verstehen.

Dieses Disharmoniemuster aufzudecken, ist das Ziel der ärztlichen Bemühung, weil hierdurch die Leitkriterien für die Behandlung aufgefunden werden.

Das Erkennen der acht Grundmuster wird in den einschlägigen Lehrbüchern sehr ausführlich abgehandelt. Es würde zu weit führen, an dieser Stelle auch noch die *Kombinationen* der Grundmuster zu erwähnen. Es leuchtet aber jedenfalls unmittelbar ein, daß man auf diese Weise auch komplexe Disharmoniemuster aus einfachen Grundmustern aufbauen kann.[66]

Auf der Basis des aufgefundenen Disharmoniemusters sucht der chinesische Arzt jetzt nach zusätzlichen Zeichen, die ihm Auskunft über den Zustand der *Lebenssubstanzen*, der *Organfunktionen*, sowie über die Art der *bösartigen Einflüsse* geben.[67]

Der wichtigste Gedanke der chinesischen Medizin ist das Yin und Yang. Die Therapie findet auf der Grundlage des gesamten Disharmoniemusters statt und versucht, das körperliche Ungleichgewicht wieder ins Lot zu bringen; Yin und Yang müssen ausgeglichen werden. Kräuter und Akupunkturtechniken werden hierzu eingesetzt. Es werden zwar Symptome bei der Diagnose aufmerksam registriert, es findet jedoch niemals eine symptomatische Behandlung statt.[68] Die meisten Bücher[69] der chinesischen Medizin befassen sich mit den therapeutischen Methoden, die in unserem Text noch gar nicht

---

[66] Beispiele hierfür findet man in der zitierten Lehrbuchliteratur.
[67] MACIOCIA [Chin. Med., Seite 221 - 267]
[68] KAPTCHUK [Chin. Med., Seite 269]
[69] Im Anhang des Buches von KAPTCHUK [Chin. Med., Seite 409 - 440] findet man eine ausführliche Bibliographie. Es werden die historischen Texte, die chinesischen Primärquellen, Kommentare, Nachschlagewerke, Lehrbücher, zeitgenössische Literatur, Geschichte der chinesischen Medizin, Zeitschriften, sowie englisch- und deutschsprachige Literaturstellen genannt.

angeklungen sind. Der Arzt jedenfalls versucht, durch eine subtile Handhabung der Pflanzenheilkunde und der Akupunktur auf das spezielle, individuelle Disharmoniemuster des Patienten einzugehen und die Disharmonie zu heilen.

Ein Beispiel

Nehmen wir den Fall eines Magengeschwürs. Wie sieht das ein chinesischer Arzt? Benennt er es bloß anders? Hat er dafür bloß irgendeinen blumigen Namen?

An dieser Frage sehen wir besonders deutlich, was geschieht, wenn man vor unterschiedlichen Wirklichkeiten steht: Wenn man vom westlichen Standpunkt aus von einem Magengeschwür spricht, dann sieht die traditionelle chinesische Medizin etwas ganz anderes! Aber sieht sie wenigstens *jedes* Magengeschwür immer auf diese andere Art, sodaß wir wie bei einem Wörterbuch die korrespondierenden Begriffe einander ein für alle Male gegenüberstellen können? Auch das geht nicht! Die Wirklichkeiten, von denen wir hier sprechen, sind voneinander zu sehr verschieden. Wenn ein Patient, aus unserer Sicht gesehen, unter Magengeschwüren leidet, so kann der chinesische Arzt sehr unterschiedliche Krankheiten diagnostizieren und er wird diese auch auf unterschiedliche Arten zu behandeln versuchen. Je nach Diagnose - eine andere Therapie!

Nehmen wir den Fall[70] an, daß sechs Personen mit Magenbeschwerden nach westlichen medizinischen Methoden unter-

---

[70] Der hier zitierte Fall und die angeführten Beispiele sind nicht aus der Luft gegriffen. Sie gehen vielmehr auf klinische Studien zurück, die in chinesischen Krankenhäusern durchgeführt und in der Zeitschrift für traditionelle chinesische Medizin (Zhong-yi Za-zhi) publiziert wurden. Die eine Arbeit befaßt sich mit der "Klinische(n) Beobachtung traditioneller chinesischer Behandlungsmethoden bei 65 Patienten mit Magengeschwüren" (Z. f. trad. chin. Med., Juni 1959, S. 30 - 33). Die andere berichtet über "Die Einordnung von Magengeschwürerkrankungen in das traditionelle chinesische Medizinsystem und die vorläufige

sucht werden. Röntgenaufnahmen des Magen-Darm-Trakts werden gemacht, endoskopische Ausspiegelungen und andere einschlägige Spezialuntersuchungen werden vorgenommen. Es stellt sich heraus, daß sie alle an der gleichen Krankheit leiden. Die Diagnose für alle sechs Patienten lautet: Magengeschwür.

Im Anschluß an diese Untersuchungen diagnostiziert und befragt ein chinesischer Arzt jeden einzelnen Patienten nach der Methode der traditionellen chinesischen Medizin. Die von ihm registrierten Phänomene versucht er in ein Disharmoniemuster zusammenzuweben, welches die individuelle Befindlichkeit des Patienten beschreibt. Man kann sich vorstellen, daß hier je nach Patient unterschiedliche Ergebnisse aufgefunden werden:

Der erste Patient leidet unter Schmerzen, die sich schon bei mäßigem Berührungsdruck verstärken, aber durch eine kalte Kompresse gelindert werden können. Der Patient macht einen robusten Eindruck, sein Teint ist rötlich, seine Stimme klingt voll und tief. Sein allgemeines Benehmen wirkt recht bestimmend und hat fast aggressive Züge. Wie die Befragung ergibt, leidet er unter Verstopfung. Sein Urin ist dunkelgelb. Seine Zunge hat einen fetten, gelben Belag. Die Pulsdiagnose ergibt einen "vollen" und "drahtigen" Puls. Das Disharmoniemuster, welches dem chinesischen Arzt jetzt vor Augen steht, nennt er "Feuchte Hitze, die die Milz befällt".

Untersuchung ihrer pathologischen Grundlage" (Z. f. trad. chin. Med., Feb. 1980, S. 17 - 21). Ein dritter Forschungsbericht stellt eine "Analyse der Wirksamkeit traditioneller chinesischer Methoden zur Behandlung von 126 Patienten mit Magen-Darm-Geschwüren" vor (Z. f. trad. chin. Med., Feb. 1960). Über diese Forschungsarbeiten berichtet KAPTCHUK [Chin. Med., Seite 15 - 18, 33 - 34, 39] und auf seinem Bericht stützt sich (zum Teil wörtlich) der nachfolgende Vergleich ab. Hierbei ist nicht unser Ziel, *medizinische* Details darzustellen, sondern - und das bezieht sich auf den Inhalt des ganzen Buches - es soll herausgearbeitet werden, daß unterschiedliche, *autonome Wirklichkeiten*, hier eben die westliche Medizin und die traditionelle chinesische Medizin, nebeneinander existieren können.

Der zweite Patient ist eine Dame. Sie ist dünn, hat einen aschgrauen Teint, aber rote Wangen und schweißige Handflächen. Die Befragung ergibt, daß sie fortwährend Durst hat, unter Schlaflosigkeit leidet und zur Verstopfung neigt. Sie wirkt nervös und unruhig und man hat den Eindruck, daß sie mit sich selbst unzufrieden ist. Der Arzt stellt fest, daß ihre Zunge trocken, leicht rot und ohne Zungenbelag ist. Den Puls stuft er unter "fein" und ein wenig "schnell" ein. Die Komposition des hier vorliegenden Disharmoniemusters beschreibt er als "Mangelndes Yin, das den Magen beeinträchtigt".

Der dritte Patient, der ein relativ blasses Gesicht hat, schildert Schmerzen, die er zwar als geringes, aber doch als ständiges Unbehagen empfindet. Durch Massage und Wärme werden die Schmerzen geringer, ja bei Nahrungsaufnahme verschwinden sie sogar - zumindest kurzzeitig. Eine Befragung ergibt, daß er eine Abneigung gegen Kälte und ein großes Schlafbedürfnis hat. Untertags kommt es immer wieder zu spontanen Schweißausbrüchen. Er uriniert häufig und auch nachts muß er seine Blase leeren. Der Urin zeigt eine klare Farbe. In seinem Benehmen wirkt er schüchtern und beinahe ängstlich und man traut ihm nicht zu, daß er sich durchsetzen kann. Seine Zunge ist feucht und blaß und der Puls wirkt "leer". Dem Arzt steht als Disharmoniemuster "Erschöpftes Feuer des Mittleren Erwärmers" vor Augen. Manchmal nennt man dieses Muster auch "Yang-Leere, die die Milz beeinträchtigt".

Der vierte Patient klagt ernsthaft über krampfartige Schmerzen. Durch heiße Wärmeflaschen werden die Schmerzen erträglicher, eine Massage des Bauches steigert sie. Der Kranke hat ein leuchtend weißes Gesicht und seine Bewegungen, ja sogar sein Gemütszustand wirken plump und schwerfällig. Seine Ausscheidungen neigen zu einem ungeformten Stuhl, seine Zunge hat einen sehr dicken Belag, der weiß und naß wirkt. Die Untersuchung zeigt weiters einen "straffen" und "schlüpfrigen" Puls. Als Disharmoniemuster sieht der Arzt eine "Übermäßig kalte Feuchtigkeit, die Milz und Magen angreift".

Der fünfte Patient ist wieder eine Dame, die sich über Kopfschmerzen und über starkes saures Aufstoßen beklagt. Sie leidet auch unter eher stechenden Schmerzen, die durch Massieren gelindert werden können, dagegen auf Kälte oder Wärme nicht reagieren. Die Patientin wirkt sehr launisch und Ärger oder Niedergeschlagenheit scheinen Anlaß zu Schmerzattacken zu geben. Eine Untersuchung zeigt, daß die Zunge seltsamerweise normal aussieht. Der Puls ist "drahtig". Als Diagnose findet der Arzt eine "Disharmonie der Leber, die in die Milz vordringt".

Der sechste Patient leidet unter besonders heftigen, schneidenden Schmerzen im Magen, die sich bis zum Rücken hin ausdehnen können. Nach dem Essen nehmen die Schmerzen ganz erheblich zu und sind auch schon durch leisen Druck auszulösen. Der Patient berichtet, daß er zeitweise Blut erbrochen hat und einen schwärzlichen Stuhl bemerkt hat. Seine Zunge ist dunkelviolett und zeigt seitlich rote Flecken. Der Patient ist dünn und hat einen ziemlich dunklen Teint. Der Puls ist "rauh". Dem Arzt erscheint die Disharmonie als "Gestautes Blut im Magen".

Sechs verschiedene Disharmoniemuster konnte der chinesische Arzt registrieren, während der westlich ausgebildete Arzt in allen Fällen von einem Magengeschwür spricht und andere Ursachen (Infektion, Tumor, nervöses Leiden, ...) ausgeschlossen hat.

Das Disharmoniemuster gibt dem chinesischen Arzt Hinweise, welche Behandlung dem Patienten helfen wird. Unser Beispiel zeigt allerdings, daß die unterschiedlichen Disharmoniemuster jetzt natürlich auch auf unterschiedliche Behandlungen führen werden.

Die vorhin geschilderten Fälle der sechs "Magengeschwür"-Patienten waren insofern fiktiv, als sie nicht Einzelpersonen waren, sondern in gewisser Weise Mittelwerte dargestellt haben. In Wirklichkeit wurde die Studie[71], auf der dieses Beispiel beruht, nämlich an 65 Patienten ausgeführt und die Untersuchung durch chinesische Ärzte hat eine Streuung der Disharmoniemuster gezeigt, die etwa unseren sechs fiktiven Patienten entspricht.

Je nach Disharmoniemuster hat jedenfalls jeder der 65 Patienten eine spezielle Heilkräuterbehandlung über eine Zeit von zwei Monaten bekommen. Diätvorschriften und westliche Therapien wurden *nicht* eingesetzt. Nach Abschluß der Behandlung zeigten

    53 Patienten (81,5 %)   komplette Wiedergesundung,
    7 Patienten (10,8 %)   eine deutliche Verbesserung,
    2 Patienten (3,1 %)   wenig Verbesserung
    2 Patienten (3,1 %)   keine Veränderung und
    1 Patient   eine Verschlechterung

zufolge Komplikationen, die aber nichts mit der Behandlungsmethode zu tun gehabt haben.[72]

---

[71] "Klinische Beobachtung traditioneller chinesischer Behandlungsmethoden bei 65 Patienten mit Magengeschwüren". Zeitschr. f. trad. chin. Med., Juni 1959, S. 30 - 33. (Zitiert nach KAPTCHUK [Chin. Med., Seite 33f., 42])

[72] Ähnliche Vergleichsstudien über die Wirksamkeit der traditionellen chinesischen Medizin wurden in China auch im Hinblick auf andere Erkrankungen durchgeführt. Es wurden tausende Experimente gemacht, um den praktischen und theoretischen Nutzen der traditionellen Medizin im Vergleich zur modernen westlichen Medizin zu bewerten. Man hat sich auf Grund dieser Studien 1955 in China dazu entschlossen, beiden Formen der Medizin gleiche Anerkennung und gleichen Rang zuzusprechen (KAPTCHUK [Chin. Med., Seite 32f., 40f.]). Wenn man die Sache kritisch betrachtet, muß man heute allerdings sagen, daß die bekanntgewordenen Versuche und Experimente nicht den Kriterien unseres modernen wissenschaftlichen Standards gerecht werden und man wird diese Studien daher eher als "klinische Beobachtungen" einstufen. Die Vergleichsstudien über die Wirksamkeit der traditionellen chinesischen Medizin werden daher immer noch fortgeführt und beziehen sich auf unterschiedlichste Leiden wie zum Beispiel

○ Glomerulonephritis - traditionelle Kräuter (290 Fälle). Chin. Z. f. innere Med., Jänner 1965.

○ Bronchiales Asthma - subkutane Akupunktur (121 Fälle). Chin. Z. f. innere

3. Heilkundliche Wirklichkeiten

Die Kräuterheilkunde nimmt in der chinesischen Medizin eine zentrale Stellung ein. In den letzten zweitausend Jahren wurden wesentlich mehr Bücher über die Kräuterheilkunde als über die Akupunktur geschrieben. Ein modernes Arzneimittelbuch enthält mehr als 5000 Eintragungen, die die Wirkungsweise der Kräuter und Kräuterkombinationen auf die verschiedenen Disharmoniemuster beschreibt. Üblicherweise stellt aber der Arzt aus etwa 500 klassischen Mitteln das individuelle Rezept für seinen Patienten zusammen, wobei eine Kombination aus mehr als 10 Substanzen keine Seltenheit ist.

Wenn auch bei unseren oben angeführten "Magengeschwür"-Patienten die Behandlung auf der Grundlage der Kräuterheilkunde durchgeführt wurde, so tendieren die chinesischen Ärzte im allgemeinen dazu, die Kräuterheilkunde eigentlich immer auch mit der Akupunkturtechnik kombiniert anzuwenden. In den Lehrbüchern der traditionellen chinesischen Medizin werden unter den verschiedenen Disharmoniemustern die Therapieprinzipien für eine wirkungsvolle Akupunktur beschrieben und auch - allerdings im Paradigma der chinesischen Medizin - erklärt.

Ein simultanes Massenphänomen

In der chinesischen und in der westlichen Medizin haben wir ein gutes Beispiel für einen Wirklichkeits-Pluralismus vor

---

Med., Oktober 1963.
o Cervix-Karzinome im Frühstadium - traditionelle Kräuter (24 Fälle). Z. f. trad. chin. Med., Juni 1965.
o Angina pectoris - traditionelle chinesische Behandlung (112 Fälle). Chin. Med. Journ. (engl. Ausg.) Beijing, Mai 1977.
Viele Vergleichsstudien befassen sich mit der traditionellen chinesischen Medizin (KAPTCHUK [Chin. Med., Seite 33f., 41f.]) und bestätigen ihre Wirksamkeit. Selbstverständlich gibt es aber auch Bereiche, wo sie im Vergleich zur westlichen Medizin versagt; manchmal ist aber auch das Gegenteil der Fall.

uns, der sich in beiden Fällen sehr weit in die Vergangenheit hinein erstreckt und heute - gleichzeitig! - viele Millionen Menschen betrifft: Ein Wirklichkeitspluralismus also als *simultanes Massenphänomen*.

Die chinesische Medizin hat sich auf der Grundlage einer völlig anderen Lebenswirklichkeit entwickelt als die westliche Medizin. Schon das weit in die mythische Vorzeit zurückprojizierte Schafgarbenorakel zeigt einerseits holistisches Denken als Grundcharakteristikum, anderseits aber auch das Prinzip des ununterbrochenen Wandelns. Jedes aufgefundene Hexagramm trägt die Tendenz zur Verwandlung in sich, wodurch ständige Veränderungen geschehen, ohne dabei Bahnen zu durchlaufen, die im Sinn von Ursache und Wirkung vorausbestimmbar wären.

Die Idee der Wandlungen ist seit Jahrtausenden im chinesischen Denken verankert. Es ist der Kreislauf, das ständige Fließen, es ist der ununterbrochene Wandel das Bleibende. Das traditionelle Yin-Yang-Symbol zeigt, wie immerwährend das eine ins andere zurückläuft und daß bei diesem Wandel das wechselseitige Gleichgewicht gehalten werden muß. Ein Ungleichgewicht würde in eine Disharmonie führen, die gefährliche Konsequenzen hätte. Eine ausgeprägte Dynamik wird sichtbar, wie von selbst entwickeln sich die polaren Begriffe, die ineinander übergehen, ohne jemals zum Stillstand zu kommen: Tag und Nacht, Ruhe und Aktivität, Dunkelheit und Licht, Erde und Himmel, kalt und heiß, feucht und trokken. Alles ist in einem Yin-Yang-Wirbel begriffen; alles bedingt, kontrolliert und ergänzt sich wechselseitig. Der ganze Makro- und Mikrokosmos ist von diesem Kreislauf erfaßt. Auch die dunklen und lichten Geister sind dem Yin und Yang zugeordnet. Auch der geheimnisvolle Ausdruck Qi reicht tief in diese kulturelle Vergangenheit Chinas zurück.

Eine andere uralte Vorstellung, die vielleicht sogar in einer magischen Lebensdeutung wurzelt, ist die weit verbreitete

3. Heilkundliche Wirklichkeiten

Lehre von der fünfgliedrigen Ordnung des Mikro- und Makrokosmos. Holz - Feuer - Erde - Metall - Wasser. Ein dynamischer Zyklus pulsierender Aktivität wird hier gesehen. Fast alle Bereiche des traditionellen chinesischen Denkens waren hievon durchdrungen.

Diese fremdartige Lebenswirklichkeit ist das Fundament der chinesischen Medizin. Die Grundmuster eines solchen Denkens wurden auch von der chinesischen Heilkunde aufgesaugt. Etwas anderes stand ja gar nicht zur Verfügung. Es ist also *nicht* erstaunlich, daß dort die für uns so fremdartigen Grundbegriffe eingedrungen sind. *Sehr wohl erstaunlich ist es dagegen* für unsere westliche Sichtweise, daß sich mit einem derartigen Grundmuster des Denkens und mit solchen Grundbegriffen eine funktionierende Heilkunde aufbauen ließ! Unser Entweder-oder-Denken sträubt sich instinktiv dagegen. Die chinesische und die westliche Medizin sind also ein eindrucksvolles Beispiel für den Wirklichkeits-Pluralismus, der von Millionen Menschen aktiv vollzogen wird.

Die Yin-Yang-Theorie durchzieht das ganze System der traditionellen chinesischen Medizin. Die sogenannten Lebenssubstanzen, von denen in der chinesischen Medizin die Rede ist, kommen im westlichen Denken zum Teil überhaupt nicht vor oder haben zumindest eine ganz andere Bedeutung. Die Organe des menschlichen Körpers haben nicht bloß eine physische Struktur, auch geistige, emotionale und transzendente Komponenten spielen herein: Das Herz beherbergt den Geist, die Lunge die Körperseele, die Milz das Denken, die Leber die Wanderseele, die Niere die Willenskraft. Die Leitbahnen, die oft auch Meridiane genannt werden, verbinden auf komplexen Wegen das Innere des Körpers mit seiner Oberfläche. Hierdurch kann der chinesische Arzt an den Akupunkturpunkten die Aktivität der Lebenssubstanzen beeinflussen. Diagnoseverfahren, die uns völlig fremd erscheinen, führen dem Arzt ein Disharmoniemuster vor Augen, welches wieder ins Lot gebracht werden muß, um dem Patienten zu helfen.

Während wir im Westen von einem Magengeschwür reden, sieht der chinesische Arzt am gleichen Patienten, daß "Feuchte Hitze die Milz befällt" oder aber auch ganz andere Disharmoniemuster. Wie auch immer - dem Patienten wird geholfen!

Eine autarke, umfassende Wirklichkeit hat sich präsentiert.

4
MIKRO-WIRKLICHKEITEN

4. Mikro-Wirklichkeiten

Mikro-Wirklichkeiten
    Spiele als Mikro-Wirklichkeiten
    Mikro-Wirklichkeiten im weiteren Sinn

Wirklichkeiten sind oft *große*, weitläufige Gebilde. Die chinesische Medizin, auf die wir eben einen Blick geworfen haben, war hierfür· ein Beispiel. Gibt es im Gegensatz hierzu auch *kleine* Wirklichkeiten, die aber trotzdem alle Eigenschaften von Wirklichkeiten besitzen, lebendig im Handeln vollzogen werden können und die zur fruchtbaren Vielfalt einen Beitrag liefern?

Im Rahmen unserer Analyse ist die Wirklichkeit der Inbegriff dessen, was durch eine besondere Interpretation der Anschauungselemente erfahren wird. Die Interpretation geschieht hierbei durch ein freiwillig angenommenes, unveränderlich festgehaltenes "Instrument".[1] Durch die Tatsache, daß dieses Interpretations-Instrument freiwillig aufgegriffen wurde, muß einem bewußt sein, daß die Wirklichkeit in dieser Hinsicht wahlfrei ist und diesbezüglich dem eigenen Ermessen und Belieben überlassen bleibt. Die durch das Interpretations-Instrument aufgespannte Wirklichkeit ermöglicht ein Handeln, welches stets von dieser Wirklichkeit umschlossen bleibt und in ihr erfahren wird.

Spiele als Mikro-Wirklichkeiten

Ein einfaches und anschauliches Beispiel für eine Mikro-Wirklichkeit hat man in *Spielen* vor sich.

Johan Huizinga gibt in seinem Buch "Homo Ludens"[2] eine *Definition des Spielbegriffes*, die das Spiel deutlich als Mikro-Wirklichkeit ausweist:

Spiel ist eine freiwillige Handlung oder Beschäftigung, die innerhalb gewisser festgesetzter Grenzen von Raum und Zeit nach freiwillig angenommenen, aber unbedingt bindenden Re-

---

[1] Zum Beispiel das naturwissenschaftliche Verknüpfungsinstrument (FASCHING [Kal Rel, Seite 181 f.]).
[2] HUIZINGA [Homo]

geln verrichtet wird, ihr Ziel in sich selber hat und begleitet wird von einem Gefühl der Spannung und Freude und einem Bewußtsein des 'Andersseins' als das 'gewöhnliche Leben'.[3]

- ○ Huizingas Definition faßt das Interpretations-Instrument, welches auf Anschauungselemente angewendet wird, in der griffigen Bezeichnung "Regel" zusammen. Diese Regel wird - entsprechend dem Sinn von Wirklichkeiten - freiwillig aufgegriffen und während des Spieles unveränderlich festgehalten.
- ○ Die aufgegriffene Regel spannt eine Wirklichkeit auf und ermöglicht ein Handeln, welches stets von dieser Wirklichkeit (rahmenhaft) umschlossen bleibt. Huizinga spricht diesen Gedanken besonders treffend aus, indem er sagt, daß die Spiel-Handlung "ihr Ziel in sich selber hat".
- ○ Die durch das Interpretations-Instrument aufgespannte Wirklichkeit und das in ihr stattfindende Handeln wird erfahren und als wirklich erlebt. Huizingas Definition spezialisiert dieses Erfahren und spricht davon, daß das Spiel "von einem Gefühl der Spannung und Freude" begleitet wird. In seinem Buch führt er viele Beispiele an, die das belegen.
- ○ Ganz bemerkenswert ist Huizingas Hinweis darauf, daß im Spiel ein "Bewußtsein des 'Andersseins' als das 'gewöhnliche Leben'" vorliegt. Er zeigt damit noch einmal auf den Gedanken, den er an den Anfang seiner Definition gestellt hat, daß nämlich ein Spiel eine *freiwillige* Handlung ist. Während des ganzen Spiels ist einem bewußt, daß man dieses Spiel aufgegriffen hat und damit aus dem 'gewöhnlichen Leben' herausgetreten ist und daß das Handeln im Spiel ein 'Anderssein' ist. Dem Spieler ist und bleibt bewußt, daß er das Spiel jederzeit verlassen kann. In unseren Worten gesagt, weist Huizin-

---

[3] HUIZINGA [Homo, Seite 34]

ga ausdrücklich darauf hin, daß die Spiel-Wirklichkeit keine verabsolutierte Wirklichkeit ist, neben der keine andere Wirklichkeit anerkannt wird.

Ein Spiel ist in erster Linie eine freiwillige Handlung oder Beschäftigung. Ein Spiel *muß* nicht gespielt werden, es *kann* jederzeit unterbrochen werden, es kann durch ein anderes ersetzt werden, oder man kann das Spiel auch überhaupt abbrechen.

Ein Spiel findet im Rahmen festgesetzter räumlicher und zeitlicher Grenzen statt. Ein Spiel beginnt und ein Spiel endet. Während das Spiel abläuft, hat es seinen Sinn in sich selbst. Beginn und Ende des Spiels können flexibel, aber auch durch feste Zeitpunkte, wie etwa bei gewissen sportlichen Wettkämpfen, vorgegeben sein. Wenn man Beispiele für die räumliche Begrenzung von Spielen sucht, wird einem die Weite des Spielbegriffes bewußt: Brettspiel, Spieltisch, Spielplatz, Arena, Rennbahn, Tennisplatz, Himmel-und-Hölle-Feld als Kinderzeichnung am Gehsteig, Zauberkreis und Bühne. Huizinga führt in diesem Zusammenhang auch "Tempel, geweihter Platz und Gerichtshof" an. Er weist damit schon hier auf seine Auffassung hin, daß überhaupt jede Kultur ihren Ursprung im Spiel hat.[4] Innerhalb der räumlichen Begrenzung gelten eigene Bedingungen, hier ist das normale Leben ausgegrenzt, eine in sich geschlossene autonome Handlung läuft ab.

Ein ganz wesentliches Kennzeichen eines Spiels sind die freiwillig angenommenen Regeln, die aber im Verlauf des Spiels unbedingt bindend sind.[5] Die Regeln legen fest, wie die Spielwirklichkeit beschaffen ist, welcher Art die räumlichen und zeitlichen Grenzen sind und was in dieser durch das Spiel herausgetrennten Welt gelten soll. In der Spiel-Wirklichkeit herrschen Ordnung und Harmonie. Die Spielregeln sind sakrosankt und unverletzlich. Den Regeln gegenüber ist Skepsis nicht zugelassen. Wer Spielregeln übertritt, zerstört das Spiel.

---

[4] HUIZINGA [Homo, Seite 17, 27]
[5] HUIZINGA [Homo, Seite 18]

4. Mikro-Wirklichkeiten

Die im Spiel aufgebaute Welt geht dann zugrunde. Wer sich nicht an die Regeln hält, ist ein Spielverderber. Der Spielverderber verdirbt die Wirklichkeit des Spiels und wird vom Spiel ausgeschlossen.

Ein anderes Kennzeichen des Spiels ist, daß der Spieler von einem Gefühl der Spannung und Freude begleitet wird. Ein Spiel kann ernsthaft sein, aber auch Fröhlichkeit, Anmut, Rhythmus und Harmonie können das Spiel begleiten. Spielen befriedigt, nimmt einen ganz in Beschlag, fesselt, bannt oder bezaubert. Durch die regelgeleitete Harmonie und innere Ordnung des Spiels baut sich im Spiel etwas auf, was wir ästhetische Qualität nennen.

Ein bedeutendes Kennzeichen des Spiels ist, daß einem bewußt ist, daß man aus dem "gewöhnlichen Leben" herausgetreten ist und sich in einer "andersartigen Spiel-Wirklichkeit" befindet. Das Spiel steht außerhalb jeder anderen Wirklichkeit, die einen sonst bewegt und gefangen hält. Das "Anderssein" des Spieles gibt dem Spiel den Charakter des Geheimnisvollen. Auch das kleine Kind weiß genau, daß es beim Spiel aus der Welt des gewöhnlichen Lebens in die Spiel-Wirklichkeit übergewechselt ist. Besonders gut schildert diese Tatsache die Erzählung eines Vaters:

> Er trifft sein vierjähriges Söhnchen an, wie es auf dem vordersten einer Reihe von Stühlen sitzt und 'Eisenbahn' spielt. Er hätschelt das Kind, dies aber sagt: "Vater, du darfst die Lokomotive nicht küssen, sonst denken die Wagen, es wäre nicht echt."[6]

Das Beispiel zeigt darüber hinaus auch sehr schön, daß das Spiel den Spieler ganz in Beschlag nimmt und daß das Spiel mit tiefem Ernst betrieben wird.

Die Vielfalt der Spiele ist sehr groß. Bei Kindern zum Beispiel sind jene Spiele sehr beliebt, wo sie etwas Besonderes darstellen. Sie figurieren im Spiel als etwas besonders Schönes oder Erhabenes. Sie können aber im Spiel auch ein gefährliches Wesen darstellen. Die böse Hexe, der Zauberer oder ein

---

[6] HUIZINGA [Homo, Seite 15]

Spiele als Mikro-Wirklichkeiten

Tiger mit fletschendem Gebiß sind sehr beliebt. Kinder sind in der Lage, sich in ihre Rolle derart hineinzusteigern, daß sie zuletzt schon meinen, sie seien es wirklich, ohne dabei allerdings das Bewußtsein der "gewöhnlichen Wirklichkeit" gänzlich zu verlieren.[7] Unzählig viele Geschicklichkeitsspiele und Kraftspiele, Verstandes- und Glücksspiele werden von Kindern und Erwachsenen mit Hingabe betrieben.

Bemerkenswert findet man immer wieder die Tatsache, daß auch Tiere spielen und damit also gleichfalls in Mikro-Wirklichkeiten eintreten können. Sie verlassen ihre "gewöhnliche Wirklichkeit" um in eine "andersartige Spiel-Wirklichkeit" überzuwechseln. Ich meine, daß das eine ganz bemerkenswerte Beobachtung ist, aus der wir etwas Wichtiges herauslesen können: Ihr Wesen erschöpft sich offenbar nicht im Rahmen ihrer "gewöhnlichen Wirklichkeit". Auch *ihr* eigentliches Wesen bleibt also im Dunkeln, nämlich jenseits der Sprache von Wirklichkeiten. Jeder kennt Beispiele für das Spiel der Tiere: Junge Hunde balgen herum, knurren böse und gefährlich und beachten dennoch die Regeln ihres Spieles, das Ohr des Bruders nicht durchzubeißen. Pfau und Truthahn stellen ihren Weibern ihr Gefieder zur Schau und führen ihnen etwas ihrer Meinung nach Ungewöhnliches und höchst Besonderes zur Bewunderung vor. Manchmal wird dieser Vorgang sogar auch noch durch eine Präsentation von eindrucksvollen Tanzschritten ergänzt und übersteigert.[8] So sehr sind sie in ihrem Spiel vertieft, daß sie Gefahren der "gewöhnlichen Wirklichkeit" oft zu spät erkennen. Kunstvolle Tänze führen auch die Birkhähne aus, Krähen veranstalten Wettflüge und die Singvögel tragen eindrucksvolle Melodien vor. Manche Vogelarten schmücken sogar ihre Nester aus.[9]

---

[7] HUIZINGA [Homo, Seite 21]
[8] HUIZINGA [Homo, Seite 21]
[9] HUIZINGA [Homo, Seite 52]

4. Mikro-Wirklichkeiten

Mikro-Wirklichkeiten im weiteren Sinn

Die vorherige Erörterung des Spielbegriffes erfaßt noch lange nicht jenen Bereich, den wir Mikro-Wirklichkeit genannt haben. Man muß den Spielbegriff hierfür in einem wesentlich weiter gefaßten Sinn auslegen. Das war auch das Anliegen von Huizinga, der in einem solchen, breit aufgefaßten Spielbegriff den Ursprung der Kultur gesehen hat.

Spiele im weitesten Sinn, oder anders gesagt, Mikro-Wirklichkeiten, sind nicht an eine bestimmte Kulturstufe gebunden, ab der sie hervortreten, sondern sie sind schon *vor* jeder Kultur da und begleiten das kulturelle Geschehen bis in die heutige Zeit.[10] In allen Phasen der Entwicklung einer Kultur begegnet uns nämlich das Spiel und gibt sich als besondere Qualität des Handelns zu erkennen. Am "Anderssein" als das "gewöhnliche Leben" erkennt man das Wirken dieser Mikro-Wirklichkeit. Zu Beginn, wenn sich also eine Mikro-Wirklichkeit erstmals bildet, sind die betreffenden "Spielregeln" noch nicht vollständig ausgebildet. In einfachsten Ansätzen sind sie vielleicht vorhanden. Das Spiel - die Mikro-Wirklichkeit - läuft noch nicht in ausgefahrenen Bahnen, es zeigen sich bestenfalls nur die zartesten Anfänge von Wirklichkeit.[11] Keinesfalls existiert bereits ein perfekter Regelkanon. Es ist aber verständlich, daß das auch gar nicht notwendig ist: Ein solches Spiel der Mikro-Wirklichkeiten, das einmal gespielt wurde und dessen Regeln - auch wenn sie noch gar nicht vollkommen sind - dadurch festliegen, kann immer wieder gespielt werden. Dabei fällt den Spielern irgendwann einmal auf, daß

---

[10] HUIZINGA [Homo, Seite 11 f.]

[11] In genau der gleichen Situation befindet sich auch ein Wissenschafter, der sich heute einem unerforschten Arbeitsgebiet zuwendet. Er muß Theorie-Elemente schaffen, die die Wirklichkeit *in einem neuen Licht* zeigen. Der Forscher erfindet also gleichsam ein neues Spiel, welches vorher noch nicht existiert hat. Das alte Spiel verläßt er, weil ihn das eine oder andere daran gestört hat. (FASCHING [Kal Rel, Seite 181 f.])

das Spiel "spannender" und attraktiver wird, wenn man die Spielregeln in gewisser Weise modifiziert. Ein iterativer Prozeß ist also dadurch möglich, *der das Regelwerk vervollkommnet* und damit eine langsame Entstehung immer komplexerer Wirklichkeiten gestattet. Die Mikro-Wirklichkeit nimmt als geistige Schöpfung schließlich eine feste Gestalt als Kulturform an und wird überliefert. Eine Mikro-Wirklichkeit wird also geschaffen, *die immer wieder betreten werden kann!* Immer neue Facetten werden sichtbar. Die zu Beginn eher amorph und verwaschen erscheinende Mikro-Wirklichkeit "kristallisiert" im Lauf der Zeit aus und gewinnt eine markante Gestalt. Man versteht, daß sich aus solchen Mikro-Wirklichkeiten wichtige Elemente von kultureller Bedeutung entwickeln können. Mikro-Wirklichkeiten wirken in ihrer Gesamtheit also wie ein Keim-Rasen und sind dadurch eine wichtige Voraussetzung für das Entstehen von Kultur.

5. Wirklichkeit eines Verbrechens

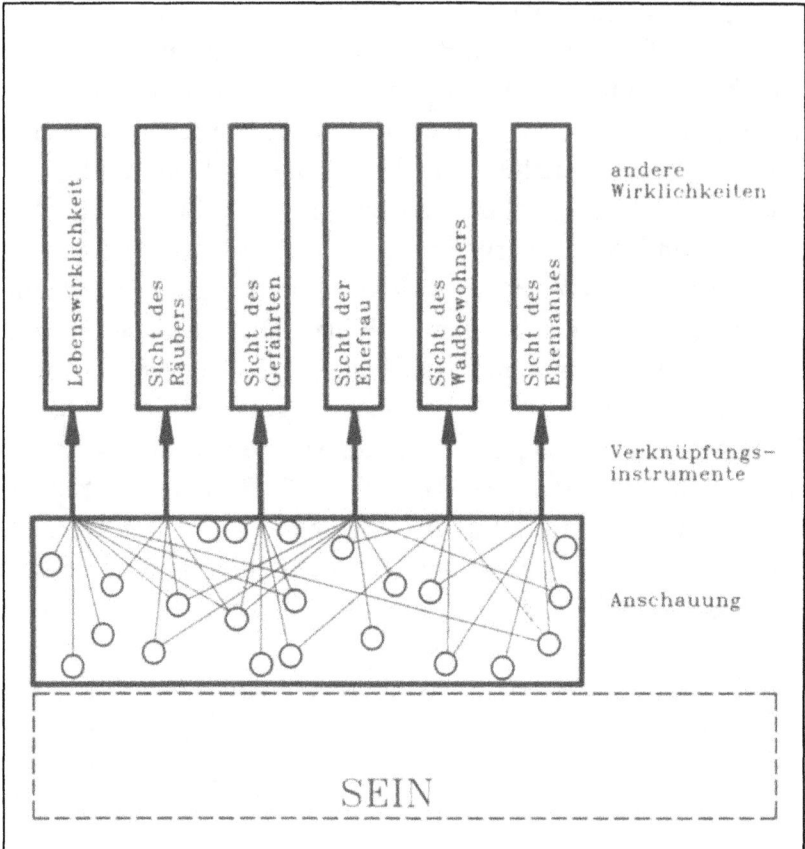

In einer alten japanischen Erzählung wird von einem Mordfall berichtet. Beim Verhör vor einem Richter stellt sich heraus, daß jeder das Mordgeschehen ganz anders erlebt hat. Zuletzt ist nicht einmal mehr sicher, ob es überhaupt einen Mord gegeben hat.

Abbildung 1

5
WIRKLICHKEIT EINES VERBRECHENS

5. Wirklichkeit eines Verbrechens

Wirklichkeit eines Verbrechens
    Ein Beispiel aus der japanischen Literatur
    Eine neue Erzählung des Rashomon-Textes
    Vergewaltigung und Tod

Wirklichkeit eines Verbrechens

Schon seit Jahrtausenden bestehen Vorschriften, Gebote und Tabus, die das Zusammenleben der Menschen in einer Gemeinschaft regeln. Die ursprünglich auf mündlichem Wege weitergegebenen Richtlinien eines Naturrechtes umreißen Grundordnungen des menschlichen Daseins. Viele alte Kulturen haben diese Richtlinien später auch schriftlich festgehalten. Man denke an die in einen Dioritblock eingemeißelte Gesetzessammlung des babylonischen Königs Hammurapi (1728 - 1686 v. Chr.) oder an die am Sinai geoffenbarten Gesetzestafeln der "Zehn Gebote."

Heute regelt fast jedes Land das Zusammenleben seiner Einwohner durch Gesetze. Man versucht, durch Vorschriften, die einzuhalten sind, und durch Androhung von abschreckenden Strafen die Gesellschaft vor verbrecherischen Elementen zu schützen. Im Falle einer verübten Tat wird über den Täter nach den bestehenden Gesetzen Recht gesprochen. Der Richter muß, um zu einem Urteil gelangen zu können, die Stimmen der Beteiligten hören, die des Täters, des Opfers und der Zeugen. Die einzelnen Berichte und Aussagen fügen sich im allgemeinen zu einem Ganzen, so daß der Richter zuletzt weiß, was wirklich geschehen war. Die Wirklichkeit einer Straftat steht vor den Augen des Gerichtes und ein Urteil kann gefällt werden.

Doch im Laufe einer gerichtlichen Untersuchung kann es auch zu Aussagen kommen, die in keiner Weise übereinstimmen. Die an einem Verbrechen Beteiligten und die beobachtenden Zeugen haben das Geschehen in unterschiedlicher Weise erfahren und erlebt. Das von ihnen Wahrgenommene, das ihnen Widerfahrene wird von jedem einzelnen dieser Menschen in einer besonderen Art zu einem Bild verknüpft, zu einer je eigenen Wirklichkeit verdichtet. Mehrere Wirklichkeiten, die sich widersprechen und nicht vereinen lassen, werden sichtbar. Auch die Tatsachen eines Verbrechens verlieren ihre klaren Konturen. Sie bekommen in den unterschiedlichen

5. Wirklichkeit eines Verbrechens

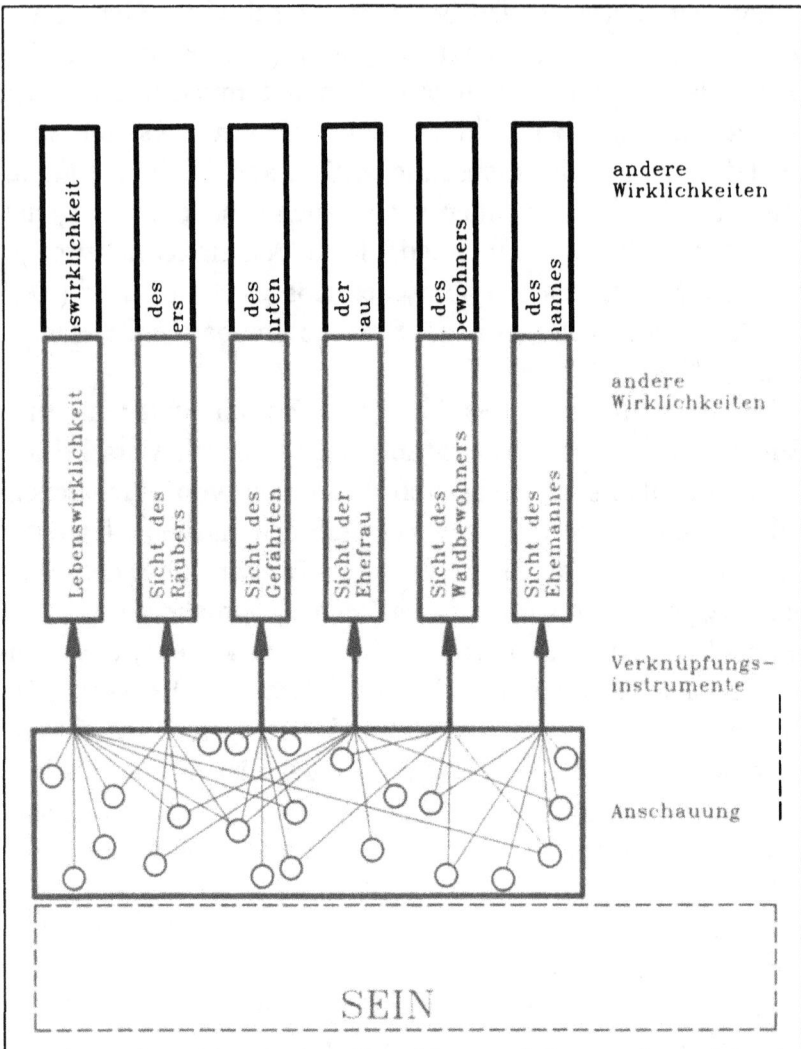

In einer alten japanischen Erzählung wird von einem Mordfall berichtet. Beim Verhör vor einem Richter stellt sich heraus, daß jeder das Mordgeschehen ganz anders erlebt hat. Zuletzt ist nicht einmal mehr sicher, ob es überhaupt einen Mord gegeben hat.

Abbildung 1

Wirklichkeiten eine andere Bedeutung, wandeln sich zu anderen Tatsachen. Für den Richter wird es unmöglich, sich ein eindeutiges Bild des Verbrechens zu machen und einen Urteilsspruch zu fällen. *Die eine "Wahrheit" ist nicht auffindbar. Mehrere Wirklichkeiten, mehrere "Wahrheiten" haben sich gezeigt.*

Ein Beispiel aus der japanischen Literatur

Dieses Thema ist in der Literatur oft behandelt worden. Ein bekanntes Beispiel hierfür ist die Geschichte "Rashomon", die vor etwa vierzig Jahren erstmals aus dem Japanischen ins Deutsche übertragen worden war und die erst unlängst, ergänzt durch Gedichte im Haiku-Versmaß, von I. Wertner wieder erzählt wurde.[1]

Um etwa 1120 n. Chr. war "Rashomon" zusammen mit über tausend anderen Geschichten japanischer, chinesischer und indischer Herkunft im "Konjaku monogatari" von einem unbekannten japanischen Verfasser aufgezeichnet worden. Das Konjaku monogatari besteht aus 31 Bänden und handelt in kurzen Legenden, Sagen, Märchen und Anekdoten von der Lebenswirklichkeit der einfachen Menschen jener Zeit. Das "Konjaku monogatari" und das "Genji monogatari", in dem Geschichten über die Hofgesellschaft erzählt werden, sind die zwei größten japanischen Prosawerke der Heian-Zeit (794 - 1192 n. Chr.).[2]

Eine der Geschichten des Konjaku monogatari hat den japanischen Dichter Akutagawa Ryunosuke zu seiner Erzählung "Yabu no naka" (1915, Im Dickicht) angeregt und liegt auch Kurosawa's Film "Rashomon" (1950) zugrunde. Die handeln-

---

[1] WERTNER [Rashomon]
[2] KATO [Japanische Literatur]

den Personen berichten über ein Mordgeschehen in unterschiedlichen Versionen, die es unmöglich machen, die "Wahrheit" herauszufinden. Ist auch hier das schematische Bild (Abbildung 1) einer Wirklichkeitsvielfalt zutreffend?

Ich glaube, daß der Rashomon-Text von I. Wertner diese Situation eindrucksvoll beleuchtet:[3]

Eine neue Erzählung des Rashomon-Textes

> Ein Wirrsal war es
> tief umdunkelter Herzen
> in der Finsternis.
> Ob Traum oder Wirklichkeit,
> laß die Leute entscheiden.
>
> Ariwara Narihira, 9. Jh.

Grau und brüchig stehen die Mauern eines mächtigen Gebäudes im ersten Licht des anbrechenden Morgens. Jahrhundertelang hat dieses Haus als Stätte der Gerichtsbarkeit gedient. In der modrigen Luft seiner Räume hängen noch die Stimmen der Menschen früherer Zeiten, spürt man noch die Angst, die Verzweiflung und das zitternde Hoffen.

Tausende schriftliche Zeugen vergangener Prozesse lagern, zu festen Bündeln verschnürt, in den spinnwebverhangenen Tiefen eines beinahe schon vergessenen Kellergewölbes. Nun hat man beschlossen, das alte Gemäuer abzureißen und durch ein neues Gebäude zu ersetzen. Kurz vor Beginn der Abbrucharbeiten erinnert man sich des unterirdischen Archivs, dessen Bestände aufbewahrt werden sollen. Es bleibt nicht Zeit, die alten Prozeßakten zu sichten, und so werden sie auf eilig herbeigerufene Wagen hoch aufgetürmt und weggebracht, um anderswo vorübergehend gelagert zu werden.

Die brüchig gewordenen Schnüre eines der Bündel reißen und Papiere flattern zu Boden. Ein Windstoß erfaßt die Blätter und sie treiben aufgelöst durch die Straßen und über Gärten dahin. Nur ein

---

[3] WERTNER [Rashomon]

dunkelgrüner Einband bleibt träge im Staub des morgenkühlen Platzes liegen. In der Mappe befindet sich ein Stoß alter, vergilbter Papiere, deren Schrift schon stark verblaßt ist. Mühsam ist zu entziffern, daß es sich um das handschriftliche Protokoll eines vor zweihundert Jahren stattgefundenen Mordprozesses handelt. Mit großer Schrift in roter Tinte steht, quer über die erste Seite geschrieben, der Vermerk, daß in diesem Fall eine Urteilsfindung nicht möglich gewesen war. Die Widersprüchlichkeit der Aussagen hatte keinen eindeutigen Schuldspruch zugelassen.

Die Aussage eines Holzfällers

> Weitab des Weges
> im dichten Bambusgebüsch
> Atem des Todes.

"Es war früh am Morgen, als ich wie jeden Tag hinausging, um im Bergwald hoch über meinem Haus Zedern zu fällen. Dabei kam ich zu einer öden Stelle, weitab vom üblichen Weg. Nur einige schlanke, hohe Zedern standen am Rande einer kleinen Lichtung, die von dichtem Bambusgebüsch umgeben war. Dort fand ich den Toten.
  Der Mann lag am Rücken. Er war mit einem feinen, hellbraunen Jagdanzug bekleidet und auf seinem Kopf saß steif eine seidene Mütze. Das welke Bambuslaub um ihn herum war von Blut dunkel gefärbt. Der Tote hatte nur eine einzige Wunde, einen Stich tief in der Brust. Sicher lag er schon lange so da, denn es floß kein Blut mehr und die Wunde war bereits getrocknet.
  Ich fand keine Waffe, kein Schwert, keinen Dolch. Nur am Fuße der Zeder lag lose ein Strick und dann, nicht weit entfernt, entdeckte ich den Kamm einer Dame. Es mußte einen heftigen Kampf gegeben haben, denn Laub war abgefallen, Gräser waren zertreten und Blumen geknickt.
  Nein, Pferd habe ich keines gesehen. Nie käme ein Reiter hierher durchs dichte Bambusgebüsch."

5. Wirklichkeit eines Verbrechens

Die Aussage eines Wandergeistlichen

> Des Menschen Geschick
> ein Blatt, vom Windhauch bewegt.
> Wer kann es halten?

"Gestern noch habe ich den Mann gesehen, der nun tot unter der Zeder liegt. Es war schon gegen Mittag, als er zu einer Reise in die nächste Stadt aufbrach. Er ging zu Fuß und führte das Pferd, auf dem seine Frau saß. Ein Schleier, der von einem breiten Hut tief herabfiel, verdeckte ihr Gesicht und das von der Sonne beschienene Kleid leuchtete in der Farbe des Himmels.

Der Mann trug einen Bogen und einen schönen, schwarzlackierten Köcher, in dem mehrere Pfeile steckten. Und er hatte auch ein Schwert bei sich; daran erinnere ich mich genau.

Das Pferd schien mir hoch und schlank und ich denke, daß es die Farbe von Honig hatte. Wie groß es war? Ich glaube so groß wie ich; aber ganz sicher bin ich mir nicht, denn ich habe wenig Ahnung von weltlichen Dingen.

Nichts wußte ich gestern von dem Geschick dieses Mannes. Wie unvorhersehbar ist doch das Leben des Menschen. Ein Hauch nur, der plötzlich verweht."

Die Aussage eines Gerichtsdieners

> Ruchloses Leben,
> von Gier und Mordlust gelenkt,
> zerbricht unerlöst.

"Ja, der Mann, den ich festgenommen habe, ist niemand anderer als der berüchtigte Räuber. Ich fand ihn gestern kurz vor Mitternacht verletzt nahe der steinernen Brücke, die über den Fluß führt. Stöhnend lag er am Boden, während ein ockergelbes Pferd an den grünen Rändern der Straße weidete, die Zügel lang im Staub hinter sich herschleifend. Das Pferd mußte ihn abgeworfen haben.

Vom Sturz betäubt und von Schmerzen gequält, konnte der Räuber nicht entfliehen. Er trug einen dunkelblauen Anzug und hatte ein schmuckbesetztes Schwert bei sich. Außerdem besaß er noch einen Bogen und Pfeile in einem glänzenden, schwarzen Köcher.

Die hatten wahrscheinlich, so wie das Pferd, dem Toten gehört. Es besteht für mich kein Zweifel, daß er der Mörder ist.

Schon einmal war ich nahe daran gewesen, diesen Räuber festzunehmen. Doch er entwischte mir. Diesmal muß er seine gerechte Strafe erhalten.

Der Gefangene ist selbst unter den Räubern, die zur Zeit in der Stadt umherstreifen, als arger und furchtbarer Wüstling verrufen. Man kann sich denken, was der Räuber mit der Frau gemacht hat, nachdem er ihren Ehemann getötet hatte."

Die Aussage einer alten Frau

> Die Blüte gepflückt
> von blinder, grausamer Hand.
> Unendlicher Schmerz.

"Sie fragen mich, warum ich so verzweifelt bin? Wissen Sie es denn nicht? Der Ermordete war der Mann meiner Tochter. Sanft und freundlich war sein Gemüt, und ich kann nicht verstehen, wie er so großen Groll auf sich gezogen hat. Meine Tochter ist erst neunzehn Jahre alt und von zarter, dunkler Schönheit. Doch ihr Wesen ist unnachsichtig und streng. Ich bin sicher, daß sie nie einen anderen geliebt hat als ihren Ehemann.

Gestern erst waren sie aufgebrochen zu einer Reise in die Stadt. Welch schreckliches Schicksal hat sie getroffen! Mein Schwiegersohn getötet und von meiner Tochter keine Spur! Ich bitte Sie, unterlassen Sie nichts, um meine Tochter zu finden.

Wie ich ihn hasse, diesen Räuber! Was er wohl meiner Tochter angetan hat!"

Das Geständnis des Räubers

> Schimmernde Schönheit
> unter wehendem Schleier
> verwandelt die Welt.

"Ja, ich habe den Mann getötet, der im Walde auf der kleinen Lichtung gefunden wurde. Es stimmt, ich bin ein Räuber und keinem

5. Wirklichkeit eines Verbrechens

Raufhandel abgeneigt. Auch nehme ich mir jedes Mädchen, das mir gefällt, durch Verführung oder mit Gewalt.

Gestern zu Mittag traf ich auf ein reisendes Ehepaar. Ein leichter Wind hob den Schleier, der das Gesicht der Frau verhüllte, und ich erblickte ihre zarte Schönheit. Da sprang wie ein Feuer der Wunsch in mir auf, sie zu besitzen.

Ich tat alles, um den Mann zu unterhalten, und stachelte endlich seine Besitzgier auf, indem ich von vergrabenen, wertvollen Schwertern erzählte, die ich ihm zu einem guten Preis verkaufen wollte. Ahnungslos ließ er sich von mir ins Dickicht führen, wo ich ihn überwältigte und an eine Zeder fesselte. Um ihn am Schreien zu hindern, stopfte ich Bambusblätter in seinen Mund.

Dann kehrte ich zu seiner Frau zurück, die am Weg gewartet hatte, und lockte sie mit der Lüge, daß es ihrem Mann nicht gehe, in den dichten Wald. Als sie ihren gefesselten Mann erblickte, zog sie einen Dolch aus ihrem Kleid und stürzte sich wie rasend auf mich. Doch ich faßte ihren Arm mit festem Griff und zwang sie vor mir auf die Knie. Der Dolch entglitt ihrer Hand.

Mit heißen Worten erklärte ich ihr meine Leidenschaft, meinen Wunsch, sie möge mir zu Willen sein. Sie aber wies mich mit abwehrender Geste und scharfen Worten zurück. Verzweifelter Zorn stieg in mir hoch und ich faßte erregt und ungeduldig nach ihr. Die Frau widersetzte sich erbittert. Durch die heftige Bewegung brach die feine Seide ihres Kleides. Als ich den Glanz ihrer weißen Haut sah, konnte ich meine Begierde nicht mehr beherrschen. Hemmungslos warf ich mich auf sie. Sie kämpfte gegen mich an, doch ich spürte, wie unter meinen Küssen allmählich die Lust in ihr erwachte. Vor den Augen ihres Mannes gab sie sich mir hin. Dann verlor sie das Bewußtsein.

Als die Frau wieder zu sich kam, klammerte sie sich an mich und schrie: "Du oder mein Mann, einer muß sterben! Nur ein einziger Mensch darf um meine Schande wissen. Ich will dem gehören, der überlebt." Wild packte mich das Verlangen, den Mann zu töten. Sie mußte meine Frau werden. Nur das konnte ich denken, als ich im halbdunklen Gebüsch ihr glühendes Gesicht und ihre flammenden Augen sah.

Ich löste die Fesseln des Mannes und forderte ihn zum Kampf. Bleich vor Haß erhob er sein Schwert und drang auf mich ein. Der Kampf ging heftig hin und her. Niemand noch hatte gegen mich so lange standgehalten. Doch mit einem letzten, mächtigen Schwertstoß durchbohrte ich ihn. Tief klaffte eine Wunde in seiner Brust, als er zusammenbrach.

Schweratmend und erschöpft wandte ich mich nach der Frau um. Doch die Lichtung war leer, die Frau verschwunden. Ich suchte sie vergeblich zwischen den Zedern, im dichten Bambusgebüsch. Um mich nur Stille und das Röcheln des sterbenden Mannes.

Ich nahm das Schwert, den Bogen und die Pfeile des Toten und verließ schaudernd den Wald.

Die Aussage eines Gefährten des Räubers

> Verhangen und ernst
> der wilde, feurige Blick,
> in Schweigen gehüllt.

"Vor einigen Tagen traf ich spät nachts einen Gefährten, mit dem ich schon manches Abenteuer bestanden hatte. Doch diesmal war er schweigsam und starrte mit düsterer Miene vor sich hin. Als ich in ihn drang, erzählte er mir, was er erlebt hatte:

Er war einem Ehepaar begegnet, das eine Reise in die nächste Stadt unternahm. Die Frau saß verschleiert auf einem Pferd, das ihr Mann führte. Ein leichter Wind bewegte den Schleier, so daß er ihr Gesicht sehen konnte. Der Anblick dieses Gesichtes berührte ihn so sehr, daß ihn ein starkes Verlangen nach dieser Frau erfaßte.

Es gelang ihm, das Paar in den unwegsamen Wald zu locken. Dort überwältigte er den Ehemann, knebelte ihn und fesselte ihn an eine Zeder.

Er hätte sich die Frau nun mit Gewalt nehmen können. Doch etwas in ihm wünschte, sie möge sich ihm freiwillig hingeben. Er versuchte, sie mit verführerischen Worten zu gewinnen, er gestand ihr seine tiefe Verzauberung bei ihrem Anblick. Und während er sprach, fühlte er plötzlich, daß er sie liebte.

Die Frau hörte ihm mit gesenktem Kopf und einem leichten Lächeln zu. Sie schien den Wünschen meines Gefährten geneigt, ja, bereits gewonnen zu sein, und so umarmte und küßte er sie feurig. Sie jedoch wehrte sich, plötzlich von Angst erfaßt, so ungestüm, daß das Kleid zerriß. Der Anblick ihrer Haut, die hell aus der Seide schimmerte, raubte meinem Gefährten jede Beherrschung. Wild und ungeduldig bedrängte er die Frau, die sich gegen ihn aufbäumte. Doch in seiner Umarmung wurde ihr Widerstand nach und nach

5. Wirklichkeit eines Verbrechens

schwächer, bis sie in einer leidenschaftlichen Aufwallung die Arme um ihn schlang und sich in einem zügellosen Taumel hingab.

Ihr Mann hatte all dies mit angesehen und der Blick, den er auf seine Frau richtete, war voll Abscheu, Verachtung und Haß. Als sie diesen Blick sah, verlangte sie schreiend einen Kampf auf Leben und Tod, da nur ein einziger Mensch Zeuge ihrer Schmach sein dürfe. Mein Gefährte band den Ehemann los, der langsam sein Schwert zog. Der Kampf begann, doch der Mann leistete keinen großen Widerstand, so als ob er nicht siegen wollte. Von dem nächsten Schwertstoß ließ er sich tödlich treffen. Die Frau eilte, den Hinsinkenden zu halten, doch er stieß sie von sich.

Nach kurzem Zögern wandte sich mein Gefährte der zu Füßen des Sterbenden kauernden Frau zu, um sie in seinen Armen zu beruhigen. Leicht berührte er ihr Haar, das sich löste. Bei dieser Berührung zuckte sie wie unter einem Schlag zusammen und floh laut schreiend in das Bambusgebüsch. Nebelschwaden umfingen sie und ihre Gestalt verlor sich in den Tiefen des schon dämmrig werdenden Waldes.

Stundenlang war mein Gefährte auf der Suche nach der Frau durch den unwegsamen Wald geirrt. Als ich ihm auf der Straße zur Stadt begegnete, beherrschte ihn nur ein einziger Gedanke: Er mußte die Frau wiederfinden!

Was hat diese Frau aus meinem Gefährten gemacht?"

Bericht eines Waldbewohners

> Dunkles Geschehen,
> in den Tiefen des Waldes,
> von Nebeln verweht.

"Alles habe ich gesehen: Wie der Räuber nach einem Blick auf das Gesicht der Frau den Wunsch in sich wachsen spürte, sie zu besitzen. Wie er sie durchs Bambusgebüsch führte und auf eine Lichtung lockte, nachdem er den Mann zuvor niedergeschlagen und an eine Zeder gefesselt hatte. Die Augen leuchteten in seinem wilden Gesicht, als er grob nach ihr faßte. Die Frau widersetzte sich mit all ihren Kräften, doch der Griff des Räubers wurde nur noch fester. Mit einem höhnischen Lachen stieß er die heftig gegen ihn Ankämpfende zu Boden. Seine gierigen Hände zerrissen ihre seidenen

Gewänder und er überwältigte die hilflos vor ihm im Bambuslaub Liegende mit roher Gewalt.

Sie schrie laut auf und verlor das Bewußtsein.

Als die Frau wieder zu sich kam, kniete der Räuber noch immer über ihr. Es gelang ihr, sich aus seiner Umklammerung zu befreien und dem nahen Wald zuzulaufen. Doch mit einem Satz war der Räuber bei ihr, faßte nach ihrem Haar, das sich löste und über ihren entblößten Rücken fiel. Wie durch einen Zauber berührt, blieb sie stehen, reichte dem Fremden zögernd die Hand und ließ sich von ihm über die Lichtung in den Wald führen. Zurück blieben ein Kamm im Gras nahe der hohen Zeder und der gefesselte Mann, Bambusblätter im offenen Mund.

Verborgen im Bambusgebüsch stand ich noch immer wie gelähmt unter dem Banne des Geschehens, als ich ein leises Stöhnen des Mannes hörte. Langsam und vorsichtig näherte ich mich ihm; ich entfernte den Knebel und zerschnitt mit meinem Jagdmesser seine Fesseln. Er sprach kein Wort. Bleich und mit erloschenen Augen erhob er sich und überquerte mühsam, ohne sich umzuwenden, mit stockenden Schritten die Lichtung. Dann verschwand er im Wald. Ich wagte nicht, ihn zurückzuhalten oder ihm zu folgen."

Die Beichte der Ehefrau in einem Kloster

> Düstere Schatten
> der Verzweiflung, des Todes
> verdunkeln das Selbst.

Unter den wenigen Habseligkeiten, die nach dem Tode des greisen Priesters von seinen Mitbrüdern im Kloster gefunden wurden, befand sich ein Tagebuch, in dem die Beichte einer jungen Frau niedergeschrieben war. Dieses Beweisstück gelangte noch kurz vor Beendigung des Prozesses in die Hand des Richters.

"An einem leuchtenden Sommertag beabsichtigten mein Mann und ich, unsere Verwandten in einem nahegelegenen Städtchen zu besuchen. Wir näherten uns gerade einem kleinen Wald, durch den unser Weg führte, als uns ein Mann, aus einem Seitenweg kommend, begrüßte. Unheimlich und fremdartig erschien er mir mit seiner großen, kräftigen Gestalt und seinem wilden, vollen Haar. Er schloß sich uns an und begann ein Gespräch mit meinem Mann, der das Pferd führte, auf dem ich saß.

5. Wirklichkeit eines Verbrechens

Ich hatte, in Gedanken verloren, nicht auf ihre Reden geachtet, doch überraschend hielten sie an. Sie lenkten das Pferd nun vom breiten Weg ab auf einen schmalen Pfad hinein in den Wald. Die Bäume und Büsche wurden immer dichter, so daß das Pferd schließlich nicht mehr weiterkonnte. Der Fremde erzählte von wertvollen, alten Schwertern und Spiegeln, die er nicht weit von hier vergraben habe und die er uns zum Kauf anbot. Die Männer drangen weiter ins Gebüsch vor, doch ich weigerte mich, vom Pferd zu steigen, und beschloß, hier auf sie zu warten.

Plötzlich erschien der Fremde wieder und bat mich, eiligst mitzukommen, da mein Mann sich nicht wohl fühle. Ich ließ mich von ihm ins Gebüsch führen, um meinem Mann zu helfen. Doch was sah ich dort: meinen Mann hilflos an eine Zeder gefesselt und mit Bambusblättern geknebelt.

Ich zog einen Dolch, den ich immer bei mir trug, aus meinem Kleid. Er glänzte in der Sonne, als ich versuchte, den arglistigen Fremden zu treffen. Doch er schlug mir den Dolch aus der Hand und stieß mich zu Boden. Seine Augen funkelten gefährlich, als er meine Kleider zerriß und sich auf mich stürzte. Ich wehrte mich verzweifelt, doch er hielt mich mit seinen starken Armen fest und vergewaltigte mich vor meinem an die Zeder gefesselten Mann. Da verlor ich das Bewußtsein.

Langsam wich das Dunkel meiner Bewußtlosigkeit und ich sah das erhitzte Gesicht des Fremden über mir. Zitternd vor Angst und Scham schloß ich die Augen. Endlich wagte ich, nach meinem Mann zu sehen. Sein Blick traf mich tief ins Herz: Nicht Mitleid, nein, Verachtung und Abscheu lagen darin. Mir schwanden vor Schmerz die Sinne.

Wie lange ich ohnmächtig gewesen, ich weiß es nicht. Der Fremde war verschwunden, als ich wieder zu mir kam. Ich schleppte mich zu meinem Mann, doch sein Blick war immer noch kalt und Haß schimmerte auf dem Grund seiner Augen. Sterben wollte ich, nur noch sterben. Doch mein Mann hatte meine Schande miterlebt; ihn konnte ich nicht zurücklassen. Das sagte ich ihm, er jedoch sah mich noch immer voll Abscheu an.

Bebend suchte ich das Schwert meines Mannes. Aber ich konnte weder sein Schwert noch seinen Bogen und die Pfeile finden. Endlich entdeckte ich zu meinen Füßen den Dolch, den mir der Fremde entwunden hatte. Den Dolch hoch erhoben rief ich: "Gib mir Dein Leben. Dann folge ich Dir in den Tod!" Sein mit Bambusblättern verschlossener Mund konnte kein Wort hervorbringen, aber seine

Augen sprachen: "Töte mich!" Wie im Traum stach ich ihm einmal zustoßend den Dolch tief ins Herz. Darauf fiel ich erneut in Ohnmacht.

Ich erwachte, als die Dämmerung bereits ihre Schatten auf die Bäume legte. Mein Mann lag, starr und bleich, gefesselt unter der Zeder. Lange schon hatte er seinen letzten Atem ausgehaucht.

Fast erstickt von Tränen nahm ich ihm die Fesseln ab. Mühsam hob ich den Dolch, um mich zu töten. Doch ich hatte keine Kraft mehr. Der Dolch entglitt meiner Hand und fiel ins welkende Gras.

Scham und Verzweiflung trieben mich durch den schon dunkel werdenden Wald. Erschöpft brach ich endlich zusammen und fand mich erst wieder hier in der Kühle dieses Klosters. Nonnen hatten mich gefunden und zu sich genommen. Hätten sie mich doch sterben lassen dort draußen im Wald!

Ach, wie unwirklich erscheint mir nun alles, schemenhaft, wie von Nebeln verhüllt. Haben Träume sich meiner bemächtigt? Nie hätte ich meinem Mann ein Leid angetan! Und doch ist da ein Schmerz in meinem Herzen, brennend und scharf!"

Der Geist des Toten spricht durch den Mund einer Wahrsagerin

> Sanftes Entgleiten
> in die Stille des Todes,
> Versinken im Sein.

"Ich weiß nicht, wie all dies geschehen konnte. Unser freundlicher Reisegefährte versprach mir ein gutes Geschäft mit im Walde vergrabenen, alten Spiegeln und Schwertern. Als Kaufmann war mein Interesse leicht geweckt. Ich folgte ihm durchs dichte Gebüsch zu einer kleinen Lichtung, während meine Frau auf ihrem Pferde sitzen blieb und wartete. Plötzlich traf mich unerwartet ein kräftiger Schlag an der Schläfe und ich verlor das Bewußtsein. Als ich wieder zu mir kam, fand ich mich hilflos an eine Zeder gefesselt, den Mund mit Bambusblättern geknebelt.

Nach kurzer Zeit erschien der Fremde wieder zwischen dem Bambusgebüsch und führte meine Frau auf die Lichtung. Wie sie mich so gefesselt sah, zog sie einen kleinen Dolch aus ihrem Kleid und bedrohte damit den Fremden. Er entriß ihr den Dolch und warf ihn ins Gras. Heftig redete er auf sie ein, sie jedoch hob flehend

5. Wirklichkeit eines Verbrechens

und abweisend die Hände. Plötzlich riß er ihr wütend mit grobem Griff die Kleider vom Leib. Voller Entsetzen wehrte sich meine Frau, doch vergeblich. Seine Arme umklammerten sie, bis sie erschöpft zu Boden sank. Vor meinen von Ohnmacht und Haß verdunkelten Augen ergab sie sich willenlos dem Drängen des Fremden.

Nachdem der Räuber meiner Frau Gewalt angetan hatte, begann er die Verzweifelte zu trösten. An die Zeder gefesselt und den Mund mit Bambusblättern geknebelt, konnte ich nur mit meinen Blicken zu ihr sprechen. Der Räuber versuchte, sie zu überreden, nun da sie sich ihm einmal hingegeben habe, mit ihm zu gehen und mit ihm weiterzuleben. Ja, er hatte die Unverschämtheit, ihr zu sagen, daß er sie liebe. Da schaute meine Frau zu ihm auf und ihr Gesicht erblühte in einer Schönheit, wie ich sie noch nie an ihr gesehen hatte. Und sie sagte: "Nimm mich mit, wohin Du auch willst." Lächelnd und traumverloren wollte sie mit dem Fremden Hand in Hand die Lichtung verlassen, als sie mich erblickte und grell zu schreien begann: "Töte ihn, ich kann nicht mit Dir gehen, wenn er am Leben bleibt!"

Bei diesen Worten wurde selbst der Räuber bleich. Er stand vor mir, groß und ruhig, und fragte mich: "Was willst Du, daß mit Deiner Frau geschehe? Soll ich sie töten?" Ich zögerte, da stieß meine Frau einen gellenden Schrei aus und floh in den Wald.

Der Räuber nahm mein Schwert, den Bogen und die Pfeile und näherte sich mir. Er schnitt meine Fesseln auf und verschwand darauf im dichten Bambusgebüsch. Zurück blieben eine unerträgliche Stille und ein Schluchzen, das ich als das meine erkannte. Mühsam erhob ich mich. Vor mir im welken Gras blinkte der Dolch meiner Frau. Mit ihm stach ich mir mitten ins Herz.

Die Stille um mich wurde noch größer. Einzelne Strahlen der Sonne umspielten die Kronen von Zeder und Bambus. Es dämmerte schon tief, als jemand den Dolch aus meinem Herzen zog. Blut quoll aus der Wunde und ich sank hinab in die Schwärze der ewigen Nacht."

*

Was ist wirklich geschehen damals unter den hohen Zedern, umgeben von dichtem Bambusgebüsch? Wo findet sich die Wahrheit dieses Verbrechens?

> Wie seltsam hat sich das im Wald Erlebte und Erlittene verwandelt, sind aus der Tiefe der Menschen geheimnisvoll Bilder erwachsen, die sich nicht gleichen, die einander fremd sind.
> Wahrheit, Wirklichkeit - in welchem Bild eine Spur? Gibt es die Wahrheit, die *eine Wahrheit*? *Oder ist die Wahrheit immer eine von vielen Wahrheiten, die in jedem Bild ein anderes Gesicht hat, aus jedem Bild anders klingt?*

Vergewaltigung und Tod

Eine Vielfalt von Wirklichkeiten hat sich vor unseren Augen aufgetan. Jeder dieser Menschen hat das Verbrechen in anderer Weise erfahren, jeder hat das Erlebte zu einem anderen Bild verknüpft.

Will ein Gericht im Laufe einer Gerichtsverhandlung ein Verbrechen analysieren, um zu einem abschließenden Urteil zu gelangen, müssen vorerst die Aussagen der Beteiligten und Beobachter, sowie die allenfalls aufgefundenen Beweisstücke und Indizien hierfür herangezogen werden. Viele Tatsachen, die für die Klärung eines Falles von Bedeutung sind, wird man zueinander in Beziehung setzen. Viele Tatsachen sind es, die miteinander verbunden dann das endgültige Bild ergeben, auf Grund dessen der Richter seinen Urteilsspruch fällt.

Dieses Verbrechen, das, wie die Rahmenhandlung sagt, vor 200 Jahren begangen worden ist, hat das Gericht vor eine äußerst schwierige Aufgabe gestellt. Die Personen haben in ihren Zeugenaussagen nämlich sehr unterschiedliche Schilderungen des Hergangs zu Protokoll gegeben. Was ihnen widerfahren ist, ihre erlebten Wirklichkeiten, stehen teilweise in krassem Gegensatz zueinander.

Die Erzählung handelt von der Vergewaltigung einer Frau und dem Tod ihres Ehemannes. Davon ist in fast allen Zeugenaussagen die Rede und sie scheinen auf den ersten Blick

5. Wirklichkeit eines Verbrechens

auch übereinzustimmen. Doch bei genauem Hinhören gewinnt man den Eindruck, daß die Zeugen nicht von demselben Geschehen sprechen. Das Erlebte und das Geschaute weisen unterschiedliche Schattierungen auf, haben unterschiedliche Bedeutungen. Diese unterschiedlich schattierten Tatsachen können aber nicht zu ein und derselben Wirklichkeit vernetzt werden, sondern führen nach ihrer Verknüpfung immer auch zu unterschiedlichen Wirklichkeiten.

Es ist interessant zu sehen, wie nach anfänglicher Übereinstimmung der Zeugenaussagen die Berichte ab der Fesselung des Ehemannes auseinander gehen.

Die Vergewaltigung ist der zentrale Punkt des Geschehens, der alle weiteren Handlungen auslöst. Aus den Zeugenaussagen ergibt sich der Eindruck, daß diese Vergewaltigung nicht immer als solche erlebt wurde.

Sowohl der Räuber als auch der Gefährte des Räubers sprechen davon, daß sich die Frau hingegeben habe, wobei es sich nach den Worten des Gefährten sogar um eine leidenschaftliche und zügellose Hingabe gehandelt haben soll. Der Waldbewohner und die Frau hingegen berichten übereinstimmend von einer brutalen Vergewaltigung. Der Mann muß tatenlos zusehen, wie seine Frau sich verzweifelt gegen den Räuber wehrt, bis sie sich dann scheinbar willenlos ergibt.

War die Frau nicht mehr fähig, sich zu verteidigen, oder gab sie von sich aus dem Drängen des Fremden nach? Der Ehemann scheint letzteres für zutreffend zu halten.

Die ursprünglich eindeutig erscheinende Tatsache der Vergewaltigung stellt sich für die Beteiligten in ihren erlebten Wirklichkeiten also ganz unterschiedlich dar.

Die Aussagen über das Geschehen danach driften noch weiter auseinander. Die Schilderung des Räubers und seines Gefährten stimmen darin überein, daß die Frau einen Zweikampf verlangt hat. Die Frau berichtet, daß sie nach der Vergewaltigung das Bewußtsein verlor.

Der Waldbewohner hingegen erzählt von einem Fluchtversuch der Frau und der Ehemann erlebt fassungslos eine Verwandlung seiner Ehefrau:

> Aussage des Waldbewohners:
> "Doch mit einem Satz war der Räuber bei ihr, faßte nach ihrem Haar, das sich löste und über ihren entblößten Rücken fiel. Wie durch einen Zauber berührt, blieb sie stehen, reichte dem Fremden zögernd die Hand und ließ sich von ihm über die Lichtung in den Wald führen."

> Schilderung des Mannes:
> "Ja, er hatte die Unverschämtheit, ihr zu sagen, daß er sie liebe. Da schaute meine Frau zu ihm auf und ihr Gesicht erblühte in einer Schönheit, wie ich sie noch nie an ihr gesehen hatte."

In beiden Fällen beobachten wir hier das Kippen einer Wirklichkeit. Die Wirklichkeit der Vergewaltigung zerbricht im Blick des Waldbewohners und wird zur Wirklichkeit einer Verzauberung. Der Ehemann erfährt in seiner Wirklichkeit, wie die Worte des Räubers die Wirklichkeit des brutalen Vergehens verdrängen. Durch das Liebesgeständnis des Räubers versinkt die Frau in einer anderen Wirklichkeit. Was zuvor geschehen, läßt sie weit hinter sich.

Die Wirklichkeiten haben sich in beunruhigender Weise divergierend auseinander entwickelt.

Die Todesursache ist aus den Zeugenaussagen nicht eindeutig zu ermitteln.

Der Räuber und der Gefährte erzählen von einem Zweikampf, der mit dem Tod des Ehemannes endet, wobei der Zweikampf einmal heftig und erbittert geführt wurde, im Bericht des Gefährten dagegen der Mann den Tod zu suchen schien. Irrt sich hier der Räuber oder der Gefährte des Räu-

5. Wirklichkeit eines Verbrechens

bers? Welche Wirklichkeit hat sich da in so kurzer Zeit unbemerkt verschoben?

In dem Bericht des Waldbewohners löst dieser, nachdem der Räuber die Lichtung verlassen hat, die Stricke des Gefesselten.

> Aussage des Waldbewohners:
> "Er sprach kein Wort. Bleich und mit erloschenen Augen erhob er sich und überquerte mühsam, ohne sich umzuwenden, mit stockenden Schritten die Lichtung. Dann verschwand er im Wald."

Verzweifelt hat die Frau nach der Vergewaltigung nur noch den Wunsch, sich zu töten. Ihren Ehemann kann und will sie als Zeugen ihrer Schande aber nicht zurücklassen und sie ersticht ihn. Danach fehlt ihr die Kraft zum Selbstmord.

Aus den Worten des Mannes geht hervor, daß seine Frau bereit ist, mit dem Räuber zu gehen. Sie verlangt jedoch von ihm, ihren Ehemann zuvor zu töten. Darüber ist sogar der Räuber entsetzt und bietet sich an, die Frau zu ermorden. Die Frau flieht und der allein zurückbleibende Ehemann gibt sich selbst den Tod.

> Schilderung des Mannes:
> "Zurück blieben eine unerträgliche Stille und ein Schluchzen, das ich als das meine erkannte. Mühsam erhob ich mich. Vor mir im welken Gras blinkte der Dolch meiner Frau. Mit ihm stach ich mir mitten ins Herz."

Die Tatsache des Todes des Mannes, die anfangs wie ein eindeutiger Mord aussieht, hat in den Wirklichkeiten der einzelnen Menschen ein unterschiedliches Gesicht. In jeder Zeugenaussage ist es ein anderer Tod, den der Mann gestorben ist. Nur ein einziger Mord ist geschehen und den hat die Frau an ihrem Ehemann begangen. Zuletzt ist nicht einmal mehr sicher, ob es überhaupt einen Mord gegeben hat.

Wie konnte es zu Aussagen kommen, die in solch starkem Gegensatz zueinander stehen. Viele Tatsachen sind es, die miteinander verknüpft eine Wirklichkeit ergeben und eine kleine Differenz in der Bedeutung der einzelnen Tatsachen führt bereits zu einem Bild, das in eine ganz andere Richtung weist. Unterschiedliche Zugangs- und Erlebnisweisen können unterschiedliche Wirklichkeiten hervorbringen, die dann fremd und inkompatibel nebeneinander stehen.

Jeder dieser an dem Geschehen beteiligten Menschen hat das Erlebte, das Geschaute und das Erlittene zu seinem je eigenen Bild, zu seiner je eigenen Wirklichkeit verwoben. Viele voneinander unabhängige, unterschiedliche Wirklichkeiten sind sichtbar geworden.

6
VERWANDLUNG VON WIRKLICHKEITEN

6. Verwandlung von Wirklichkeiten

Verwandlung von Wirklichkeiten
    Siddhartha. Eine indische Dichtung
        Die Brahmana-Welt
        Die Samana-Welt
        Die Buddha-Welt
        Die Menschenkinder-Welt
        Am Fluß

Verwandlung von Wirklichkeiten

Im vorangegangenen Kapitel wurde an einem Beispiel, welches ursprünglich aus der japanischen Literatur stammte, gezeigt, daß Menschen, die an einem Geschehen Anteil haben, dieses in unterschiedlicher Weise erfahren und erleben können. Es kann also vorkommen, daß sich mehrere Menschen vom betreffenden "Geschehen" - was ist das jetzt eigentlich? - unterschiedliche Wirklichkeiten bilden. Jeder sieht die Sache zumindest in Nuancen anders.

Ist auch der umgekehrte Fall zu beobachten? Ich meine, daß einem *einzigen* Menschen zeitlich nacheinander *mehrere*, unterschiedliche Wirklichkeiten gegenüberstehen? Man bemerkt sofort, daß dieses Phänomen sehr oft auftritt, ja daß man es auch selbst immer wieder erfahren hat. Man braucht nur an die Wirklichkeit zu denken, die man als Kind vor sich gesehen hat, und wie sie sich mit den Jahren verändert hat. Die menschliche Entwicklung ist ohne einen Wandel der sichtbaren Wirklichkeiten gar nicht denkbar. Und jedes Stadium der Wirklichkeit, in dem man gestanden ist, hat man sehr ernst genommen, man hat in dieser Wirklichkeit ja auch gehandelt. Manche dieser Handlungen, die man da früher gesetzt hat, sind einem vielleicht heute unverständlich, aber aus der damaligen Sicht gesehen, waren sie notwendig und wichtig.

Dieses Durchschreiten von Wirklichkeiten im Lauf eines Lebens ist in der Literatur oft thematisiert worden. Für mich war Hermann Hesses *Siddhartha*[1] in dieser Hinsicht immer ein ganz wesentliches Buch, weil er hier auch das Suchen nach dem Seinsgrund in seiner schwebenden dichterischen Sprache besonders eindrucksvoll dargestellt hat. In verschiedene Welten, verschiedene Wirklichkeiten ist Siddhartha eingetaucht, bis er zuletzt die Tiefe des Seins in einer nach innen gewandten Schau erfahren hat.

Hesse läßt seinen Siddhartha den damals lehrenden Buddha begegnen, doch er blieb nicht als Schüler bei ihm. Die Worte,

---

[1] HESSE H. [Siddhartha]

6. Verwandlung von Wirklichkeiten

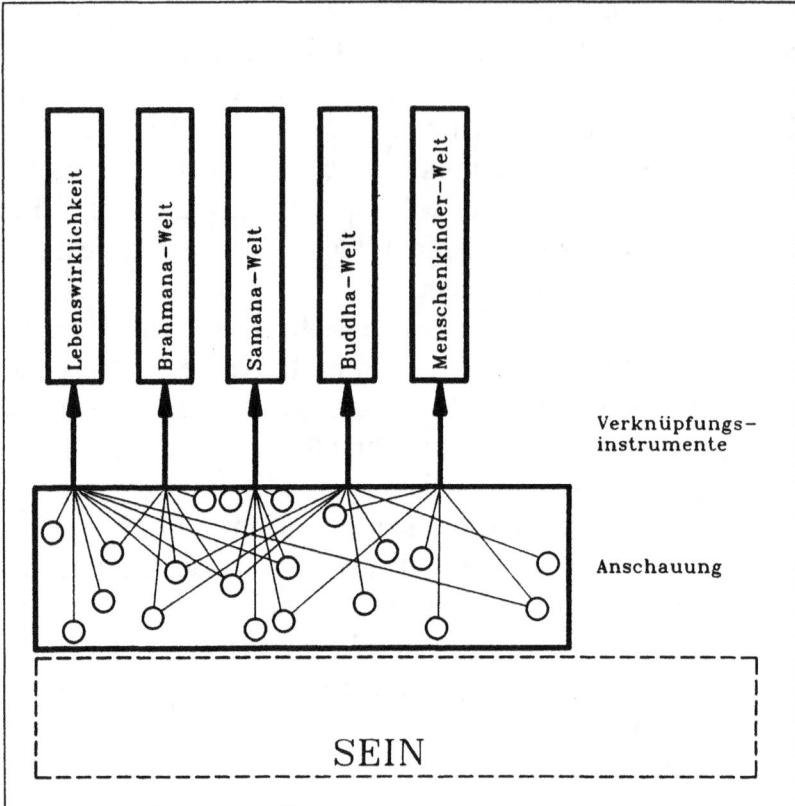

Eine eindrucksvolle Erzählung über die Verwandlung von Wirklichkeiten hat Hermann Hesse in seinem Buch *Siddhartha* geschrieben. Der suchende Brahmanensohn durchläuft verschiedene Stationen von Wirklichkeiten, bis er zuletzt ihre Bildhaftigkeit erkennt.

Abbildung 1

die Siddhartha bei seinem Weggehen zu Buddha sagte, lassen erkennen, daß er den Weg zur Erleuchtung nicht als einen Weg *in* einer Wirklichkeit auffaßte, sondern als einen Weg *aus* der Wirklichkeit heraus, in die Tiefe, als Versinken im Sein. Siddhartha spricht bei Hesse zu Buddha:

> "Du hast die Erlösung vom Tode gefunden. Sie ist dir geworden aus deinem eigenen Suchen, auf deinem eigenen Wege, durch Gedanken, durch Versenkung, durch Erkenntnis, durch Erleuchtung. Nicht ist sie dir geworden durch Lehre! *Und - so ist mein Gedanke, o Erhabener - keinem wird Erlösung zuteil durch Lehre! Keinem, o Ehrwürdiger, wirst du in Worten und durch Lehre mitteilen und sagen können, was dir geschehen ist in der Stunde deiner Erleuchtung!* Vieles enthält die Lehre des erleuchteten Buddha, viele lehrt sie, rechtschaffen zu leben, Böses zu meiden. Eines aber enthält die so klare, die so ehrwürdige Lehre nicht: sie enthält nicht das Geheimnis dessen, was der Erhabene selbst erlebt hat, er allein unter den Hunderttausenden. Dies ist es, was ich gedacht und erkannt habe, als ich die Lehre hörte. *Dies ist es, weswegen ich meine Wanderschaft fortsetze - nicht um eine andere, eine bessere Lehre zu suchen, denn ich weiß, es gibt keine, sondern um alle Lehren und alle Lehrer zu verlassen und allein mein Ziel zu erreichen oder zu sterben.*" [2]

Hesses Dichtung ist von I. Wertner nacherzählt worden und ich glaube, daß diese kurze Erzählung das Durchschreiten von Wirklichkeiten im Lauf des Lebens sehr gut darstellt. Die Abbildung 1 zeigt in gewohnter Weise die unterschiedlichen Stationen, die hier von Siddhartha durchlaufen werden. Zuletzt besinnt er sich auf sein Selbst und steht, wie wir es sagen würden, jenseits von Wirklichkeiten.

---

[2] HESSE H. [Siddhartha, Seite 31 - 32]. Hervorhebung von mir.

6. Verwandlung von Wirklichkeiten

Siddhartha
Eine indische Dichtung[3]

"Im Schatten des Hauses, in der Sonne des Flußufers bei den Booten, im Schatten des Salwaldes, im Schatten des Feigenbaumes wuchs Siddhartha auf, der schöne Sohn des Brahmanen, der junge Falke, zusammen mit Govinda, seinem Freunde, dem Brahmanensohn."

So beginnt Siddhartha von Hermann Hesse, eine Dichtung, die uns in das ferne Indien zur Zeit des Wirkens von Gotama Buddha führt und das Leben Siddharthas, des Brahmanensohnes, vor unseren Augen ausbreitet.

Auf seiner Suche nach Erkenntnis, nach dem Atman, dem Einssein mit dem Letzten, Unaussprechlichen, lernt Siddhartha viele Wirklichkeiten kennen: Die Welt der Brahmanen, das Leben in strenger Askese bei den Samanas in den Wäldern, die erlösende Lehre des Erleuchteten, Gotama Buddha. Aber er lernt auch die Welt der Kindermenschen, der Kaufleute, Politiker, der Reichen und Müßiggänger, kennen, ja zuletzt wird er fast einer der ihren. Und er begegnet der schönen Kamala, die ihn die wunderbare Kunst der Liebe lehrt. In keiner dieser Welten findet er Antwort auf sein suchendes Fragen. Zuletzt, beglückt in der Nähe Kamalas und erfolgreich als Kaufmann, ist dieses Fragen beinahe verstummt. Bis er eines Tages Ekel vor sich und seinem den Sinnen hingegebenes Leben empfindet und, seinen Reichtum wie eine dunkle Last von sich werfend, der Stadt entflieht. An den Wassern eines breiten, ruhig dahinfließenden Stromes fällt alles, was ihn gehalten, von ihm ab. Dem Flusse lauschend, beginnt er zu erwachen. Nichts spricht mehr aus den vergangenen Welten zu ihm, nur der Fluß spricht. Er versinkt im Anschauen des Fließenden, das alle Welt in sich einschließt, aufhebt und ins Zeitlose gleiten läßt.

Die Brahmana-Welt

Hineingeboren in die oberste Kaste der Hindus, die seit ältesten Zeiten in Indien eine hervorragende Stellung als Priester, Dichter, Gelehrte und Politiker einnehmen und großes religiöses Ansehen

---

[3] WERTNER [Siddhartha]

genießen, wächst der Knabe auf. Willig und freudig nimmt er an den heiligen Waschungen, den heiligen Opfern teil. Aufmerksam lauscht er den Reden seines Vaters, den Lehren der Gelehrten und läßt jedes Wort der Weisen tief in sich einfließen. Schon versteht er das Wort der Worte, Om, zu sprechen und ahnt im Inneren seines Wesens Atman, unzerstörbar und eins mit dem Weltall. Voll Freude sieht der Vater einen großen Weisen und Priester heranwachsen. Liebevoll betrachtet die Mutter den Starken, den schönen Sohn, und Liebe rührt sich auch in den Herzen der jungen Brahmanentöchter beim Anblick Siddharthas. Aber am meisten geliebt wird Siddhartha von Govinda, seinem Freund, der ihn für seinen Geist, seine hohen Gedanken und seinen glühenden Willen bewundert und ihm nachzueifern trachtet. Von allen wird Siddharta geliebt, allen ist er zur Freude.

Doch Siddhartha, von allen geliebt, empfindet keine Freude im Herzen. Rastlose Gedanken, dunkle Träume und Ruhelosigkeit der Seele bedrücken sein Leben. Er spürt, daß die weisen Brahmanen ihm von ihrer Weisheit schon das meiste mitgeteilt haben. Aber sein Geist ist nicht begnügt, seine Seele ist nicht ruhig, sein Herz nicht gestillt. Wo ist Atman, das Einswerden mit dem Sein, zu finden, wo schlägt sein ewiges Herz? Im eigenen Selbst, im Innersten, im Unzerstörbaren, das ein jeder in sich trägt! Aber wo ist dieses Selbst, dieses Innerste, dies Letzte? Dorthin zu dringen, zum Atman, ist sein sehnlichster Wunsch. Und niemand zeigt ihm den Weg, niemand weiß ihn, nicht der Vater, nicht die Lehrer und Weisen. Suchende sind sie alle, die ehrwürdigen Brahmanen, die Wissenden. Ist Atman in ihm, fließt es in seinem Herzen? Das ist Siddharthas Frage. Atman zu finden, ist sein Durst, sein Leiden.

Die Samana-Welt

Drei dürre, von der Sonne versengte Männer, pilgernde Asketen, ziehen eines Tages durch die Stadt; Fremdlinge, Samanas, umweht von einer stillen Leidenschaft, mit staubigen, blutigen Schultern von zerstörendem Dienst. Bei ihrem Anblick erwacht in Siddhartha der Wunsch, so wie diese alles hinter sich zu lassen und ihnen in Armut zu folgen. Vielleicht findet er in ihrem strengen Leben Antwort auf sein rastloses Fragen.

Siddhartha bittet seinen Vater, ihn fort in die Wälder gehen zu lassen. Schwer fällt dem Vater die Entscheidung. Nach einer langen

6. Verwandlung von Wirklichkeiten

Nacht voll Unruhe, Zorn und Leid blickt der Vater in Siddharthas Augen und weiß, daß sein Sohn schon jetzt nicht mehr bei ihm weilt, daß er ihn schon verlassen hat, und er gewährt ihm voll Trauer den erbetenen Abschied.

Als Siddhartha sich im ersten Licht des anbrechenden Tages auf den Weg macht, tritt Govinda zu ihm. Angst hat Govinda beim Entschluß seines geliebten Freundes erfaßt, doch schicksalhaft fühlt er sich ihm verbunden. Siddharthas Weg ist auch der seine.

Bald haben die Freunde die Asketen eingeholt. Sie werden aufgenommen und unterwerfen sich deren strengen Geboten. Viele Tage, viele Wochen fastet Siddhartha, seine Haare, sein Bart wachsen verwildernd, die Augen flackern dunkel aus dem hageren Gesicht. Viel lernt Siddhartha bei den Samanas. Er lernt die Welt verachten, die Frauen, die Fürsten, die Liebenden, die Mütter - alles ist Lüge, alles nur Täuschung, alles Qual und Verwesung. Er lernt seinen Atem sparen, seinen Herzschlag lenken, den Hunger, den Durst, den Schmerz überwinden. In der Versenkung nimmt Siddhartha den vorbeifliegenden Reiher in seine Seele auf, wird selbst Reiher, fliegt den Reiherflug, stirbt den Reihertod. In tausend fremde Gestaltungen gleitet sein Ich, wird Tier, Erde, Sonne und Stern. Und wird jedesmal wieder Ich, suchend und dürstend.

Siddhartha findet nur kurze Betäubung in seinen Übungen und Versenkungen. Weit weg fühlt er sich von Weisheit und Erlösung, fühlt sich im Kreise gehen, der Erkenntnis nicht nähergekommen. In ihm wächst die Ahnung, daß der Weg zur Erkenntnis nicht gelehrt werden kann. Es gibt nur ein tiefes Wissen, Atman, und das Wissenwollen, das Lernen ist sein größter Feind. Siddhartha erkennt, daß er das Wesentliche, den Weg der Wege, bei den Asketen nicht finden wird. Er weiß, bald wird er den Pfad der Samanas verlassen. Zorn erfaßt den Ältesten der Asketen, als Siddhartha und Govinda ihm ihren Entschluß mitteilen. Doch Siddhartha bannt ihn mit der Kraft seines Willens, und der Alte läßt stumm, mit segnender Hand, die Jünglinge ziehen.

Die Buddha-Welt

Schon als Siddhartha und Govinda noch bei den Samanas lebten, war die Kunde zu ihnen gedrungen, daß einer erschienen sei: Gotama, der Erhabene, der Buddha, der das Leid der Welt überwunden und das Rad der Wiedergeburten zum Stehen gebracht hat. Heimatlos und besitzlos zieht er im gelben Mantel, von Jüngern umgeben, lehrend durch das Land. Fürsten und Brahmanen beugen sich ehrfurchtsvoll vor ihm und werden seine Schüler.

Stark ist Govindas Verlangen, Buddhas Lehre kennen zu lernen, und Siddhartha, obwohl mißtrauisch und müde gegenüber Lehre und Lehrern, ist dennoch bereit, seinen Freund zu begleiten.

In einem Hain nahe der großen Stadt weilt Buddha, der Erhabene, und jeden Tag versammeln sich mehr Jünger um ihn. Die Freunde sehen, wie des Morgens die Mönche in ihren gelben Kutten mit der Almosenschale ausziehen, um Nahrung für das Mittagsmahl zu sammeln, unter ihnen auch Buddha. Und Siddhartha erkennt ihn sofort. Still, in Gedanken versunken, scheint er nach innen zu lächeln, sein Schritt, sein Blick, jede Bewegung sprechen von Friede, Vollkommenheit und Ruhe. Siddhartha spürt zutiefst berührt, dieser ist wahrhaftig, ein heiliger Mann. Nie noch hat er einen Menschen so verehrt, so geliebt.

Am Abend im Schatten der Bäume hören Siddhartha und Govinda Buddha lehren. Mit sanfter Stimme spricht er von der Lehre des Leidens: Voll Leid ist die Welt, aber wer den Weg Buddhas geht, dem wird Erlösung zuteil. Wie ein Licht schwebt seine Stimme im Dämmer über den Hörenden. Viele wünschen, in die Gemeinschaft aufgenommen zu werden. Und Govinda, der treue, scheue Freund, erhebt sich und bittet wie die anderen um Aufnahme. Immer ist Govinda einen Schritt hinter Siddhartha gegangen. Nun hat er seinen Weg allein gewählt, ist Mann geworden. Voll Trauer muß Govinda aber erkennen, daß er Siddharta mit diesem Entschluß verloren hat. Denn Siddhartha wird seine Zuflucht nicht zu Buddhas Lehre nehmen. Er weiß klar in seinem Inneren, daß Buddha das Geheimnis dessen, was er selbst erlebt hat, seine Erleuchtung, keinem mitteilen kann. Keinem wird Erlösung durch die Lehre zuteil. Nur durch eigenes Suchen, auf dem eigenen Weg, durch Versenkung ist Erleuchtung, ist Erlösung vom Tode zu finden. Weiterziehen will Siddhartha und alle Lehrer, alle Lehren verlassen. Mit einem Lächeln und einer kaum wahrnehmbaren Geste verabschiedet ihn Buddha. Beraubt fühlt sich Siddhartha durch ihn, beraubt seines geliebten Freundes, aber mehr noch beschenkt. In der Begegnung mit Buddha ist Siddhartha sich selbst geschenkt worden.

6. Verwandlung von Wirklichkeiten

Die Menschenkinder-Welt

Mit einem befreienden Gefühl des Erwachens aus langen Träumen verläßt Siddhartha den schattigen Hain. Voll Freude erblickt er die Welt, als sähe er sie zum ersten Mal. Nichts ist mehr sinnlose, zufällige Vielfalt der Erscheinungswelt, nichts mehr ist der Schleier Majas. Sinn und Wesen sieht er nicht mehr irgendwo hinter den Dingen, sondern in ihnen selbst und in allem. Und plötzlich fühlt er, daß alles von ihm abgefallen ist. Nur noch Siddhartha ist er, er selbst, nicht mehr Brahmanensohn von hohem Stand, nicht mehr Asket in den Wäldern und auch nicht Jünger Buddhas, des Erleuchteten. Einen Atemzug lang friert sein Herz, fühlt er sich heimatlos. Doch aus der Kälte und Einsamkeit taucht Siddhartha empor, mehr er selbst als zuvor, fester geballt.

Anders erlebt Siddhartha nun die Welt, als er seinen Weg fortsetzt. Sie scheint verwandelt, leuchtet tausendfach in nie geahnter Schönheit.

Einmal findet Siddhartha Aufnahme und erfrischenden Schlaf in der Hütte des Fährmannes Vasudeva an einem großen und ruhig dahinströmenden Fluß. Vasudeva setzt ihn am nächsten Morgen mit seiner Fähre über den breiten Strom, doch außer Dank kann Siddhartha ihm keinen Lohn geben. Zur Mittagszeit erreicht Siddhartha auf seiner Wanderung eine große Stadt. Vor einem schattigen Hain am Rande der Stadt sieht er einen Troß von Dienern und in ihrer Mitte in einer Sänfte auf roten Kissen unter buntem Sonnendach eine schöne Frau mit dunklen, klugen Augen in einem hellen, zarten Gesicht. Schlank wächst ihr Hals aus der grünen Seide ihres Kleides und goldene Reifen glänzen an ihren feinen Gelenken. Siddhartha sieht ihre Schönheit und sein Herz lacht. Tief verneigt er sich und mit einem Lächeln nickt grüßend die schöne Frau. Bald erfährt er, daß er Kamala begegnet ist, der berühmten Kurtisane. Am nächsten Nachmittag schon wartet er gebadet und gekämmt vor dem Tor und ersucht, zu Kamala vorgelassen zu werden. Auf einem Ruhebett liegend empfängt ihn die Kurtisane und der Hauch von einem Duft, den er noch nie geatmet hat, nimmt ihn gefangen. Laut lacht Kamala, als Siddhartha ihr gesteht, daß er gekommen sei, um von ihr die Kunst der Liebe zu lernen. Noch nie hat ein Samana mit langen Haaren und zerrissenen Kleidern das von ihr gewünscht. Doch kein Armer findet Gnade vor Kamalas Augen. Schön gekleidet muß er sein und Geschenke muß er bringen, viele Geschenke. Und Siddhartha ist sofort bereit, eine Stelle bei einem reichen Kaufmann in der Stadt anzunehmen, um all die Dinge erwerben zu können, die Kamala wünscht.

Viel Neues lernt Siddhartha in den Jahren kennen, die er nun bei den Kindermenschen verbringt. Er hört viel, spricht wenig und zwingt den Kaufmann, ihn als seinesgleichen anzuerkennen. Das Geschäftsleben betrachtet Siddhartha wie ein Spiel, dessen Regeln er zu erlernen trachtet, dessen Inhalt aber sein Herz nicht berührt.

Und täglich besucht er Kamala, die Schöne, Kluge. Wunderbares lehrt ihn ihr roter Mund, ihre zarte Hand. Sie lehrt ihn, der in der Liebe noch ein Knabe ist, daß man Lust nicht nehmen kann, ohne Lust zu geben und daß jede Berührung, jede kleine Stelle des Körpers ihr tiefes Geheimnis hat. Beglückende Stunden erlebt Siddhartha bei Kamala, er wird ihr Schüler, ihr Geliebter, ihr Freund. Der Wert und Sinn seines jetzigen Lebens liegen hier bei Kamala, in ihren zärtlichen Armen.

Bei den Geschäften hat Siddhartha eine erfolgreiche Hand. Er vermehrt das Vermögen des Kaufmannes und wird selbst dabei reich. Bald besitzt er ein eigenes Haus, einen Garten vor der Stadt und seine eigene Dienerschaft. Gewinn oder Verlust nimmt er gelassen, gleichgültig an. Wie von außen betrachtet er die Menschen, die sich in ihre Begierden und kleinen Nöte verstricken. Zuweilen spürt Siddhartha tief in seiner Brust eine leise Stimme. Dann wird ihm für kurze Zeit bewußt, welch seltsames Leben er führt, ein Leben wie ein Spiel.

Niemand steht ihm nahe außer Kamala. Sie ist anders als die anderen. Sie ist ganz sie selbst, ist nur Kamala. In ihr ist eine Stille und Zuflucht, in die sie eingehen kann. Kamala gleicht Siddhartha und beide gehören sie nicht zu den Kindermenschen.

Viele Jahre durchlebt Siddhartha das Leben der Welt und seine bei den Samanas abgetöteten Sinne sind wieder erwacht, kosten Reichtum, Wollust, Macht. Doch Kamala, seine Geliebte, spürt, daß er tief in seinem Herzen immer ein Samana, ein Suchender geblieben ist.

Leise nur mehr rauscht die heilige Quelle in ihm. Langsam und unmerklich nimmt Siddhartha etwas von der Art der Kindermenschen an, in seinem Gesicht zeigen sich Züge von Überdruß, Mißmut und Lieblosigkeit. Schwer senkt sich dieses Leben auf seine Seele. Die Welt hat ihn eingefangen, die Trägheit, die Lust, die Begehrlichkeit.

In der sanften Luft eines stillen Abends sitzen Siddhartha und Kamala im Hain unter Bäumen im Gespräch über Buddha, sein Lä-

6. Verwandlung von Wirklichkeiten

cheln, sein friedvolles Leben. Trauer und Müdigkeit verbergen sich hinter Kamalas nachdenklichen Worten, daß vielleicht auch sie einmal dem Erleuchteten folgen werde. An diesem Abend liebt sie Siddhartha unter Tränen mit schmerzlicher Inbrunst und Siddhartha fühlt tief, wie nahe die Wollust dem Tode verwandt ist.

In sein Haus zurückgekehrt, verbringt er die verbleibende Nacht mit Tänzerinnen, Wein und dem Würfelspiel. Ein Traum schreckt ihn aus heißem, kurzem Schlaf und läßt ihn über sein wertlos und sinnlos geführtes Leben verzweifeln. Wo ist die Stimme, die er immer in seinem Inneren gehört hat und die ihn geführt? Lange hat er sie nicht mehr vernommen. In all den Jahren unter den Kindermenschen hat er versucht, ihr Spiel mitzuspielen und ist elender und verarmter gewesen als sie. Plötzlich wird ihm bewußt, daß das Spiel zu Ende ist, daß er es nicht mehr spielen kann. Ein Schauder läuft über ihn hin und er fühlt, daß in seinem Inneren etwas gestorben ist.

Am selben Morgen noch verläßt Siddhartha seinen Garten, sein Haus, verläßt er die Stadt. Lange sucht der Kaufmann nach ihm. Nur Kamala läßt nicht nach ihm suchen. Hat sie nicht immer gewußt, daß Siddhartha, der Heimatlose, einmal wieder von ihr gehen wird? Von diesem Tage an empfängt Kamala keine Besucher mehr und hält ihr Haus verschlossen.

Am Fluß

Siddhartha wandert durch den Wald, ferne schon ist er der Stadt. Unlösbar fühlt er sich in die Welt verstrickt, voll von Überdruß, von Ekel. Endlich gelangt er an den großen Fluß, über den ihn einst der Fährmann in seinem Boot gesetzt hat. Er blickt in die Wasser und eine schauerliche Leere spiegelt ihm entgegen. Er ist am Ende, nichts mehr gibt es, als sich auszulöschen. Schon löst er einen Arm, um sich fallen zu lassen, dem Tode entgegen. Da klingt aus der Tiefe seiner Seele, aus Vergangenheiten, ein Wort, das er ohne Gedanken vor sich hin spricht "Om", das heilige Om, das die Vollendung, das Vollkommene ist. Und mit dem Klang dieses Wortes erwacht sein entschlummerter Geist. Er weiß wieder um Brahman, weiß wieder um die Unzerstörbarkeit des Lebens. Doch wie ein Aufblitzen nur, ein Augenblick ist dieser Gedanke. Sinnend blickt Siddhartha in das ruhig strömende Wasser. An diesem Fluß möchte er bleiben, von ihm will er lernen. Ermattet sinkt er in einen tiefen,

Siddhartha. Eine indische Dichtung

erfrischenden Schlaf und erwacht daraus wie aus unendlichen Fernen zu sich selbst, zu einem neuen Menschen.

Vasudeva, der Fährmann, erkennt ihn wieder und nimmt ihn als seinen Gefährten bei sich auf. Viele Jahre leben sie freundlich und schweigend nebeneinander. Siddhartha lernt, Körbe zu flechten, Ruder zu zimmern, das Boot zu bedienen und die Wandernden über den Fluß zu setzen. Aber mehr noch lernt er vom Fluß, lernt das Zuhören, das Lauschen mit stillem Herzen, mit geöffneter Seele. Langsam reift in Siddhartha die Erkenntnis, was das Ziel seines langen Suchens gewesen ist. Es ist die Bereitschaft der Seele, jeden Augenblick, inmitten des Lebens, den Gedanken der Einheit denken, die Einheit fühlen und einatmen zu können.

Ruhig und breit fließt unaufhörlich und zeitlos der Fluß. Überall ist er zugleich, am Ursprung, in seinem Lauf, an seiner Mündung. Ist nicht alles Leiden Zeit und ist nicht alles Schwere, Feindliche überwunden, sobald man die Zeit überwindet?

Siddhartha lauscht dem tausendstimmigen Lied des Flusses, der Stimme des Seienden, des ewig Werdenden. Alle Stimmen der Geschöpfe der Welt sind in der Stimme des Flusses, klingen ihm aus den Wassern entgegen. Sie fließen ineinander, werden zu einer einzigen Stimme und sprechen ein einziges Wort: "Om". Tief beglückt erfährt Siddhartha diese Erleuchtung, tief empfindet er, tiefer als jemals zuvor, die Ewigkeit des Augenblicks. Alles Gewesene, Seiende und Werdende erlebt er im Jetzt. Alles ist gut, alles vollkommen, alles ist Atman, ist Brahman. Hell glänzt ein Lächeln auf seinem stillen, nach innen gewandten Gesicht. Ganz ins Zuhören vertieft, ganz leer und weit geworden versinkt strahlend sein Ich, fließt sein Selbst in die Einheit, in die unerkennbare Tiefe des Seins.

7
MAGIE UND DÄMONIE

7. Magie und Dämonie

Magie und Dämonie
    Weissagung
        Wirksamkeit von Weissagungen
        Kassandra
        Die delphische Seherin
        Andere Formen der Weissagung
    Zauber und Dämonen
        Magische Praktiken in der Volkskunst
        Magische Praktiken der Antike
            Kirke verzaubert Männer
            Hexen morden Knaben
            Flüche verändern das Leben
    Schamanen
        Spuren des Schamanismus in der Neuzeit
        Antike Schamanen
        Orpheus
        Pythagoras
        Empedokles
        Vespasian
        Nekromantie
Die Macht des Okkulten
Magie und Dämonie als Wirklichkeit?

Magie und Dämonie

Dieses Kapitel spricht von magischen und dämonischen Wirklichkeiten. Im ersten Moment wäre man geneigt zu sagen, daß Magie und Dämonie höchstens bei den sogenannten Naturvölkern ihren Platz hatten. Doch wenn man sich in der eigenen Kultur umsieht, dann merkt man erstaunt, daß magische und dämonische Wirklichkeiten auch hier schon in den frühesten Fundamenten angelegt sind und im Volksglauben bis in die Gegenwart herauf reichen.

Unsere humanistisch verklärte Auffassung hat diese dunkle Seite der antiken Kultur bisher eher aus dem Sichtfeld gerückt, man hat sie als "Aberglaube"[1] abgetan, ohne zu bemerken, daß dieser sogenannte Irrglaube kulturhistorisch eigentlich von außerordentlichem Interesse ist. Neuere Forschungsarbeiten[2] zeigen, daß Fragen magischer Wirklichkeiten offenbar einen wichtigen Bestandteil des täglichen Lebens in der Antike darstellten. Es ist sogar mit großer Sicherheit anzunehmen, daß durch mehrere Jahrhunderte hindurch die Mehrzahl der Menschen - auch der Gebildeten - von der Existenz magisch-dämonischer Phänomene überzeugt war.[3]

Der *Magie* liegt die Vorstellung zugrunde, daß die Welt und das Leben auf einem Spiel geheimer Kräfte beruht, die unter besonderen Voraussetzungen vom Menschen gelenkt und seinen Zwecken dienstbar gemacht werden können. Es liegt ein

---

[1] *Aberglaube* ist ein Begriff, mit dem sich immer auch ein Werturteil verbindet. Dieses Werturteil wird zumeist von einem Glauben oder einem Wissen gefällt. Beide, Glaube und Wissen, sind dabei von der Überzeugung erfüllt, weit über dem Aberglauben zu stehen. Ob das allerdings immer zutrifft, bleibe dahingestellt, denn man gewinnt oft den Eindruck, daß hier die Grenzen fließend sind.

[2] An der Johns Hopkins University in Baltimor wirkt der klassische Philologe Professor Georg Luck, der erst vor einigen Jahren mehr als hundert neu übersetzte und einzeln kommentierte Quellentexte zu Fragen der Magie in der griechischen und römischen Antike herausgegeben hat. Das Buch ist leicht zugänglich (LUCK [Magie]) und dient hier als wertvoller Leitfaden. In unserem Zusammenhang kommt es darauf an, deutlich zu machen, daß magische Wirklichkeiten im frühen Volksglauben eine wichtige Rolle gespielt haben. Weil die Texte oft zu umfangreich sind, werden wir sie zum Teil kürzen und zum anderen Teil bloß in sinngemäßer Zusammenfassung zitieren.

[3] LUCK [Magie, Seite XVII]

7. Magie und Dämonie

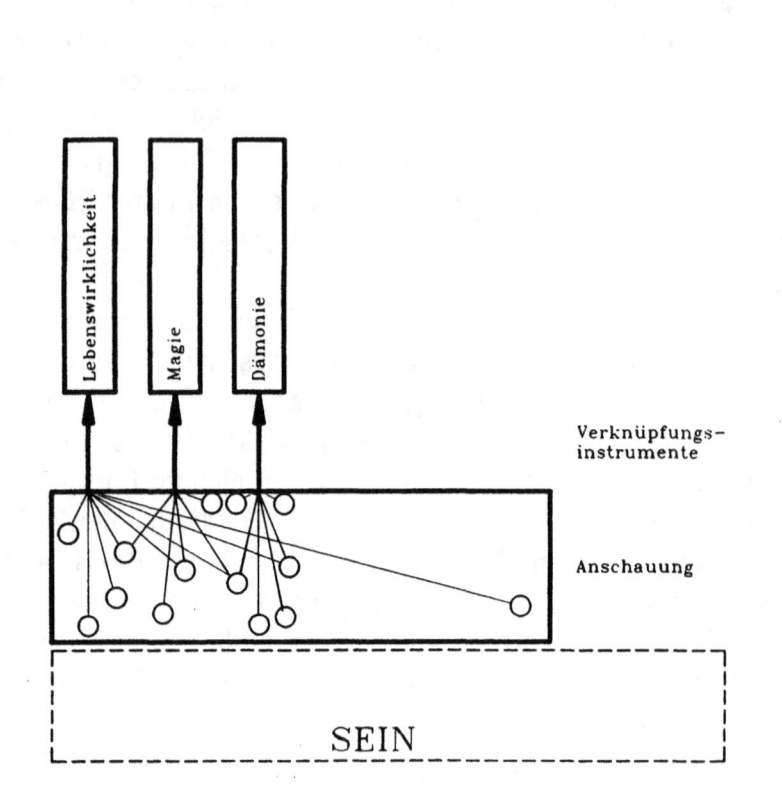

Manche Phänomene, die der Mensch in seiner *Lebenswirklichkeit* beobachtet hat, wurden immer wieder auch als magische Wirklichkeit beziehungsweise als dämonische Wirklichkeit aufgefaßt.

Die Magie verknüpft alle Erscheinungen aus der Überzeugung heraus, daß die Welt und das Leben einer Automatik von Kräften unterworfen ist.

Der Dämonismus deutet hingegen die erfahrbaren Mächte personenhaft und schreibt ihnen Gestalt und Willen zu.

Abbildung 1

Glaube an eine Automatik von Kräften vor, die der Mensch zum eigenen Nutzen, aber auch zum Schaden anderer auszunützen versucht. Hier ist der Begriff der "kosmischen Sympathie" zu erwähnen, der vor allem im Bereich des Magischen immer wieder hervortritt: Die ganze Natur und alles was es gibt, ist durch eine geheimnisvolle Verwandtschaft, durch ein Mitempfinden miteinander verbunden. Alles, was in einem Teil des Universums geschieht, wirkt auch auf weit entfernte Teile des Universums ein. Man hat sich das Weltall wie einen gewaltigen, lebenden Organismus vorgestellt und man[4] hat nach "sympathetischen Zusammenhängen" gesucht, um die Vorgänge zu verstehen und auf sie Einfluß nehmen zu können.[5]

Der *Dämonismus* faßt im Gegensatz dazu die erfahrbaren Mächte personenhaft auf und schreibt ihnen eine Gestalt und einen Willen zu.

Im magischen Denken wird man also einen frühen Ansatz für das Entstehen von Naturwissenschaft sehen, im Dämonismus eine Vorform des religiösen Denkens.

Die Abbildung 1 zeigt unser bekanntes Schema. In der Lebenswirklichkeit stehen wir einer breiten Palette von Phänomenen gegenüber. Das eine Mal fügen wir eine gewisse Auswahl von Phänomenen zusammen und sehen zuletzt eine magische Wirklichkeit vor uns. Das andere Mal führt eine andere Auswahl zur Wirklichkeit des Dämonismus. Beide sind mächtige Wirklichkeiten, die völlig autonom für sich selbst existiert haben und zum Teil auch heute noch existieren. Keine dieser Wirklichkeiten hat es notwendig, sich vor der anderen zu rechtfertigen.

---

[4] Hier könnte man den griechischen Philosophen Poseidonis nennen, der etwa 70 v. Chr. als einflußreichster Denker in Rhodos gewirkt hat. Er ist ein bedeutender Vertreter der Stoa und war wahrscheinlich der universalste Gelehrte seiner Zeit. (SCHISCHKOFF [Philosophisches, Seite 578).]
[5] LUCK [Magie, Seite 2 f.]

7. Magie und Dämonie

Aus dem weit ausgedehnten Feld magischer und dämonischer Wirklichkeiten, wie sie im frühen Volksglauben zu finden waren, wollen wir drei Beispiele herausgreifen und, soweit das möglich ist, durch alte Berichte und Erzählungen beleben. Von
○ Weissagungen,
○ Zauber und Dämonen
soll die Rede sein, um einen Eindruck zu vermitteln, wie stark diese Form von Wirklichkeit die Menschen erfaßt hat.

Magie und Dämonie strahlen nicht grundlos die Atmosphäre des Gefährlichen aus. Immer wieder wurden magische und dämonische Wirklichkeiten zu totalitären Wirklichkeiten verabsolutiert, die den Menschen dann wie in einer Falle gefangen gehalten haben. Am Schluß des Kapitels soll auch hiervon die Rede sein.

Weissagung

Für die Kunst der Weissagung werden manchmal auch die Worte Mantik und Divination verwendet und beide Ausdrücke verraten uns schon einiges über diesen zum Teil unheimlichen Prozeß.

Das Wort *Mantik* stammt aus dem Griechischen (μαντεια) und steht in etymologischer Beziehung zu Worten, die soviel wie Wahnsinn, rasend, ekstatisch bedeuten. Hier klingt also schon an, daß der Mantiker, von einer geheimnisvollen Macht besessen, aus sich herautritt, in Ekstase, in Trance verfällt. Das Wort Mantik sagt uns also etwas darüber, was ein Außenstehender erlebt, wenn er Zeuge einer Weissagung wird.

Das Wort *Divination* spricht dagegen eher vom Woher. Dieser Begriff hat seine Wurzeln im Lateinischen (divinare) und meint ahnen, erraten und ist etymologisch mit Worten verwandt, die göttlich, gotterfüllt, prophetisch (divinus) meinen. Erkenntnisse, die man nicht erklären konnte, hat man als göttliche Eingebung verstanden. Vom Göttlichen her stammt also das Wissen um zukünftige Ereignisse. So zumindest haben es die Römer gesehen.

Man wird begreifen, daß die Schreie und ekstatischen Äußerungen des in Trance gefallenen Mantikers nicht unmittelbar verständlich waren; erst ein Mittler war im allgemeinen in der Lage, das ekstatische Geschehen zu deuten und zu interpretieren. Bei Platon lesen wir davon:[6]

> Daher ist es denn auch Brauch, die sogenannten Propheten in den Orakelstätten als Deuter den gottbegeisterten Sehern beizuordnen, welche zwar von manchen selbst Seher genannt werden, aber nur von solchen, die ganz und gar nicht wissen, daß sie nur Ausleger der rätselhaften Aussprüche und Erscheinungen und keineswegs Wahrsager, mit vollem Recht aber Propheten, d. h. Dolmetscher der Weissagenden, zu heißen verdienen.

Für griechische Methaphysiker verläßt das eigene Ich im Zustand der Trance und Ekstase den Körper und es kommt zu einer Art Vorstufe einer mystischen Vereinigung[7] mit der Gottheit oder dem Einen. In diesem Zustand der Ekstase sei es möglich, Einblicke zu gewinnen, die einem Menschen sonst nicht gegeben sind. Im übertragenen Sinn spricht also ein Gott aus diesem entrückten Menschen.

---

[6] PLATON [Werke, 3. Band, Seite 164]: Timaios 72
[7] In der Mystik ist der Begriff *Unio mystica* eine zentrale Vorstellung. Die Unio mystica ist die höchste Stufe, die ein Mystiker auf seinem Weg erreichen kann. Es kommt hier zu einem Aufgehen des Menschen in Gott, es ist die Aufhebung der Grenze vom Selbst zum Anderen, vom Ich zum Du. Es ist das ein bewußtes Innewerden Gottes, welches man mit Worten nicht mehr ausdrücken oder mitteilen kann. Der Mystiker "weiß einfach", daß ihm aus Gnade eine unglaubliche Erkenntnis zuteil wurde. (DINZELBACHER [Mystik, Seite 503 f.])

7. Magie und Dämonie

Wirksamkeit von Weissagungen

Wie sehr man an die Wirksamkeit der Weissagung und anderer magischer Praktiken geglaubt hat, sieht man an den Strafandrohungen, die der Staat sehr oft gegen jede Art von Magie und Dämonie verhängt hat.[8] Wer solche Handlungen begangen hat, konnte mit dem Tod bestraft werden oder wurde bestenfalls ins Exil verbannt. Sogar der Besitz magischer Geräte war strafbar. Durch Weissagung könnte das Ableben des Kaisers vorausgesagt oder durch Zauber sogar bewirkt werden. Von diesem Standpunkt aus gesehen waren solche Leute also verdächtig und bedrohlich.

Der römische Geschichtsschreiber Ammianus Marcellinus beschreibt eine Séance des Jahres 371, die schließlich vor Gericht endete: Ein aus Ölbaumholz gefertigtes Tischchen mit drei Füßen, welches dem Dreifuß von Delphi ähnlich war, wurde damals durch Zaubersprüche und gewisse Riten eingeweiht. Auf dieses Tischchen stellte man eine metallene Schale, die an ihrem Rand das griechische Alphabet eingraviert hatte. Ein Priester, der Zweige eines glückbringenden Baumes in der Hand hielt, ließ auch einen Ring an einem Faden in das Zentrum der metallenen Schüssel hängen. Der Ring bewegt sich, springt von einem eingravierten Buchstaben zum anderen und formt Worte zu Hexametern, so wie das beim delphischen Orakel üblich war. Vielleicht war es nur ein unglückliches Versehen, aber einer der Teilnehmer stellte die unvorsichtige Frage, wer denn der Nachfolger des gegenwärtigen Kaisers Valens sein würde? Da hüpfte der Ring von einem Buchstaben zum nächsten und die Teilnehmer entziffern und lesen: THETA, EPSILON, OMIKRON. Da brechen sie das verhängnisvolle Orakel ab, denn jedem war bereits klar, daß es nur "THEOdorus" sein kann, ein hochgestellter und damals sehr

---

[8] LUCK [Magie, Seite 58 - 60]

angesehener Mann. Ein Teilnehmer der Séance hat später allerdings unvorsichtigerweise auch anderen von diesem Experiment erzählt. Kurz danach wurden alle verhaftet. Nach ihrem Geständnis wurden zwei der Angeklagten auf der Stelle mit Zangen zu Tode gefoltert. Die anderen hat man in Gegenwart einer ungeheuren Menschenmenge enthauptet. THEOdorus, der von all dem nichts gewußt hat, wurde sicherheitshalber ebenfalls hingerichtet. Der regierende Kaiser Valens starb 7 Jahre später und sein Nachfolger hieß - THEOdosius![9] Diese Vorfälle kennt man, wie gesagt, aus den Schriften eines bedeutenden Historikers, der zum Teil aus eigener Erinnerung berichtet hat, zum Teil aber auch in die damaligen Prozeßakte des Gerichtes Einsicht nehmen konnte.

Kassandra

Mantik und Divination sind zwei Ausdrücke für die Seherkunst. Das Wort Mantik erinnert uns, daß der Seher bei seiner Weissagung in Ekstase verfallen ist, sozusagen aus sich herausgetreten ist. Das Wort Divination sagt uns, daß man nur vom Göttlichen her die Zukunft erfahren kann. Diese beiden Merkmale waren in der Antike zumeist mit der Weissagung verbunden und wenn man einen Eindruck gewinnen will, wie die Menschen dieses ungewöhnliche Geschehen aufgefaßt haben, so sollte man sich an jene antiken Schriftsteller erinnern, die hierüber in ihrer gewaltigen Sprache berichtet haben.

Noch heute spricht man von *Kassandrarufen* und meint unheilverkündende Warnungen, an die man aber nicht glauben will. Und genau das war ja auch das Schicksal der Kassandra, welches ihr widerfahren ist. Man liest[10], daß Kassandra einst im Tempel einschlief. Apollon sah sie und wollte, daß sie sich ihm hingebe. Er versprach ihr, sie in der Seherkunst zu unter-

---
[9] LUCK [Magie, Seite 69 f., 323 f.]
[10] APOLLODOROS [III 12,5] und HYGINUS [Fabel 93]

7. Magie und Dämonie

weisen. Kassandra, geschmeichelt, von einem Gott umworben zu sein, stimmte zu, aber bedauerte dennoch später ihr voreiliges Versprechen. Und so kam es, daß sie sich der Umarmung Apollons entzog. Die Rache des beleidigten Gottes war es, daß ihre Prophezeiungen seither keinen Glauben mehr fanden, auch wenn sie die Wahrheit voraussagte.

Kassandra hat ihre Weissagungen stets in einem Zustand ekstatischer Trance ausgesprochen. Aischylos, der Begründer der antiken Tragödie, der um 500 v. Chr. in Sizilien lebte, hat in seinem Spätwerk 'Die Orestie' im ersten Teil der Tetralogie die Geschichte um Agamemnon dargestellt, wo auch von der Weissagung der Kassandra zu lesen ist. Nach dem Fall Trojas nahm sich Agamemnon Kassandra als Konkubine. Nach zehnjähriger Abwesenheit ist er mit seiner Geliebten nach Mykene zurückgekehrt, doch dort hat seine Frau Klytaimnestra sich geschworen, Agamemnon und Kassandra zu töten. Klytaimnestra begrüßte ihren Gatten Agamemnon bei seiner Ankunft scheinbar mit Freude, ein purpurner Teppich war ausgelegt und sie führte ihn zum Badehaus. Sklavenmädchen hatten ein heißes Bad vorbereitet, um ihn zu erfrischen, aber im Geheimen war schon alles für seine Ermordung zurechtgelegt: Ein Netz sollte über ihn geworfen werden und mit einem zweischneidigen Schwert sollte auf ihn eingeschlagen werden.

Noch war es nicht so weit. Kassandra war noch außerhalb des Palastes und da fiel sie in wahnhafte Trance und in abgerissenen Sätzen schreit sie heraus, was sie sieht:

> Stöhnet, stöhnet das Weh!
> Apollon! Apollon!
>
> Apollon dort am Torweg,
> Apollon heißt Vernichter,
> Nun hast du wieder mich vernichtet!
>
> Hilf Himmel, was sinnt sie?
> Ein neues Leid, ein großes Leid,

Weissagung

Furchtbares Unheil sinnt sie
Dem Königshause,
Untragbar den Freunden,
Unheilbar, die Rettung
Zog ferne hinweg.

Unselige! Was tust du?
Dem Ehgemahl, dem Freund des Bettes,
Hast du das Bad gerüstet -
Wo bleibt das Ende?
Schon seh ichs erscheinen,
Schon streckt sich die Hand aus,
Schon hebt sich die Hand.

Ach, ach, ach!
Was seh ich? O weh!
Ein Fischernetz des Todes!
Ein Netz wird ihn umarmen,
Ein Mordnetz!

Seht, seht, seht!
Halt fort von der Kuh
Den Stier! Im Kleid gefangen.
Trifft ihn die schwarze Tücke
Des Hornes. Er sinkt in
Die Wasser der Wanne,
Mordlist hat sie ihm hingestellt.

O seht, o seht die ganz unselge Frau! -
Denn nun beginnt mein eignes Klagelied -
Was habt ihr mich in dieses Land geführt?
Das zweite Opfer bin ich, weiter nichts.

Doch mich erwartet Hieb der Doppelaxt.[11]

So hat Kassandra die unheilvolle Atmosphäre, die über dem Palaste lag, empfunden und als nahe Zukunft in ihrer Vision vorausgesehen: Als Agamemnon sich erfrischt aus dem Bad

---

[11] AISCHYLOS [Orestie, Seite 45 f.]. Die Worte des Chors wurden weggelassen, um das Rasen der Seherin deutlicher hervorzuheben.

erhob und gerade aus dem Wasser steigen wollte, warf man ihm das Netzhemd über den Körper, sodaß er sich nicht wehren konnte; zweimal schlug man mit dem Schwert auf ihn ein und trennte mit einer Axt sein Haupt von seinem Körper. Kaum war das geschehen, eilte Klytaimnestra hinaus zum Eingang des Palastes und lief auf Kassandra zu. Kassandra wurde mit der gleichen, blutigen Waffe getötet.

Die Schilderung des Aischylos zeigt Kassandra im Moment der Weissagung in einer Ekstase, die fast an Wahnsinn grenzt, gehetzt schreit sie die Worte aus sich heraus und zeigt, wie sie den Mord an Agamemnon und auch die eigene Ermordung seherhaft erfährt.

Die delphische Seherin

Ein anderes eindrucksvolles Beispiel für den Ablauf einer Weissagung im delphischen Orakel erzählt Lucan (39 - 65 n. Chr.) in einem Epos. Die Vorgänge sind sehr lebensnah geschildert. Man war damals offenbar der tiefen Überzeugung, daß eine Weissagung göttlicher Herkunft ist. Lucan nennt hier als Gottheit Apollon. Die göttliche Kraft, die in die delphische Jungfrau eindringt, löst jedenfalls die Lippen der Prophetin. Die Menschen erfahren dann, was feststeht und niemand ändern kann. Oft wird aber auch manches verschwiegen, worunter die Eindeutigkeit der Prophetie leidet. Lucan schildert den ekstatischen Vorgang und man kann sich vorstellen, wie stark diese Wirklichkeit die Menschen damals beeinflußt hat. Besonders eindrucksvoll ist auch die Beschreibung, wie sich im Moment der Prophetie Vergangenheit und Zukunft, Jahrhunderte sogar, zusammenballen und sichtbar werden. Ja, der erste Tag der Welt und der letzte zeigen sich zugleich.

> Welcher Gott ist hier verborgen? Welch göttliches Wesen schwebte einst vom Himmel herab und geruhte, in einer dunklen Höhle zu

Weissagung

wohnen? ... Ob das Schicksal nur verkündet oder ob alles, was er durch seine Verkündigung anordnet, Schicksal wird, mächtig ist er und groß. ... Wenn diese göttliche Kraft in der Brust einer Jungfrau Einlaß findet und klingend an eine menschliche Seele rührt, lösen sich die Lippen der Seherin. ... Der Gott verbietet den Menschen, um irgendetwas zu bitten; er kündet das, was feststeht, was niemand ändern kann. ...

Nun schlang man [der jungfräulichen Seherin] die gewundene Binde über der Stirn ums Haar, und um die Locken, die sonst frei über den Nacken wallten, knüpfte man das weiße Kopfband mit dem Lorbeer von Phokis. Als sie noch immer zögernd und unentschlossen dastand, stieß der Priester sie vorwärts und trieb sie in den Tempel.

Sie erschauerte vor dem verborgenen Allerheiligsten, dem Sitz des Orakels [und] blieb im Vorraum des Tempels stehen. ... Erschreckt floh die Jungfrau jetzt zum Dreifuß hin. Sie näherte sich der riesigen Höhle, blieb stehen und empfing in ihrer Brust, die das noch nie erlebt hatte, die göttliche Kraft des Gottes. ... Jetzt endlich ergriff Apollon von der Seele des delphischen Mädchens Besitz, und nie zuvor war er mächtiger in den Leib einer Priesterin gestürmt, hatte ihr normales Bewußtsein ausgeschaltet und alles, was in ihrem Herzen menschlich war, vertrieben, um für sich selber Platz zu schaffen. ... Apollons Binde und das Kopfband des Gottes fliegen aus ihrem gesträubten Haar; sie wirbelt durch den leeren Raum des Tempels, den Kopf bald hierhin, bald dorthin werfend, stürzt Dreifüße um, die ihr im Wege stehen. ... Er ... stößt Feuerbrände in ihr Innerstes; auch die Zügel bekommt die Priesterin zu spüren: sie darf nicht alles verkünden, was sie weiß. Alle Jahrhunderte ballen sich zusammen; viele Jahrhunderte drängen qualvoll an ihr Herz; die lange Kette der Ereignisse liegt offen da; die gesamte Zukunft drängt ans Licht. ... Da war der erste Tag der Welt und der letzte zugleich. ...

Da erst fließt der Wahnsinn über ihre schäumenden Lippen; sie ächzt und stöhnt laut, und keuchend geht ihr Atem. Dumpf tönt ihr Heulen und Wehklagen in dem riesigen Gewölbe, durch das die ... Worte [des Orakels] gellen.[12]

---

[12] LUCAN [Pharsalia, 5.86 f.]

7. Magie und Dämonie

Das delphische Orakel war das berühmteste in der alten Welt. Man ist der Meinung, daß es ursprünglich durch Jahrhunderte ein Heiligtum der Erdgöttin Gaia war. Aus dem Schoß der Mutter Erde hat die Seherin ihre Eingebungen empfangen. Später haben die Griechen dieses Heiligtum übernommen und es dem Gott Apollo geweiht. Die Seherinnen unterwarfen sich als Vorbereitung auf ihre Aufgabe strenger Askese, durch wenig Schlaf und strenges Fasten haben sie sich auch körperlich eingestimmt.

Andere Formen der Weissagung

Nicht immer war es so, daß der Mensch, der ein Orakel aufsuchte, dem Priester sein Anliegen vortrug. An manchen Orakelstätten kannte der Priester zum Beispiel nur den Namen jenes Menschen, der das Heiligtum befragen wollte, er kannte aber nicht die Frage selbst. Sobald er aber aus der heiligen Grotte zurückkehrte, wußte er eine passende Antwort. Der römische Geschichtsschreiber Tacitus (55 - 120 n. Chr.) berichtet in seinen Annalen von einer derartigen Orakelstätte:

> Von Ilium daher ... segelte er an Asiens Küste wieder hinab und landet bei Kolophon, um des klarischen Apollo Orakel zu befragen. Nicht ein Weib, wie zu Delphi, sondern, aus bestimmten Familien und meistenteils aus Miletus berufen, hört ein Priester hier die Zahl nur und die Namen der Befragenden; dann in die Höhle herniedersteigend, trinkt er von dem Wasser des geheimnisvollen Quelles und erteilt, obschon gewöhnlich nichts von Schrift und Dichtkunst wissend, in Versen abgefaßt die Antwort über Dinge, welcher jeder gerade in seinem Sinne trägt. Und so, hieß es, habe er dem Germanicus in rätselhafter Weise, wie es der Orakel Sitte ist, frühzeitigen Untergang geweissagt.[13]

---

[13] TACITUS [Werke, Annalen II, Nr. 54]

Weissagung

Jahrhunderte hat man, um ein anderes Beispiel zu nennen, nicht nur in Griechenland, sondern auch in Rom, man könnte fast sagen offiziell die Vogelschau zum Zweck der Weissagung betrieben. Bei dieser *Ornithomantie* hat ein Seher, ein Augur, den Flug der Vögel und ihren Gesang gedeutet. In Rom waren die Auguren nicht ekstatische Seher, die von einem Gott inspiriert wurden, sondern sie waren gleichsam Amtspersonen, die nur auf Anordnung ihrer Vorgesetzten nach ganz bestimmten Regeln, die in Regelbüchern verzeichnet waren, die Vogelschau betreiben durften. Im allgemeinen sollte die Zustimmung der Gottheit zu einer wichtigen Staatshandlung erfragt werden.[14] Aber nicht nur wild lebende Vögel hat man beobachtet, sondern auch Hühner und Hähne. Man sagt, daß solche Orakel auch bei Feldzügen knapp vor einer Schlacht befragt wurden. Ein solches 'Orakel' konnte ja schließlich leicht transportiert werden, um vor Ort Entscheidungen zu treffen.

Viele andere Formen von Weissagungen waren darüber hinaus in Verwendung:[15]

Die *Aeromantie* hat Muster am Erdboden gedeutet, die entstanden, wenn man Sand, Staub oder Samenkörner gegen den Wind geworfen hat.

Die *Pyromantie* hat aus den Flammen oder aus Weihrauchwolken den Orakelspruch abgeleitet.

Bei der *Skapulomantie* wird das Schulterblatt eines Schafes im Feuer erhitzt und es werden die Veränderungen gedeutet. Von den Südslawen soll diese Technik noch im vorigen Jahrhundert praktiziert worden sein.

Kristallomantie untersucht das Farbenspiel eines Kristalls.

Losorakel sind in verschiedenster Form in Gebrauch gewesen. Würfel, Hölzchen, bemalte Karten und Knochen wurden geworfen.

---

[14] LUCK [Magie, Seite 316]
[15] LUCK [Magie, Seite 319 - 327]

7. Magie und Dämonie

Beim *Buchorakel* schlägt man ein Buch an einer beliebigen Stelle auf und interpretiert den Buchtext als Weissagung der Zukunft.
Zur *Traumdeutung* gab es umfangreiche Deutungs-Bücher, die die unterschiedlichsten Begebenheiten auslegten.[16]

Und so hat man sehr, sehr vieles, bis hin zum Lauf der Sterne zum Zweck der Weissagung verwendet. Denn immer wieder standen Menschen vor dem Problem, sich auch dann noch entscheiden zu müssen, wenn bereits alle Denkmittel ausgeschöpft waren.

Zauber und Dämonen

Für unsere Zeit ist alles, was mit Zauber zusammenhängt, schlichtweg unverständlich und man kann sich vielleicht gerade noch vorstellen, daß Zauberpraktiken bei Naturvölkern üblich waren. Denn sobald die Entwicklung einer Kultur eine gewisse Höhe erreicht hat, erscheint es undenkbar, daß Zaubermittel und Beschwörungsformeln dort ernsthaft in Erwägung gezogen werden. Wenn man also einschlägiges kulturhistorisches Material auffinden will, wird man eher bei "primitiven Naturvölkern" mit der Suche beginnen.

Aber schon ein kurzer Besuch eines Volkskunstmuseums belehrt uns, daß man die Sache ganz anders sehen muß.

Magische Praktiken in der Volkskunst

Bis in die jüngste Vergangenheit hat es eine Vielfalt von Gegenständen und Handlungen gegeben, die genau genommen

---

[16] LUCK [Magie, Seite 359 - 369]

mit dem Begriff des Zaubers zusammenhängen. Magische Praktiken sind aber natürlich auch zu früheren Zeiten sehr gebräuchlich gewesen.

Da versucht man zum Beispiel durch Zauber unmittelbar in die Natur einzugreifen.

Beim *Wetterzauber* will man Einfluß auf die Witterung nehmen. Schon hier begegnet uns eine ganz wichtige magische Regel, nämlich das Prinzip der Analogie: Gleiches soll durch Gleiches bewirkt werden. Soll es regnen, so verschüttet man Wasser. Oder in anderen Fällen verwendet man die Regentrommel. Diese läßt leise, spitze Töne erklingen, so wie wenn einzelne Regentropfen in eine Pfütze fallen.

Der *Fruchtbarkeitszauber* will den Bodenertrag oder ganz allgemein die Fruchtbarkeit günstig beeinflussen. Hier kann man etwa an Sexualriten, aber auch an die Tempel-Prostitution denken. Magische Symbole und magische Handlungen reichen aber auch bis in unsere Zeit herauf: Fastnachtsbräuche wollen feindliche Mächte abwehren und dem Frühling zum Durchbruch verhelfen. Auch der Maibaum gehört zu einem Brauch, der auf die Fruchtbarkeit der Natur ausgerichtet ist. Aber auch Erntedankfeste und Flurumgänge haben den Bodenertrag des kommenden Jahres im Auge.

Der *Schadenzauber* hat es auf die Schädigung oder Vernichtung des Feindes abgesehen.

Der *Liebeszauber* versucht sexuelle Liebesbereitschaft zu erzwingen.

Der *Heilzauber* will Einfluß auf drohende Krankheiten nehmen.

Der *Abwehrzauber* beabsichtigt, böse Einflüsse zu verhindern.

In der Volkskunst gibt es vielerlei Amulette, die vor verschiedenen Schadenskombinationen schützen oder auch in gewisser Weise Glück bringen sollen. In der volkskundlichen Literatur[17] gibt es viele Abbildungen solcher Amulette, die den Abwehrzauber betreffen.

7. Magie und Dämonie

Votivfiguren sind besonders reizvolle Formen.[18] Man hat menschliche und tierische Körper zumeist in Eisen nachgebildet[19] und an heiligen Orten (Kapellen, Wegkreuzen) aufgestellt oder vergraben, um zum Beispiel Krankheiten und Gefahren abzuwehren. Da gibt es weibliche Votivfiguren in betender Haltung, schmiedeeiserne Rinder mit mächtigen Hörnern, Schafe, trächtige Kühe, Stiere mit eingekeiltem Hoden, Kühe mit eingekeiltem Euter, Pferde, Schweine und Gänse, Ziegeneuter mit gelblichen Flecken, um den Krankheitsbefall zu symbolisieren, aber auch menschliche Beine, Augenpaare, Wickelkinder, ja sogar eine schmiedeeiserne Votivfigur wurde gefunden, die einen angeketteten Gefangenen zeigt.
Wehkreuze[20] aus Malachit in geschlossener, gravierter Metallfassung werden von Frauen getragen, um die Leibesfrucht zu schützen und die Geburt zu erleichtern.
Lochsteine, das sind Steine mit einer natürlich entstandenen Perforation, gelten in der Volksmedizin als Heilmittel bei Augenerkrankungen.[21] Die Augenleiden sollen vergehen, wenn der Kranke durch das Loch schaut. Solche Steine sind schon in frühgeschichtlicher Zeit getragen worden.
Tierzähne, in Amulett-Anhänger eingearbeitet, waren ein beliebter Abwehrzauber, der wahrscheinlich mit der Drohgebärde des Zähnefletschens zusammenhängt.
Der *Granatapfel* ist ein Fruchtbarkeitssymbol, welches auch immer wieder in der Malerei dargestellt wurde.
Ein *Ring von Holunderbüschen,* um ein Haus gepflanzt, soll gegen Spuk helfen.
Der *Schwarzdornstrauch* hilft Liebenden, denn als Talisman schützt er vor Verwünschungen.

---

[17] Im Werk BRAUNECK [Volkskunst] findet man eine ausführliche Bibliographie zu diesem Thema
[18] BRAUNECK [Volkskunst, Seite 105 - 148]
[19] Die Größe dieser Votivfiguren liegt bei etwa 10 bis 20 cm.
[20] BRAUNECK [Volkskunst, Seite 273, 306]
[21] BRAUNECK [Volkskunst, Seite 273, 305]

Zauber und Dämonen

Wetterkreuze gibt es in verschiedenen Ausprägungen. In Form von geflochtenen Weidenzweigen sieht man sie manchmal heute noch in Tirol. Aber auch das Wetterläuten von Kirchenglocken und das Anzünden von Wetterkerzen war zur Abwehr gefährlich erscheinender Wettersituationen gebräuchlich.

Durch die *Benediktus-Medaille* hilft der beliebte Volksheilige bei allen Gefahren im Alltag, die Medaille hilft bei Blitz und Hagel, Vergiftung und Krankheit, aber auch in der Sterbestunde. Die Medaille war zum Teil so beliebt, daß manche Bischöfe sie immer wieder verboten haben.[22]

Agnus-Dei-Medaillen waren aus Wachs geprägt, vom Papst gesegnet und geweiht. Diesen ovalen Medaillen hat man vielfältige Schutzfunktionen zugeschrieben: Bei Gewitter, Blitz und Feuersbrunst, ja sogar bei Schiffbruch sollen sie helfen.[23]

Breverln[24] hat die Volkskunst in großer Vielfalt hervorgebracht. Es sind das gefaltete Gebetszettel mit mehreren kleinen Heiligenbildern und einem Gnadenbild kombiniert, die in kunstvoll angefertigten kleinen flachen Metallbehältern eingeschoben sind. Da gibt es aufschraubbare Kapseln, Hülsen mit durchbrochenen Ornamenten, Stoffbehältnisse mit Silberdrahtspitzen umfaßt und vieles mehr.[25] Diese Amulette waren im Volk sehr beliebt, weil man gemeint hat, daß sie fast gegen jede Gefahr für Leib und Seele helfen und auch Hexen und Dämonen wirksam abhalten.

Dieser kurze Streifzug durch unsere eigene Volkskunst läßt uns nachdenklich werden und wir sehen, daß das Wirken magischer Vorstellungen sogar bis in die Neuzeit heraufreicht. In der Volksfrömmigkeit findet man alte Kulttraditionen mit na-

---

[22] BRAUNECK [Volkskunst, Seite 295]
[23] BRAUNECK [Volkskunst, Seite 298, 300]
[24] Diese Bezeichnung ist vermutlich eine Verballhornung des Wortes *Brevier*, welches das tägliche kirchliche Stundengebet meint.
[25] BRAUNECK [Volkskunst, Seite 300 f., 334 - 337]

turmagischen Ideen verbunden, die der leidende und hoffende Mensch in seiner Not hervorgebracht hat.

Ich finde es sehr bemerkenswert, daß auch in der neuesten Ausgabe des Katechismus der Katholischen Kirche gewisse Formen der Wahrsagerei und Magie keinesfalls bagatellisiert, sondern im Gegenteil sehr ernst genommen werden und die Durchführung magischer Praktiken streng verurteilt werden:

> Sämtliche Formen der *Wahrsagerei* sind zu verwerfen: Indienstnahme von Satan und Dämonen, Totenbeschwörung oder andere Handlungen, von denen man zu Unrecht annimmt, sie könnten die Zukunft "entschleiern". Hinter Horoskopen, Astrologie, Handlesen, Deuten von Vorzeichen und Orakeln, Hellseherei und dem Befragen eines Mediums verbirgt sich der Wille zur Macht über die Zeit, die Geschichte und letztlich über die Menschen, sowie der Wunsch, sich die geheimen Mächte geneigt zu machen. Dies widerspricht der mit liebender Ehrfurcht erfüllten Hochachtung, die wir allein Gott schulden.[26]

> Sämtliche Praktiken der *Magie* und *Zauberei*, mit denen man sich geheime Mächte untertan machen will, um sie in seinen Dienst zu stellen und eine übernatürliche Macht über andere zu gewinnen - sei es auch, um ihnen Gesundheit zu verschaffen -, verstoßen schwer gegen die Tugend der Gottesverehrung. Solche Handlungen sind erst recht zu verurteilen, wenn sie von der Absicht geleitet sind, anderen zu schaden, oder wenn sie versuchen, Dämonen in Anspruch zu nehmen. Auch das Tragen von Amuletten ist verwerflich. *Spiritismus* ist oft mit Wahrsagerei oder Magie verbunden. Darum warnt die Kirche die Gläubigen davor. Die Anwendung sogenannter natürlicher Heilkräfte rechtfertigt weder die Anrufung böser Mächte noch die Ausbeutung der Gutgläubigkeit anderer.[27]

---

[26] N. N. [Katechismus, Absatz Nr. 2116]
[27] N. N. [Katechismus, Absatz Nr. 2117]

Magische Praktiken der Antike

Im 8. Jahrhundert vor Christus wirkte der griechische Epiker Homer. Ihm werden die beiden ersten und bedeutendsten altgriechischen Heldenlieder Ilias und Odyssee zugeschrieben. Beide Epen handeln vom trojanischen Krieg. Die Odyssee schildert die Heimfahrt des griechischen Helden Odysseus. Nach dem Fall von Troja wollte er wieder nach Ithaka zurückkehren, doch er verstrickt sich in eine große Zahl von Abenteuer und irrte an die zehn Jahre umher, bis er endlich seine Heimat erreichte.

Auf seiner Fahrt mußte er mit seinen Kameraden den riesenhaften einäugigen Zyklopen mit einem glühenden Holzpfahl blenden, um seine Freunde aus einer Felsenhöhle zu befreien.

Aber auch bei den Sirenen mußte er vorbei. Es waren das dämonische Mischwesen, die zur einen Hälfte Vogelgestalt und zur anderen die Gestalt junger Mädchen hatten. Sie konnten so wunderschön singen, daß alle Schiffer, die an ihrer Insel vorbeifahren wollten, an Land gingen und ewig lauschten. Und so war der Strand weiß von den bleichen Knochen der Seemänner. Odysseus, der von dieser Gefahr wußte, ließ seinen Männern die Ohren mit Wachs versiegeln. Er selbst wollte den Gesang hören, und so ließ er sich an den Schiffsmast binden, um der Versuchung widerstehen zu können.

Die Schar der griechischen Helden wurde nach jedem Abenteuer, die hier nicht alle aufgezählt werden können, immer kleiner. Bald war nur mehr ein einziges Schiff übrig geblieben, welches Odysseus nach langer Fahrt endlich an einer Insel anlegen konnte. Auf dieser Insel regierte Kirke, die in allen Zauberpraktiken bewandert war.

In diesem Teil der Odyssee beschreibt Homer ein magisches Ritual, wie es für viele Volkssagen typisch war. Ein Held kommt in ein Gebiet, welches von einer Zauberin beherrscht wird. Sie zeigt ihre Macht, indem sie Männer in Tiere verwandelt. Die magische Handlung wird unter Zuhilfenahme zweier typischer Bestandteile durchgeführt: Eine *magische Droge* und ein *Zauberstab* werden verwendet.

Homers Epos, der diesem Geschehen breiten Raum widmet, zeigt, daß im griechischen Volksglauben schon seit frühester Zeit Hexen, Zauberei und Magie eine Rolle spielten.[28] Auszugsweise sei aus diesen Texten zitiert.

Kirke verzaubert Männer.
Kirke, die die Tochter des Sonnengottes Helios war, dürfte als Göttin einer früheren Götterdynastie von den nachfolgenden himmlischen Herrschern auf jene Insel verbannt worden sein, die Odysseus mit seinen Freunden damals erreicht hat.

Als sie an der Insel Aiaia anlegten, stieg Odysseus an Land:

> [Ich holte] her meinen Speer und das scharfe Schwert, um in Eile
> Weg vom Schiff in die Höhe zu steigen, ob droben im Rundblick
> Felder von Menschen ich etwa erschaute und Stimmen vernähme.
> Also stieg ich auf holprigem Pfad und gewann einen Ausguck.
> Was sich mir zeigte war Rauch; von der Erde mit breiten Straßen
> Zog er sich hin über Wälder und Dickicht, wo Kirkes Palast stand.[29]

Nach Odysseus' Rückkunft zum Schiff zogen sie Lose, wer den Palast der Kirke näher erkunden und wer das Schiff bewachen soll. Eurylochos, ein Kamerad des Odysseus, sollte die Expedition leiten. Sie zogen durch einen Eichenwald und kamen schließlich zum Palast. Wölfe und Löwen sahen sie, doch sie waren nicht wild und griffen nicht die Gefährten des Odysseus an. Im Gegenteil, sie waren zahm und man hätte sie für verzauberte Menschen halten können, die die Nähe des Menschen suchen.

---

[28] LUCK [Magie, Seite 73]
[29] HOMER [Odyssee, X, 145 - 150]

Jene jedoch fanden in waldigem Grund auf umhegtem Gelände
Kirkes Palast, der aus glänzenden Steinen erbaut war.
Löwen und Wölfe, wie aus dem Bergland, lagerten ringsum,
Zauber hatte die Herrin an ihnen geübt und mit bösen
Giften ihnen vergeben. Doch stürzten sie nicht auf die Männer,
Standen nur auf und umwedelten sie mit den langen Schwänzen.[30]

Gradso taten es Löwen und Wölfe mit kräftigen Krallen.
Sie aber fürchteten sich beim Blick auf die schrecklichen Tiere.[31]

Vorsichtige Späher sahen, daß Kirke an einem Webstuhl in der Halle des Palastes saß:

[Beim] Betreten der Vordertür hörten sie Kirke im Raume
Singen mit herrlicher Stimme, die Göttin mit herrlichen Flechten;
Hin und her am Webstuhl schritt sie, dem ewigen, großen;
Schuf, wie die Göttinnen tun, gar lieblich glänzende Werke.[32]

"Freunde, da drinnen geht eine hin und her an dem großen
Webstuhl; herrlich singt sie, es schallt und hallt durch den Hausflur.
Ist's eine Göttin? Ein Weib? Jetzt schnell: wir wollen sie rufen!"[33]

Kirke lud sie mit einem Lächeln ein, ins Haus zu treten. Sie bat sie alle, doch an ihrem Tisch zu speisen. Alle Männer traten ein, nur Eurylochos dachte plötzlich an Arglist und konnte die Freunde nicht mehr warnen. Er blieb vor dem Palaste und beobachtete das Geschehen.

Kirke ... führte sie ein und bot ihnen Sessel und Stühle,
Rührte für sie ein Gemisch dann zusammen aus Käse und Gerste,
Gelbem Honig und Wein aus Pramne und tat in die Speise
Schreckliche Gifte: sie sollten die Heimat völlig vergessen.
Kirke bot. Doch als jene geschlürft, griff gleich sie zum Stab,
Schlug auf sie ein und schloß sie in Kofen für Schweine.
                                          Sie wurden

---

[30] HOMER [Odyssee, X, 210 - 215]
[31] HOMER [Odyssee, X, 218 - 219]
[32] HOMER [Odyssee, X, 220 - 224]
[33] HOMER [Odyssee, X, 226 - 228]

7. Magie und Dämonie

Schweine an Kopf, an Stimme und Haaren, der ganzen Gestalt nach.
Freilich blieb der Verstand so klar, wie er früher gewesen.[34]

Käse, Brot, Honig und Wein hat Kirke also den Seemännern vorgesetzt und eine magische Droge beigefügt und sobald sie die Männer mit einem (Zauber-)Stab[35] berührte, verwandelten sie sich in Schweine. In einen Schweinestall sperrte sie sie ein und streute ihnen Eicheln und gab ihnen wilde Kirschen zu fressen.

Diese wohl früheste Beschreibung einer magischen Verwandlung zeigt bereits die typische Verwendung eines Zaubermittels (Zauberdroge, magischer Stoff) und die Handhabung eines Zauberstabes. Im Prinzip sind im Volksglauben bis in die jüngste Zeit die Verwendung von magischen Stoffen und magischen Handlungen erhalten geblieben.

Um die Geschichte von Odysseus abzuschließen, sei kurz noch folgendes berichtet: Mit Hilfe von Hermes konnte Odysseus seine Kameraden befreien. Odysseus verblieb ein Jahr in Kirkes Gesellschaft, bevor er seine Weiterreise wieder aufnahm. Nach seiner Rückkunft in sein Haus fand er seine Gattin Penelope von vielen Freiern belagert, die ihr zuredeten, die vieljährige Abwesenheit ihres Mannes nicht hinzunehmen und doch einen von ihnen zu wählen. Odysseus tötete mit Hilfe seines Sohnes Telemachos und des treuen, alten Sauhirten Eumäus die Freier. Viele Szenen aus der Odyssee wurden auf Trinkbechern und griechischen Vasen dargestellt.

Hexen morden Knaben.
Zur Herstellung magischer Drogen hat man - wie man bei antiken Schriftstellern liest - auch vor Morden nicht zurückgeschreckt. Der römische Dichter Horaz, der wenige Jahre vor Christus starb, hat wahrscheinlich all die Praktiken gekannt,

---

[34] HOMER [Odyssee, X, 233 - 240]
[35] LUCK [Magie, Seite 73]

die damals in den verrufenen Vierteln Roms betrieben wurden, und wollte wahrscheinlich mit seinen dichterischen Worten die Hexenzunft anklagen.[36]

Er erzählt, daß ein Knabe aus einem vornehmen Haus entführt wurde. Horaz schildert die Hexen als abstoßende, alte Weiber, die, vielleicht für irgend einen gut zahlenden Kunden, einen Trank brauen wollten, der sexuelle Liebesbereitschaft erzwingt. Das hierfür erforderliche Mark aus Knochen eines unschuldigen Kindes planen sie sich durch Mord zu beschaffen. Der Knabe ahnt zunächst noch nicht, was ihm bevorsteht, doch als er merkt, daß ihm ein Bitten um sein Leben nichts hilft, verflucht er die Hexen. Ein Fluch, den man knapp vor seinem Tod ausspricht, ist unabwendbar. So war zumindest die antike Vorstellung.

Horaz beschreibt in grausigen Einzelheiten die Vorbereitungen für dieses verbrecherische Tun mit folgenden Worten:

> (Der Knabe spricht.) "Bei allen Göttern im Himmel, die über die Erde und die Menschheit herrschen - was soll dieses Getümmel? Was bedeuten die grimmigen, auf mich gerichteten Blicke all dieser Frauen? ...
> So klagte der Knabe mit zitternder Stimme. Er stand da mit abgerissenen Rangabzeichen. Sein jugendlicher Körper hätte sogar das rohe Herz eines Thrakers besänftigt. Doch Canidia, die kleine Vipern ins ungekämmte Haar auf ihrem Kopf geflochten hatte, verlangte wilde Feigenbäume, aus Gräbern herausgerissen, Zypressen, Symbole des Todes, Eier, die mit dem Blut einer scheußlichen Kröte beschmiert waren, Federn von einer bei Nacht fliegenden Schleiereule, Kräuter, die aus Iolkos und dem an Giften reichen Hiberia stammen ... um all das in kolchischen Flammen zu verbrennen. ...
> Veia, ein völlig skrupelloses Weib, schaufelte mit einem harten Spaten ein Loch in den Boden, stöhnend bei der schweren Arbeit. Sie wollten den Knaben so begraben, daß nur sein Kopf herausragte, wie der eines Schwimmers, der mit dem Kinn an der Wasseroberfläche zu hängen scheint; dann wollten sie ihn langsam sterben lassen, angesichts von Speisen, die zwei-, dreimal am Tag gewech-

---

[36] LUCK [Magie, Seite 95]

7. Magie und Dämonie

selt wurden. Sobald seine Augen, unentwegt auf die ihm versagte Nahrung gerichtet, erloschen, wollten sie sein saftloses Mark und seine ausgetrocknete Leber für einen Liebestrank verwenden.[37]

In dieser Erzählung des römischen Dichters Horaz kommt deutlich seine persönliche Abneigung gegen das Zauberwesen zum Ausdruck. Ist der Dichter also ein Zeuge dafür, daß zu seiner Zeit magisch-dämonische Wirklichkeiten im Leben vieler Menschen verbreitet waren?

In der Literatur[38] werden auch mehrere andere Beispiele für "Liebeszauber", der eigentlich sehr wenig mit Liebe zu tun hat, aus dem sogenannten "Großen Pariser Zauberpapyrus" angeführt. Diese Papyrussammlung wurde etwa 400 n. Chr. geschrieben, man nimmt aber an, daß das Textmaterial wesentlich älter ist. Hier geht es hauptsächlich um Gewalt, die man jemandem antun möchte, wenn er einem nicht zu Willen ist. Da gibt es auch Rituale, bei welchen Zauberer Puppen herstellen, die von Nadeln durchbohrt werden, während dessen Zauberformeln rezitiert werden.[39] Bei Ausgrabungen in Athen hat man 1964 insgesamt sieben Bleipuppen aus einer Zeit um 430 v. Chr. gefunden, die fast sicher magischen Zwecken gedient haben.[40] Die eine Puppe stellt einen Menschen dar, dessen Hände auf dem Rücken gefesselt waren; am Schenkel der Puppe war der Name des Opfers eingeritzt. Auch ein kleiner Sarg, der mit dem gleichen Namen beschriftet war, wurde aufgefunden. Derartige Zauber-Praktiken mit sogenannten "Voodoo-Puppen" werden auch von magisch-religiösen Geheimkulten auf Haiti durchgeführt.

---

[37] HORAZ [5. Epode]
[38] Man vergleiche das Quellenverzeichnis bei LUCK [Magie, Seite IX f.].
[39] LUCK [Magie, Seite 111 f.]
[40] LUCK [Magie, Seite 66]

Flüche verändern das Leben.
Schon ein gesprochenes Wort gilt als machtgeladen. Um wieviel stärker hat auf die Menschen ein Fluchwort gewirkt. Um dem Fluchwort die richtige Macht zu verleihen, mußte es auch mit einer entsprechenden Handlung verknüpft sein. Man denke etwa an die fortweisende Gebärde mit der Hand oder einen Steinwurf nach dem Gegner. In der bildenden Kunst ist diese Situation[41] oft dargestellt worden und in religiöser Symbolik wird die andere Gebärde[42] ritenhaft vollzogen.

Es hat aber nicht nur gesprochene Flüche gegeben, sondern man hat sie auch in schriftlicher Form fixiert. Auf solchen *Fluchtafeln*, die oft aus Blei hergestellt waren, hat man den Namen des Opfers eingraviert und mit Zauberformeln und Zeichen versehen. Solche Fluchtafeln hat man oft an Orten vergraben, die der öffentlichen Hinrichtung dienten, weil man sich vorgestellt hat, daß dort die Geister der gewaltsam Getöteten zu bösen Taten bereit sind. Aus dem Zeitraum vom 5. Jahrhundert vor bis zum 6. Jahrhundert nach Christus sind etwa tausend derartige Exemplare aufgefunden worden.[43]

Ein literarisch besonders beeindruckendes Dokument zum Thema des Fluches stammt von Ovid. Es zeigt[44], daß dieser gebildete Mann und große Dichter an die Macht des Fluches geglaubt hat. Ovid hat in seiner Verbannung ein Meisterwerk schwarzer Poesie verfaßt, wo einem ungenannten Feind unzählige Verwünschungen entgegengeschleudert werden. Man spürt bei der Lektüre dieses Werkes, daß der Dichter von einem tiefen persönlichen Haß erfüllt war.

---

[41] Vergleiche etwa die Bilder, die die Vertreibung aus dem Paradies darstellen oder jene, die die Versuchung Jesu zeigen, wo er den Teufel von sich wies (Matth. 4,10).
[42] Hier ist die "Steinigung des Satans" gemeint, die während der Pilgerfahrt gläubiger Muslime symbolhaft ausgeführt wird, indem von jedem Pilger dreimal sieben Kiesel geworfen werden. Satan wird stets als "gesteinigt", also als verflucht, bezeichnet. (SCHIMMEL [Zeichen, Seite 26])
[43] LUCK [Magie, Seite 65 f.]
[44] LUCK [Magie, Seite 7]

7. Magie und Dämonie

Auch wenn man nur auszugsweise in diesem Werk[45] liest, wird einem hierbei die Mächtigkeit der magischen Wirklichkeit deutlich bewußt. Jene Passagen seien herausgegriffen, die die Elemente des Fluches klar hervortreten lassen und die die Existenz magischer und dämonischer Wirklichkeiten beispielhaft illustrieren:

(I)

Bis zu diesem Zeitpunkt .. waren alle Gedichte meiner Muse harmlos: Keinen Buchstaben gibt es in all den vielen Schriften des Naso zu lesen, der blutrünstig wäre, und niemanden haben meine Büchlein bisher verletzt. .. Ein einziger .. will mir den ewigen Ruf meiner Redlichkeit streitig machen. Mag das sein wer es will - denn seinen Namen will ich jedenfalls noch verschweigen - er zwingt meine Hände, die das nicht gewohnt sind, zu den Waffen zu greifen. ..[46]
Erbarmungslos wühlt er in den Wunden, die nach Ruhe verlangen, .. und während ich doch (nur) nach den gescheiterten Bestandteilen meines Schiffes greife, kämpft er darum, mir die Planken meines Wracks zu entreißen. .. Er will erreichen, daß es mir jetzt im Alter in der Verbannung an Nahrung fehlt - ach, wieviel mehr würde er selber mein Unglück verdienen! ..[47]
Doch dir, du gewalttätiger Mensch, der du mich, da ich am Boden liege, mit Füßen getreten hast, werde ich, so weit es mir, ach, in meinem Unglück möglich ist, ein Feind sein, wie du es verdienst.[48]
Eher wird die Nässe aufhören, das Gegenteil von Feuer zu sein, .. als daß ich mit dir wieder Freundschaft schließe, die du Verruchter, mit deinen Untaten gebrochen hast.[49]
Jetzt aber verfluche ich dich und die Deinen so, wie der Battiade seinen Feind Ibis verflucht, und wie jener werde ich mein Gedicht in dunkle Geschichten hüllen, obschon ich sonst selber diese Gattung nicht pflege. .. Da ich denen, die es wissen wollen, noch nicht verrate, wer du bist, sollst du vorläufig ebenfalls den Namen Ibis haben. .. Laß dir den folgenden Text an deinem Geburtstag und an den Kalenden des Janus von einem beliebigen Menschen mit un-

---

[45] OVID [Ibis]. Der Ovidtext dieses zitierten Werkes wurde von B. W. Häuptli übersetzt und herausgegeben.
[46] OVID [Ibis, Zeile 1 - 12]
[47] OVID [Ibis, Zeile 13 - 22]
[48] OVID [Ibis, Zeile 29 - 30]
[49] OVID [Ibis, Zeile 31 - 42]

Zauber und Dämonen

trüglichem Munde vorlesen![50]

(II)

Ihr Götter des Meeres und der Erde, .. ich bitte euch, hierher richtet all eure Gedanken und sorgt dafür, daß meine Wünsche Gewicht haben, und du selbst, Erde, du selbst, Meer mit deinen Fluten .. ihr Gestirne .. du Mond .. du Nacht .. du Fluß, der du mit schrecklichem Grollen durch die höllischen Täler fließt, .. ihr Frauen, die ihr, wie es heißt, gewundene Schlangen ins Haar geflochten, vor den dunklen Toren des Kerkers sitzt, .. ihr .. Faune, Satyrn, .. Nymphen, all ihr Halbgötter, .. kommt alle her![51]
Während das Fluchgedicht dem treulosen Haupt gesungen wird, .. stimmt alle meinen Wünschen Punkt für Punkt zu, daß kein Teil meiner Flüche ins Leere falle. .. Schlimmer sei sein Unglück, als ich es mir ausdenken kann. ..[52]

(III)

Ihn verfluche ich nun, den ich mit "Ibis" meine, ihn, der weiß, daß er mit seinen Taten diese Verwünschungen verdient hat. .. All ihr Zeugen meiner heiligen Handlung, leiht mir hilfreich eure Stimme, .. sprecht unheilvolle Worte und tretet .. zu Ibis heran! Eilt herzu mit Unheilsprüchen. .. Ein schwarzes Gewand bedecke euren Leib. Du auch, (Ibis,) was zögerst du noch, die (Opfer-)Binden zu nehmen? .. Halt meinem Messer die Kehle hin, abscheuliches Schlachtopfer![53] [Ein schwarzes Schaf wird als Opfertier geschlachtet.]
Möge die Erde dir die Frucht, der Fluß sein Wasser verweigern .. Dir sei die Sonne nicht warm, nicht leuchtend der Mond .. Verbannt, mittellos sollst du umherirren .. und mit zitterndem Mund um dürftige Speise betteln. Krank an Körper und Seele seist du von quälendem Schmerz verfolgt .. Elend sollst du immer sein, doch keinem bemitleidenswert. Freuen sollen sich Mann und Frau an deinem Unglück.[54]
Nicht der Grund zu sterben, sondern die Möglichkeit dazu soll dir fehlen: Dein erzwungenes Leben soll vor dem erwünschten Tod fliehen.[55]

---

[50] OVID [Ibis, Zeile 55 - 66]
[51] OVID [Ibis, Zeile 67 - 84]
[52] OVID [Ibis, Zeile 85 - 94]
[53] OVID [Ibis, Zeile 95 - 106]
[54] OVID [Ibis, Zeile 107 - 118]
[55] OVID [Ibis, Zeile 123 - 124]

7. Magie und Dämonie

(IV)

Solange es in den Bergen Eichen .. gibt, .. werde ich mit dir Krieg führen, und auch der Tod wird meine Wut nicht beenden .. Auch dann werde ich als Schatten deine Taten nicht vergessen und kommen, um als Skelett deine Blicke zu verfolgen.[56]

Ob ich nun .. abgezehrt von langen Jahren, ob ich durch gewaltsamen Tod zugrunde gehe, .. ob fremde Vögel an meinen Gliedern picken, .. was ich auch sein werde, ich werde, wenn ich kann, .. dir als Rächer meine eiskalten Hände ins Gesicht strecken.[57]

.. Was immer du tun wirst, werde ich vor deinem Gesicht .. klagen, und an keinem Ort wirst du Ruhe (vor mir) haben. .. Fackeln werden dir stets vor dem schuldbewußtem Gesicht rauchen. Solange du lebst, werden dich diese Furien jagen. ..[58]

(V)

Kein Begräbnis, keine Träne wirst du von den Deinen bekommen - wegwerfen wird man dich .. Von der Hand des Henkers wirst du unter dem Beifall des Volkes geschleift werden, .. ausspeien wird der gerechte Boden deinen verhaßten Kadaver, mit Krallen und Schnabel wird der bedächtige Geier deine Eingeweide herauszupfen. ..[59]

(VI)

Geboren bist du unglücklich, so wollten es die Götter, und kein Stern war dir bei deiner Geburt gewogen oder gnädig.[60]

Als er aus dem unreinen Schoß der Mutter hervorglitt und mit einem abstoßenden Körper auf den cinyphischen Boden fiel, saß auf dem Dachfirst gegenüber eine Nachteule und stieß dumpfe Laute aus dem unheilvollen Schnabel aus. Sogleich wuschen die Eumeniden ihn mit fauligem Wasser .. Die Glieder wickelten sie in blutgetränkte Lappen, die sie von dem mit Flüchen verlassenen Scheiterhaufen gerissen hatten ..[61]

Schon waren sie daran aufzubrechen, da hielten sie ihm noch .. aus grünem Holz verfertigte Fackeln nahe an seinem Gesicht unter die Augen. Als der Säugling, vom beißenden Rauch belästigt, weinte, sagte eine von den drei Schwestern: .. "Bis in unermeßliche Zeiten

---

[56] OVID [Ibis, Zeile 137 - 144]
[57] OVID [Ibis, Zeile 145 - 154]
[58] OVID [Ibis, Zeile 155 - 162]
[59] OVID [Ibis, Zeile 163 - 172]
[60] OVID [Ibis, Zeile 209 - 210]
[61] OVID [Ibis, Zeile 221 - 236]

haben wir für deine Tränen gesorgt, die dank ausreichendem Grund immer fließen werden." .. Aber Clotho bestimmte, daß das Orakel gelte, .. und um nicht lange Prophezeiungen mit eigenem Mund auszusprechen, sagte sie: "Es wird einen Dichter geben, der dein Schicksal dir singen wird." Ich bin jener Dichter! Von mir wirst du erfahren, welche Wunden man dir schlägt, wenn meinen Worten nur die Götter ihre Macht verleihen. ..[62]

Erschütternd wirkt dieser Text, den Ovid in seiner Verbannung geschrieben hat.

Im Vorwort (I) sagt er, daß ihm bitteres Unrecht geschehen ist und daß er nur dadurch - aus Notwehr - die Waffe des Fluches bemüht.

Und weil also keine verwerfliche Absicht dahinter steht, ist es ihm wohl gestattet, die Götter anzurufen (II). Beängstigend wirkt es, wie er all die verschiedenen Gottheiten zusammenruft: Kommt alle her! Ovid braucht sie als Zeugen und Helfer, damit kein Teil seiner Flüche ins Leere fällt.

Die formale Verfluchung des Ibis (III) und die stellvertretende Opferung eines schwarzen Schafes findet statt, und alle Zeugen dieser heiligen Handlung treten heran und sprechen unheilvolle Worte. Entsetzliches wird ihm als Schicksal gewünscht.

Auch von Spukgestalten (IV) möge er ohne Unterlaß verfolgt werden.

Und selbst in seinem Tod (V) soll er durch Fluchworte bedrängt sein.

Die Schilderung von Ibis' Geburt (VI) ist ein meisterhafter Kunstgriff, durch den sich sagen läßt, daß schon damals die Eumeniden prophezeit haben, daß einmal ein Dichter kommen wird, der sein entsetzliches Schicksal besingt.

An dieser Stelle ist aber Ovids Verfluchung noch keineswegs abgeschlossen. Es folgt eine umfangreiche Aufzählung mythi-

---

[62] OVID [Ibis, Zeile 237 - 248]

scher und historischer Beispiele, die angeben, welcherart Elend man auch über Ibis herabwünscht.

Schamanen

Bei einer Erörterung magischer und dämonischer Wirklichkeiten darf ein Hinweis auf den Schamanismus nicht fehlen. Die Bezeichnung Schamane und Schamanismus wird vielfach weit über jenen Bereich ausgedehnt, den ursprünglich dieser Begriff gemeint hat. Denn Schamanismus war zunächst bloß eine religiös-kultische Erscheinung, die vor allem bei nord- und zentralasiatischen aber auch indonesischen Völkern verbreitet ist. Es hat sich durchgesetzt[63] unter Schamanen ganz allgemein Personen zu verstehen, die offenbar mit übersinnlichen Fähigkeiten begabt waren und vielleicht auch als Wundertäter in Erscheinung getreten sind. In diesem Sinn hat man auch die Medizinmänner der nordamerikanischen Indianer als Schamanen zu betrachten. Erstaunlich erscheint es allerdings, daß man offenbar auch einige ganz frühe Persönlichkeiten der griechischen Philosophie und Wissenschaft als Schamanen sehen muß.

Spuren des Schamanismus in der Neuzeit

Wenn vom Schamanismus die Rede ist, dann wird man vor allem an den *Schamanismus in Sibirien*[64] denken, weil die Begegnung mit diesem Phänomen namensgebend für ähnliche Phänomene in anderen Kulturen gewesen ist.

---

[63] Nach LUCK [Magie, Seite 15] wurde diese Namensgebung von E. R. Dodds in seinem Buch *The Greeks and the Irrational* vorgeschlagen.
[64] BUSSEL STEINMANN [Schamanismus, Seite 10 - 44]

Schamanen

Das Wort Schamane kommt vom Wort *Saman* her, was bei den tungiden Volksstämmen in Sibirien vermutlich mit den Begriffen "wissen", "können" zusammenhängt. Die Lebensweise dieser Menschen hat sicher einen Einfluß auf das Entstehen des Schamanismus gehabt. In der geographischen Mitte Asiens liegt Tuva, eine heute autonome Republik Rußlands. Ein Großteil des Landes ist eine Gebirgssteppenzone, die von Lärchen und Zirben bewachsen, zahlreiche Sümpfe, Flüsse und Seen aufweist. Das Gebiet grenzt an den Kaltgürtel der Erde und hier kommen verschiedene Wildtiere vor, das Polarrebhuhn, Antilopen, das Moschustier, die Trappe und manche andere. Die Bevölkerung widmete sich noch zu Beginn des 20. Jahrhunderts in diesen Steppengebieten der nomadischen Viehzucht, der Jagd und dem Sammlertum; die in Kleingruppen lebenden Menschen wohnten in sogenannten Jurten, das sind im wesentlichen runde Filzhütten.

Ein Schamane war bei diesen Völkern ein Kultträger, der für seine Gemeinschaft wichtige Aufgaben zu erfüllen hatte und sie offenbar auch erfüllt hat: Übelwollende Mächte mußten vom Territorium abgewehrt werden, es galt das Jagdglück zu sichern, Kranke mußten geheilt werden und auf das Wetter mußte eingewirkt werden. Die Bewahrung der Stammes-Mythen war gleichfalls eine wichtige Aufgabe des Schamanen. Man versteht, daß der Schamane dadurch auch das kulturelle Zentrum seiner Gruppe war, ohne daß er jedoch daraus irgendwelche persönliche Vorteile gezogen hätte. Wenn einen Menschen ein Mißgeschick traf, so hat man als Ursache dafür sozusagen die Störung des kosmischen Gleichgewichtes angenommen, die derjenige verschuldet hat, den das Mißgeschick traf. Der Schamane hatte herauszufinden, welcher Vertreter der Geisterwelt hier erzürnt wurde und auf welche Weise man ihn wieder besänftigen konnte. Zu diesem Zweck mußte der Schamane "in das Reich der Geister reisen". Nicht ungefährlich war dieses Unternehmen, bösen Kräften war er dabei ausgesetzt, weshalb er besondere, mystisch aufgeladene Ausrüstungsgegenstände, wie Trommel, Schlegel, Kleid und Schamanenstab benötigte.

Berichte über den Ablauf von Schamanen-Séancen zeigen, daß der Schamane in eine andere Wirklichkeit, in eine "Parallelwelt", übertritt, um von dort her jene Aufgabe zu erfüllen, die seine Gemeinschaft von ihm erwartet. Langsam mußte er sich auf sein Vorhaben einstimmen. In seiner Filzhütte, seiner Jurte, legte er trockene Wacholderzweige auf die Glut und hielt seine Trommel an die kleinen leuchtenden Flammen: Das Fell sollte austrocknen und straff am Trommelkörper sitzen. Der Tragegriff der Trommel war meist verziert, Vogelgestalten aus Messing oder Eisen, aber auch menschliche Figuren waren hier angebracht. Die Schamanentrommel war zumeist innen und außen bemalt. Mit dem Rücken setzte sich der Schamane zum Feuer, ganz leise schlug er die Trommel, um seine Hilfsgeister zu rufen. Sein Gesicht wendete er der Innenseite der Trommel zu. Raben, Falken, Enten und Schlangen rief er herbei. Manchmal schlug er die Trommel härter, manchmal zarter, manchmal redete er weich, manchmal schneidend, befehlend. War die Trommel für ihn jetzt ein lebendes Wesen? Er redete ihr zu, daß sie gemeinsam die bösen Geister besiegen werden. Für die Teilnehmer der Séance wurde sichtbar, daß der Schamane jetzt in Trance fiel, er trat seine "Geistreise" an. Er "verwandelte" sich in Tiergestalten, die Luft durcheilt er als Vogel, er ist aber auch bald ein Bär, ein Wolf oder ein Rentier, eine Schlange oder ein Wasservogel. Aber nicht nur die Zaubertrommel war für den Schamanen wichtig, sondern auch der dreizinkige Schamanenstab, der mit Lederfransen, welche Schlangen symbolisieren, geschmückt ist. Am Stab befestigte Metallteile klingen bei jeder Bewegung wie eine Rassel. Dieser Stab diente gleichfalls der Geistreise, der Reise in benachbarte Wirklichkeiten. Von großer rituellen Bedeutung war auch die Schamanenkleidung. Kopfbedeckung, Mantel und Stiefel waren bemalt, bestickt und mit Applikationen verziert, die teils auf Hilfsgeister wirkten und der Abwehr böser Kräfte dienten. Zu den ältesten schamanischen Gegenständen zählen auch runde Bronzespiegeln, die das Licht anderer Wesen und das Licht von Geistern, ja sogar "ihren glutheißen Blick" reflektieren sollen. Um andere Bewußtseinszustände zu erreichen, nahmen die Schamanen Halluzinogene von Giftpilzen und Kakteen ein, fasteten exzessiv und steigerten sich durch rhythmische Tanzbewegungen in ihre geistige Erregung. Schamanen kannten auch heilige Plätze auf Bergen, auf Gebirgspässen und bei Quellen, wo sie Opfergaben hinterlegten: geschnitzte menschliche Figuren und Bären, Steinmasken, Tabak, Pferdehaar und Speisen legten sie an diese heiligen Stellen.

In der Lebenswirklichkeit der Nomaden wurde ein breites Spektrum von Aufgaben der Verantwortung des Schamanen anvertraut. Aus einer anderen Wirklichkeit heraus, aus einer Parallel-Welt versuchte er zu handeln, um den Erwartungen gerecht zu werden, die seine Stammesgenossen hatten. Aus unserer eigenen, heutigen Wirklichkeitsauffassung kann man jene Bemühungen allerdings nicht verstehen. Doch das ist nicht verwunderlich: Aus *einer* Wirklichkeit heraus sieht man eine *andere* Wirklichkeit immer nur stark verzerrt und bis zur Unkenntlichkeit entstellt. Doch wenn man genauer hinsieht, bemerkt man, daß schamanistisches Denken auf der ganzen Welt latent vorhanden ist.

Antike Schamanen

In der Zeit zwischen Homer und Perikles, also zwischen 800 und 400 vor Christus, sollen in der griechischen Welt Persönlichkeiten gewirkt haben, die übersinnliche Fähigkeiten hatten. Gemeint sind hier vor allem die drei großen Schamanen der alten Welt: Orpheus, Pythagoras und Empedokles.[65] Orpheus ist dabei eher eine mythische Gestalt, die vielleicht etwa 600 v. Chr. gelebt hat. Pythagoras und Empedokles haben in der Zeit um 500 v. Chr. gewirkt.

Nach dem klassischen Philologen Georg Luck, der an der Johns Hopkins University in Baltimore lehrt, hat man unter einem Schamanen eine psychisch labile Persönlichkeit zu verstehen, an die eine Berufung zu einem magischen Leben ergangen ist, die asketisch lebt, übersinnnliche Kräfte aktivieren kann, vielleicht auch Kranke zu heilen und Tote zum Leben zu erwecken versteht, die die Sprache der Tiere erfassen kann und die sich an mehreren Orten gleichzeitig aufhalten kann.[66] Solche Fähigkeiten zu beherrschen, hält man im allgemeinen für unmöglich und doch sind sehr oft Berichte überliefert worden, die von ähnlichen Geschehnissen sprechen. Man versteht, daß solche wunderbaren Ereignisse auch in Werken der Literatur immer wieder auftauchen und auf diese Weise in unserer Zeit bekannt wurden.

Orpheus.
Von Orpheus zum Beispiel sagt man, daß er durch sein Singen und seine Musik wilde Tiere besänftigen und beruhigen konnte, es war ihm möglich, Vögel anzulocken und um sich zu versammeln. Ja sogar Pflanzen und Steine konnte er bezaubern. Auch sind griechische Vasenbilder gefunden worden, die die Wirkung seiner Ausstrahlung auf kämpfende Krieger zeigen: Sie lassen vom Kampf ab, umgeben den Sänger, lauschen seiner Musik und vergessen den Streit. Auch Orpheus' Abstieg in die Unterwelt und seine Rückkehr zu den Lebenden wird eindrucksvoll berichtet.[67] Solche visionäre Kontakte mit dem Jen-

---

[65] LUCK [Magie, Seite 16 - 21]
[66] LUCK [Magie, Seite 17]
[67] Die in diesem Zusammenhang verkoppelte Liebesgeschichte mit Eurydike soll kein ursprünglicher Bestandteil der Sage gewesen sein. (LUCK [Magie, Seite 18])

seits, oder sogar das Verlassen dieser Welt und der Abstieg in das Reich der Toten ist im Mythos aber von mehreren Gestalten berichtet worden. Sei es, daß es darum gegangen ist, Botschaften an einen geliebten Menschen zu überbringen, oder sei es - wie bei Herakles -, von dort den Kerberos, den Höllenhund, ans Tageslicht zu zerren.

Pythagoras.
Älteste Überlieferungen, die auch Aristoteles bekannt gewesen sein sollen, berichten schamanistische Fähigkeiten auch von Pythagoras. Er hatte die Gabe der Weissagung, konnte sich an mehreren Orten gleichzeitig aufhalten und er hatte ähnlich wie Orpheus Einfluß auf Tiere. Seine Schule und seine Anhänger wurden - offenbar wegen des Vorwurfs von Häresie - unter priesterlichem Einfluß um 400 v. Chr. geradezu ausgerottet.

Empedokles.
Empedokles schrieb man zu, daß er kranke Menschen durch geistigen Einfluß heilen konnte, daß er Einfluß auf das Wetter hatte und daß er auch in der Lage war, Tote zu beschwören. Seine Schüler sahen in ihm nicht nur einen bedeutenden philosophischen Geist[68], sondern auch einen Wundertäter, den sie in hohem Maß verehrten.

> In einem Fragment[69] heißt es:
> "Was für Mittel es gibt gegen Krankheit und drückendes Alter
> Sollst du vernehmen; nur dir geb' ich Macht über all solche Mittel.

---

[68] In seiner philosophischen Lehre sprach er nicht von Entstehen und Vergehen, sondern nur von Mischung und Entmischung, Verbindung und Trennung von Elementen. Feuer, Luft, Wasser und Erde waren die 4 Elemente, die er sah. Die Kräfte, die die Entwicklung antrieben, waren Liebe/Haß, Freundschaft/Zwist, Anziehung/Abstoßung. In der Evolution des Lebens sind nach seiner Auffassung zuerst die Pflanzen, dann Tiere und Mensch entstanden. Bei ihm findet sich sogar auch der Gedanke, des "Überlebens des Tauglichsten". (Literatur zu Empedokles findet man bei SCHISCHKOFF [Philosophisches, Empedokles].)
[69] DIOGENES LAERTIUS [Philosophen, VIII 59, Steite 119]

7. Magie und Dämonie

> Auch der rastlosen Winde Gewalt, die, über die Erde
> Fegend, die Felder verheeren, sollst du zur Ruhe verweisen.
> Wünscht du im Gegenteil Wind, so wird deinem Winke er folgen.
> Wandeln wirst du den dunkelen Regen in trockenes Wetter,
> Heilsam den Menschen, und wirst die dörrende Hitze des Sommers
> Wandeln in Ströme von Regen, die Bäume zu nähren vom Himmel.
> Und aus dem Hades erweckst du die Kraft des gestorbenen Mannes.

Aus einem anderen Fragment kann man entnehmen, daß Aristoteles den Empedokles als freiheitsliebenden Mann beschrieben hat, der die ihm angebotene königliche Würde abgelehnt hat und ein asketisches, einfaches Leben geführt hat.

Vespasian.
Schamanistisch anmutende Handlungen, wo es um Wunderheilungen geht, wurden auch Vespasian - bevor er noch zum Kaiser gekrönt wurde - zugeschrieben. Der römische Geschichtsschreiber Tacitus berichtet:[70]

> Während der Monate, da Vespasianus zu Alexandria auf die feststehenden Tage der Sommerwinde und auf sichere Meerfahrt wartete, ereignete sich viel Wunderbares, wodurch des Himmels Gunst und eine gewisse Zuneigung der Götter für Vespasianus sich zu erkennen gab. Ein gemeiner Alexandriner, bekannt als einer, dem das Augenlicht vergangen, wälzt sich hin zu seinen Knien, indem er jammernd Heilung von seiner Blindheit fordert ... und fleht zum Fürsten, er möge ihm die Wangen und den Rand der Augen mit seinem Speichel zu bestreichen würdigen. Ein anderer, dem die Hand gelähmt war, bat ..., es möge der Kaiser mit dem Fuße darauf treten. Vespasianus verlachte sie anfangs und wies sie zurück; als sie jedoch in ihn drangen, ... ließ er sich durch das Flehen der Leute zur Hoffnung (auf mögliche Heilung) bewegen. ... So vollzieht denn Vespasianus in dem Glauben, es sei alles seinem Glücke möglich, und nun nichts mehr, was man demselben nicht zutrauen dürfe, mit freudiger Miene, während gespannt die Menge um ihn her stand, das von ihm Verlangte. Augenblicklich wurde die Hand wieder brauchbar, und auch dem Blinden schien das Tageslicht von neuem.

---

[70] TACITUS [Werke, Historien IV 81, Seite 337]

Nekromantie.

Nekromantie, oder die Beschwörung von Totengeistern, ist ein relativ dunkles Kapitel. Hier geht es um die Befragung der Toten, was denn die Zukunft bringen wird. Immer wieder wurde betont, daß dadurch die Totenruhe gestört werde, daß Nekromanten oftmals Leichenräuber waren und daß sie letztlich Grabschändung betrieben.

Über die Praktik der Nekromantie findet man auch in der Bibel einen Bericht.[71]

Die älteste Beschreibung von Nekromantie liest man aber in Homers Odyssee. Odysseus mußte sich auf Anraten von Kirke vom Geist des Propheten Teiresias den Weg in seine Heimat erklären lassen, weil er sonst niemals mehr hätte zurückkehren können. Um Teiresias aufzufinden, mußte er in einer schrecklichen Fahrt an den Rand des Okeanos reisen, um die Schatten der Toten befragen zu können.

An der Küste zog er einen Graben, der symbolisch den Eingang zum Hades darstellte. Opfergetränke verschüttete er dort, Milch, Honig, Wein und zuletzt auch das Blut eines Widders. Die Schatten eilten herbei, um das Blut des Opfertieres zu trinken; ein kurzes Scheinleben ist ihnen dann nämlich möglich und sie sind auch wieder ihrer Sprache mächtig. All die anderen Geister mußte Odysseus mit seinem Schwert vertreiben, denn nur von Teiresias konnte er jene Antwort erwarten, die ihm die Heimfahrt ermöglichte. Homer beschreibt den Hergang der Totenbeschwörung:[72]

> ... als die Sonne versank und sich Schatten auf Wege und Straßen
> Legten, erreichte das Schiff auch den Rand von Okeanos' Tiefstrom. ...

---

[71] N. N. [Bibel, 1 Samuel 28, 3 - 20]
[72] Nach HOMER [Odyssee, 11. Gesang] auszugsweise zitiert, zum Teil geringfügig verändert.

7. Magie und Dämonie

Dort nun kamen wir an und landeten, nahmen die Tiere,
Gingen dann wieder zu Fuß entlang an Okeanos' Strömung,
Bis wir endlich die Stelle erreichten, die Kirke beschrieben.

Hier nun hielt Eurylochos und Perimedes die Opfertiere.
Ich aber zog indessen mein scharfes Schwert von der Hüfte,
Warf eine Grube dann aus, eine Elle in Länge und Breite,
Schüttete rund um sie eine Trankspende für die Toten.
Diese bestand zuerst aus Honiggemisch, dann aus süßem
Wein und drittens aus Wasser; zum Schlusse noch streute ich
   glänzende Gerste.
Oft dann fiel ich aufs Knie vor den kraftlosen Häuptern der Toten,
Sagte, ich werde die beste Kuh, die noch niemals getragen,
Opfern im Hause, das Feuer ernähren mit edelsten Gaben,
Wenn ich nach Itaka käme. ...
Dann rief ich die Völker der Toten mit Bitten und Beten,
Packte die Tiere und schnitt ihnen über der Grube den Hals ab.
Dunkel dampfend rann da ihr Blut. Aus dem Düster indessen
Kamen in Scharen die Seelen der lang schon gestorbenen Toten.
Bräute kamen und Jünglinge, Greise, die vieles erduldet,
Mädchen in fröhlichem Alter mit frischem Leid im Gemüte,
Viele auch, die es getroffen in Kämpfen der ehernen Speere,
Männer, die fielen im Krieg und blutige Rüstungen trugen:
Zahllose drängten von sämtlichen Seiten heran an die Grube,
Lärmten, als sprächen Verzückte; - mich packte das bleiche Entsetzen. ...
Ich aber zog indessen mein scharfes Schwert von der Hüfte,
Blieb dann sitzen und lies der Toten kraftlose Häupter
Nicht an das Blut heran; Teiresias wollt' ich erst hören. ...
Nun aber kam die Seele des Thebers Teiresias nahe,
Trug einen goldenen Stab und begann, da er gleich mich erkannte: ...
"Unglückseliger, warum bist du gekommen? Verließest
Sonne und Licht, um die Toten zu sehen und den Ort ohne Freude?
Tritt von der Grube zurück, nimm weg dieses spitzige Eisen!
Trinken will ich vom Blut und klare Kunde dir geben."
Sprach's, und ich wich und stieß mein Schwert mit den silbernen Nägeln
Fest in die Scheide. Da trank er zuerst noch vom schwarzen Blute,
Dann aber sagte er wirklich und wörtlich, der treffliche Seher: ...

(Es folgt hier der Wortlaut der Prophezeiung, der in unserem Zusammenhang nicht mehr von Bedeutung ist.)

Die Macht des Okkulten

An die Macht des Okkulten will man eigentlich nicht glauben. Auf welche Weise sollte denn das Okkulte wirken? Wirkt es überhaupt? Oder anders gefragt: Ist das Okkulte eine *Wirklichkeit*?

Die eindringlichste Antwort geben uns wahrscheinlich jene Beispiele, die uns zeigen, daß die Wirklichkeit des Okkulten tatsächlich auch über Leben und Tod entscheiden kann.[73] In dieser Form strahlt das Okkulte in besonderem Maß extreme Gefahr aus. Denn hier wird eine magische oder dämonische Wirklichkeit verabsolutiert und der betreffende Mensch ist dann wie in einer Falle gefangen, und das Unglaubliche an der Situation ist, daß diese okkulte Wirklichkeit den Menschen aus dem Leben drängen kann.

Solche Beispiele zeigen wohl sehr überzeugend, welche Macht im Bild einer Wirklichkeit liegt. Sowohl im positiven wie im dramatisch negativen Sinn können uns Wirklichkeiten ergreifen und unser Leben auch zerstören. Hier zeigt sich besonders deutlich, wie wichtig es ist, stets mit alternativen Wirklichkeiten zu leben, um nicht einer verhängnisvollen totalitären Wirklichkeit zu verfallen.

Die Macht des Okkulten sei an Beispielen illustriert, die aus fremden Kulturkreisen stammen. Ich glaube, sie zeigen deutlicher den tiefen Ernst, aber auch die groteske und übertriebene Absurdität, in die man sich durch eine Verabsolutierung hineinsteigern kann. Beispiele, zu denen man ein Naheverhältnis hat, würden nicht so eindrucksvoll wirken.

Unglaubliche Beispiele erzählt man sich etwa vom Voodoo-Kult. Immer wieder wurde berichtet, daß hierbei Menschen durch Schwarze Magie und Verzauberung getötet wurden. Im

---

[73] Eine Fundgrube unzähliger Beispiele zu diesem Thema ist das Buch von G. B. SCHMID [Psychogenie]. Es handelt vom Tod durch Vorstellungskraft und analysiert in einem breiten Spektrum psychogene Todesfälle. Die Beispiele, die wir nachfolgend zu dieser Frage anführen, sind aus diesem Werk entnommen.

7. Magie und Dämonie

allgemeinen konnte man an den Toten aber keine organischen Todesursachen feststellen. Der Voodoo-Tod pflegt mit dem Bild eines peripheren Kreislaufkollapses einzutreten.[74]

Sehr spektakulär und auch bekannt sind jene Fälle, wo Manipulationen an Voodoo-Puppen den Tod von Menschen bewirkt haben. Es wurde zum Beispiel berichtet,

> ... daß auf einer Südseeinsel, wo Voodoo praktiziert wird, starke, gesunde, junge Eingeborene innerhalb weniger Wochen starben, nachdem ihnen gesagt wurde, daß von einem Voodoo-Priester ein Bildnis von ihnen aus dem Harz des Gummibaums geformt, mit einem gespitzten Zweig durchbohrt, und in einer Flamme geschmolzen wurde.[75]

Andere okkulte Handlungen, die zum Tod von Menschen führen, werden von den australischen Ureinwohnern berichtet:

> Der Tod wird hier durch magische Handlungen herbeigeführt, die von einem Stamm zum anderen etwas verschieden sind. ... Manchmal sind es Handlungen, die man mit Hilfe von etwas, das vom Opfer kommt, ausübt, wie zum Beispiel ... mit einem Fußabdruck, oder sogar wie bei den Arunndta, mit dem 'Ausschneiden' des Schattens des Menschen. Im zweiten Fall, der eigentlich häufiger ist, wird der Tod mit einem Instrument herbeigeführt, das oft aus einem Menschenknochen gemacht ist. Daher der englische Ausdruck 'pointing the bone' oder 'Boning'. Es werden auf diese Weise sogar Menschen, die zum Tode verurteilt wurden, hingerichtet. Das Instrument wird auf den Verurteilten gerichtet, ... und dann wird eine magische Formel in der Richtung des Opfers ausgesprochen. ...
>
> Die Wirkung soll unmittelbar und unfehlbar sein: Ein Mensch, der entdeckt, daß er von seinem Feinde 'boned' wurde, bietet einen bedauernswerten Anblick. Er steht entgeistert da. ... Die Wangen werden totenbleich, die Augen werden glasig, und der Ausdruck seines Gesichtes wird schrecklich verzerrt, wie dasjenige eines Menschen, der von einer Lähmung befallen wird. Er versucht zu schreien, aber gewöhnlich erstickt der Ton in seiner Kehle, und alles, was man sehen kann, ist Schaum vor seinem Munde. Der Körper beginnt zu zittern und seine Muskeln ziehen sich unwillkürlich

---

[74] SCHMID [Psychogenie, Seite 26]
[75] YAWGER [Emotions, Seite 876]

zusammen. Er schwankt rückwärts und fällt auf den Boden. Für kurze Zeit scheint er bewußtlos zu sein, aber bald darauf fängt er an, sich wie im Todeskampf zu winden, zu stöhnen, indem er sein Gesicht mit den Händen bedeckt. ... Von dieser Zeit an wird er kränker und quält sich, verweigert etwas zu sich zu nehmen und zieht sich von den täglichen Angelegenheiten zurück. Wenn nicht rechtzeitig Hilfe durch einen Gegenzauber eintrifft, von einem *Nangarri*, das heißt von einem Medizinmann, ausgeführt, wird der Tod in kurzer Zeit eintreten.[76]

Die Wirksamkeit solcher okkulter Handlungen setzt voraus, daß der Betroffene die okkulte Wirklichkeit für sich in extremer Weise verabsolutiert, daß er also vollständig überzeugt ist, daß das magische Tun seines Feindes unausweichliche Folgen hat und zum Tod führt. Von den Papuas in Neu-Guinea wird von einem Giftzauber "bofiet" berichtet, der an einem Weg ausgelegt wird, den der Feind passieren muß:

Es handelt sich dabei um 'besprochene', d.h. bezauberte Pflanzenteile, die in ein Blatt eingewickelt waren. - [Der betroffene Mann] ging den Weg entlang, bemerkte das Gift zwar nicht, hörte aber zu Hause, daß [sein Widersacher] den Zauber 'bofiet' am Weg ausgelegt habe. Daraufhin schon fühlte er sich sofort schwach, saß herum und schlief am folgenden Abend ein, ohne wieder aufzuwachen. Er wurde am nächsten Morgen tot aufgefunden.[77]

Die Entstehung einer verabsolutierten Wirklichkeit kann auch - wie wir sagen würden - durch einen Aberglauben ausgelöst werden und den Betroffenen unweigerlich töten. Man berichtet zum Beispiel über

... den Fall eines Maori, welcher mit einem Weißen reiste. Unterwegs lief ihm eine Eidechse über den Fuß; der Maori inspizierte sie sorgfältig, ließ sie wieder laufen und erklärte darauf, er werde in 8 Tagen sterben. Die Eidechse sei die Seele eines bereits verstorbenen Ahnen gewesen, welche gekommen sei, um ihn darauf aufmerksam zu machen. Sie hatte acht schwarze Flecken, das bedeutet

---

[76] ELLENBERGER [Voodoo-Tod, Seite 338-339]
[77] VAN DER HOEVEN [Papuas, Seite 422]

7. Magie und Dämonie

> den Tod am 8. Tage. Der Maori lebte nun die nächsten 7 Tage wie gewöhnlich weiter, am Abend des 7. Tages legte er sich hin, wikkelte sich in seine Decke, und am Morgen des 8. Tages wurde er tot aufgefunden.[78]

Auch das Verletzen eines Tabus kann einen Menschen in kurzer Zeit durch Angst und Schuldgefühle töten. Aus Neuseeland berichtet zum Beispiel ein Reisender, daß sein Informant

> ... an einem tabuisierten Platz vorbeikam, wo er sehr schöne Pfirsiche und Kumaras (eine einheimische Frucht) sah. Er konnte der Versuchung nicht widerstehen, sich einige anzueignen. Auf seinem Weg nach Hause bat ihn eine eingeborene Frau von niederem sozialen Stand um einige Früchte.
> Nachdem diese sie verzehrt hatte, berichtete er ihr, von wo diese stammten. Plötzlich fiel ihr Korb zu Boden, und in Todesangst rief sie aus, daß der Attua (das Tabu) des Häuptlings, dessen Heiligtum (durch den Diebstahl) verunreinigt worden war, sie töten würde. Dies geschah am Nachmittag, und am nächsten Tag um die Mittagszeit war sie tot.[79]

Während die oben angeführten Beispiele zumeist einen psychogenen Tod beschrieben, der mit vorhergehenden panischen Angstgefühlen oder Depressionen verbunden war, sei zum Abschluß ein Fall zitiert, wo der Betroffene eine ungewollte Vorahnung des eigenen Todes hat und diese offenbar ganz ruhig als sein Schicksal hinnimmt. Hierbei kommt es zu einem - für uns wohl unbegreiflichen - ruhigen Verlöschen des Lebens. I. H. Schultz[80] zitiert diesen Fall, der seinem Freund, Dr. Hubert, dem späteren sehr bekannten Kreislaufspezialisten in Nauheim (Deutschland), in seiner Spitalspraxis widerfahren ist. Schultz schreibt:

---

[78] ELLENBERGER [Voodoo-Tod, Seite 342]
[79] BROWN [Aborigines, Seite 76]
[80] SCHULTZ [psychogener Tod, Seite 91-92]

Ein Regierungsrat aus Siam (heute Thailand) wurde in Bad Nauheim wegen einer leichten, tuberkulösen, einseitigen Affektion der Lungenspitze behandelt. Die Kur verlief störungsfrei und erfolgreich; und umsomehr erstaunte meinen Freund (Dr. Hubert), als der Herr aus Siam ihn etwa in der Weihnachtszeit bat, Ehefrau und besten Freund aus Siam telegraphisch herzurufen, denn er werde am soundsovielten April sterben. Begreiflicherweise dachte mein Freund an eine ihm in ihren Motiven unklare akute Depression; aber als er versuchte, den Patienten auf seinen guten Heilverlauf und die sichere Aussicht auf volle Gesundung hinzuweisen, lehnte der Kranke überlegen lächelnd ab, bestritt jede nervöse Gemütsverstimmung und wiederholte den Wunsch nach telegraphischer Herbeirufung von Frau und Freund so dringend, daß er erfüllt wurde. 'Sie kennen den Osten nicht', meinte er zu meinem Freund. Die beiden Vertrauten erschienen und verlebten für den äußeren Beschauer ungetrübte Wochen mit dem Kranken, der am angesagten Tage außer den beiden Nächsten auch den Arzt in sein Zimmer rief, sich bei allen herzlich bedankte und starb. Auch in diesem Fall war keinerlei erklärender organischer oder pharmakologischer Befund zu erheben.

Alle diese Beispiele wurden in der Literatur ausführlich von psychotherapeutischer Seite durchleuchtet[81], worauf hier aber nicht näher eingegangen werden soll. In unserem Zusammenhang sind diese Beispiele von Bedeutung, weil sie die ungeheure Macht aufzeigen, die in einer verabsolutierten, sozusagen okkulten Wirklichkeit zum Ausdruck kommen kann.[82]

---

[81] SCHMID [Psychogenie]
[82] Angesichts dieser massiven *negativen* Einflüsse auf die Gesundheit eines Menschen wird man es nicht besonders erstaunlich finden, wenn es umgekehrt auch *positive* Einwirkungen gibt. Auch aus unserem eigenen Kulturkreis sind hierfür Beispiele allgemein bekannt. So können Scheinmedikamente und unwirksame, indifferente Substanzen (Placebos) bei Patienten Wirkungen entfalten, die man eigentlich nur von echten Medikamenten erwarten würde (SCHMID [Psychogenie, Seite 174]). Man versteht, daß solche Placebo-Effekte auch von den Medien stets mit Interesse aufgegriffen werden (EHGARTNER [Placebo]).

7. Magie und Dämonie

Magie und Dämonie als Wirklichkeit?

Magie und Dämonie sind Wirklichkeiten, die uns heute fremd sind. Doch schon ein Blick in die jüngste Vergangenheit zeigt uns, daß man sehr häufig vor magischen Praktiken steht, die besonders in der Volkskunst einen reichen Niederschlag gefunden haben. Die Wirklichkeit von Magie und Dämonie wird also sogar schon unter der dünnen Schicht unserer heutigen Gegenwart sichtbar. Und wenn man nach antiken Zeugnissen sucht, die in Magie und Dämonie ernstzunehmende Wirklichkeiten sahen, dann wird man erst recht reichlich belohnt. Es ist mit großer Sicherheit anzunehmen, daß viele Jahrhunderte von der Existenz magischer und dämonischer Wirklichkeiten überzeugt waren, denn hervorragende alte, schriftliche Zeugnisse geben hiervon Kunde.

8
TOTALITÄRE WIRKLICHKEITEN

8. Totalitäre Wirklichkeiten

Totalitäre Wirklichkeiten
    Wahnsinn als totalitäre Wirklichkeit
        Größen- und Verfolgungswahn
        Paranoia erotica
        Eifersuchtsparanoia
        Religiöser Wahn mit erotischer Komponente
    Kraftentfaltung in totalitären Wirklichkeiten
        Der Kriegstanz der Maori
        Atomare Bedrohung
    Extremsituationen in totalitären Wirklichkeiten
        Der Tag des Blutes
        Der spontane Volkszorn
        Entgleisung einer Hochtechnologie
            Die Eigendynamik und die Hilflosigkeit

Totalitäre Wirklichkeiten

In diesem Kapitel soll an Hand mehrerer Beispiele von totalitären Wirklichkeiten die Rede sein.

Totalitäre Wirklichkeiten meinen solche, die die Gesamtheit umfassen, die alles sich unterwerfen. Man denkt hierbei im übertragenen Sinn sofort an einen totalitären Staat, in dem in diktatorischer Manier in allen Gesellschaftsbereichen der Mensch mit allem, was er ist und besitzt, voll beansprucht wird und einer unbeschränkten Herrschaftsapparatur bis zur Vernichtung untersteht. Totalitäre Wirklichkeiten sind also verabsolutierte Wirklichkeiten, wodurch der Weg, den solche Wirklichkeiten zeigen, als der einzig mögliche Weg für unser Handeln erscheint. Demgegenüber ist die von uns gemeinte Wirklichkeits-Vielfalt in ihrer Pluralität eigenständig und autonom, denn unterschiedliche Zugangsweisen können unterschiedliche Wirklichkeiten hervorbringen, die alle "richtig" sein können und die aber trotzdem "nicht zusammenpassen" müssen. Jede Wirklichkeit hat ihre eigene, ganz spezielle "Sprache". Jede Wirklichkeit sieht sozusagen das Sein auf ihre jeweils besondere Weise. Manche Wirklichkeiten sind vielleicht groß, manche kleiner, manche weit, andere wieder sind eng. Jede Wirklichkeit ist aber eine legitime Art, das Sein zu interpretieren. Wenn man das bedenkt, dann merkt man sofort, daß jede Form von Verabsolutierung die Gefahr einer extremen, endgültigen Verarmung mit sich bringt. Denn eine einzige Wirklichkeit schwingt sich zur Universalwirklichkeit auf und alle anderen Wirklichkeiten werden verdrängt und gehen verloren. Dieser Prozeß der Verabsolutierung wird oft gar nicht als so besonders störend bewußt, weil es einem nämlich "erspart bleibt", nicht-zusammenpassende Wirklichkeiten vor sich sehen zu müssen. Dieser vermeintliche Vorteil strahlt sogar eine gewisse Attraktivität aus und zieht sehr oft Massen in ihren Bann, wodurch verabsolutierte Wirklichkeiten ein extremes Naheverhältnis zur Macht haben können.[1]

---
[1] Das Werk von CANETTI [Masse] ist für unsere Überlegungen in dieser Hinsicht eine wertvolle Fundgrube. Canetti zitiert aus historischen Quellen und be-

8. Totalitäre Wirklichkeiten

An Hand von Beispielen sollen in diesem Kapitel totalitäre Wirklichkeiten beleuchtet werden. Von besonderem Interesse sind Beispiele, die aus einem anderen kulturellen Umfeld stammen, denn an ihnen kann man die Absurdität verabsolutierter Wirklichkeiten leicht erkennen, weil man nämlich zu diesen Wirklichkeiten in keinem Naheverhältnis steht. Aber auch Beispiele, die aus Grenzsituationen stammen, beleuchten die Gefahren einer Verabsolutierung sehr deutlich. Folgende Beispiele werden betrachtet:

Der Wahnsinn als totalitäre Wirklichkeit ist eine Wirklichkeit, die sich auf den einzelnen Menschen bezieht und ihn nicht mehr losläßt. Beispiele aus der psychiatrischen Praxis werden angeführt, die zeigen, auf welche Weise man in eine Wahn-Wirklichkeit hineinschlittert und zuletzt dort auf totalitäre Weise gefangen ist.

Die Kraftentfaltung in einer totalitären Wirklichkeit wird an Hand der Eskalation von Kriegsgeschehen schrittweise dargelegt.

Extremsituationen in totalitären Wirklichkeiten lassen erkennen, daß verabsolutierte Wirklichkeiten aus ihrem Inneren eine ungewollte Dynamik entfalten können, die in Extremfällen nicht mehr zu beherrschen ist. Wenn man die Situationen aus dem Inneren der betreffenden verabsolutierten Wirklichkeit betrachtet, bemerkt man im allgemeinen viel zu spät die Gefahren und ist ihnen schließlich hilflos ausgeliefert. Von außen gesehen hat man dagegen den Eindruck, einem völlig absurden Geschehen beizuwohnen. Viele Menschen können von solchen Massenphänomenen erfaßt werden und viele können von den oft erschreckenden Auswirkungen betroffen sein.

Die Abbildung 1 greift auch dieses Thema wieder symbolisch auf. Es kann geschehen, daß man in der Lebenswirklich-

---

leuchtet daran die zwanghaften Mechanismen, die in Massen zur Wirkung kommen und Machtphänomene nach sich ziehen. Auf einige dieser Beispiele werden wir zurückgreifen.

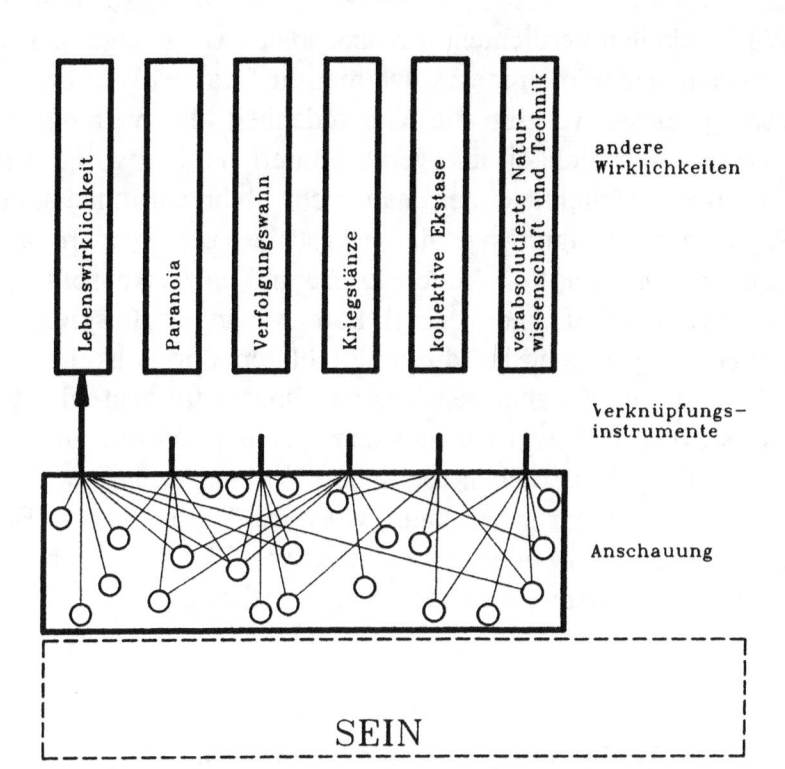

Die Abbildung greift das Thema totalitärer Wirklichkeiten auf: Es kann geschehen, daß man in der Lebenswirklichkeit Erfahrungen macht, die sich zu Wirklichkeiten verdichten, in denen man unversehens wie in einer Falle festgehalten wird. Sobald man aber gefangen sitzt, kann man nicht mehr sehen, wie man hier hineingeraten ist.

Bei den *totalitären Wirklichkeiten* - Paranoia, Verfolgungswahn, Kriegstänze, ... - wurden daher die Pfeilsymbole der Verknüpfungsinstrumente oben abgebrochen. Man weiß nicht mehr, wie diese Wirklichkeiten entstanden sind, man findet aus ihnen nicht mehr heraus.

Abbildung 1

keit Erfahrungen macht, die sich zu in sich geschlossenen Wirklichkeiten verdichten, die eine solche Überzeugungskraft ausstrahlen, daß man meint, daß hier die "wahre" Wirklichkeit vorliegt. Man vergißt die Gewordenheit der vermeintlich "wahren" Wirklichkeit und verabsolutiert sie: Sie wird zur *totalitären* Wirklichkeit, der man nicht mehr entrinnen kann. Paranoia, Verfolgungswahn, Kriegstänze zur Synchronisierung von Massen, kollektive Ekstase und eine verabsolutierte Naturwissenschaft und Technik könnte man als Beispiele anführen. Im Bild sind bei diesen totalitären Wirklichkeiten die Pfeile, die die zugehörigen Verknüpfungsinstrumente darstellen, weggelassen worden, um damit zum Ausdruck zu bringen, daß man in solchen totalitären Wirklichkeiten gefangen ist und nicht mehr sehen kann, wieso es überhaupt zum Beispiel zur Paranoia oder einer kollektiven Ekstase gekommen ist. Kritische Distanz ist dadurch nicht mehr möglich.[2]

Wahnsinn als totalitäre Wirklichkeit

Von totalitären Wirklichkeiten war die Rede, wobei angedeutet wurde, zu welchen gefährlichen Konsequenzen eine solche alles erfassende und alles sich unterwerfende Wirklichkeit führt.

Totalitäre Wirklichkeiten können sich auf den *einzelnen* Menschen beziehen, sie können ihn auf totalitäre Weise gefangen nehmen und nicht mehr loslassen. Hier sind jene Phänomene gemeint, die in der Psychiatrie unter der Bezeichnung

---

[2] Das Verknüpfungsinstrument, welches von der Anschauung zur Lebenswirklichkeit führt, ist in dem Jahrtausende alten kulturellen Hintergrund unseres Lebens eingebettet. Selbstverständlich gibt es auch den Fall, daß die Gewordenheit der Lebenswirklichkeit nicht mehr gesehen wird und daß damit auch die Lebenswirklichkeit verabsolutiert wird. Dann werden sogar die Lebenswirklichkeiten fremder Kulturen als "falsch" abgelehnt. Wer kennt nicht solche Beispiele.

Wahn zusammengefaßt werden. Das Schicksal, welches einzelne Menschen durch totalitäre Wahn-Wirklichkeiten befällt, kann erschreckend, aber auch menschlich sehr berührend sein.

Durch alle Zeiten war der *Wahn* das Grundphänomen der Verrücktheit. Wahnsinnig zu sein ist gleichbedeutend mit geisteskrank zu sein. Die Frage, was Wahn ist, steht im Zentrum der Psychopathologie.[3] Unter Wahn - unter "Paranoia" - versteht man in der Psychiatrie die schleichende Entwicklung eines dauernden, unerschütterlichen Wahnsystems bei erhaltener Klarheit und Ordnung im Denken, Wollen und Handeln.[4]

Das Entstehen eines Wahnes ist aus der Sicht des Gesunden ein überraschendes Phänomen: Einerseits wird einem nämlich erschreckend bewußt, in welche bizarre Wirklichkeit ein Kranker hineinschlittert und anderseits relativiert sich hierdurch das eigene Wirklichkeitsverständnis. Der Wahn ist in seinem Wesen nämlich eine psychisch verständliche Reaktion des Kranken auf innere oder äußere Konflikte, bei der nicht selten eine gewisse Disposition[5] eine Rolle spielt. Schon hier wird einem also bewußt, daß zwischen Wahn und Norm keine scharfe Grenze zu ziehen ist.[6] Ein einfaches Beispiel, welches man in vielen Schattierungen zeichnen könnte, macht diesen Übergang zwischen Norm und Wahn deutlich:

---

[3] JASPERS [Psychopathologie, Seite 78].
Obwohl Wahnkrankheiten jahrzehntelang mit besonderem Interesse untersucht wurden, gibt es dennoch auch heute verschiedene Schulen, die divergierende Auffassungen über das Wesen des Wahns vertreten. Unsere nachfolgenden Überlegungen wollen nicht in diese offenen Fragen eingreifen, sondern möchten auf interessante Parallelen zwischen Wahn und totalitären Wirklichkeiten im Sinn unserer Untersuchung hinweisen.

[4] Diese Charakterisierung der Paranoia geht auf Kraepelin zurück (BLEULER [Psychiatrie, Seite 473]).

[5] Gewisse Eigenheiten und Schwächen können den Menschen zur Wahnentwicklung disponieren; Mißtrauen, leicht depressive Dauerverstimmungen, Kontaktschwäche und eine Unfähigkeit, zu anderen Menschen eine freundschaftliche Beziehung aufzubauen, wären hier zu nennen (BLEULER [Psychiatrie, Seite 478]).

[6] BLEULER [Psychiatrie, Seite 477]

8. Totalitäre Wirklichkeiten

Ein ehrgeiziger, junger Mensch möge sich in seiner beruflichen Arbeit ein hohes Ziel gesteckt haben, er kann es aber wegen seiner intellektuellen und charakterlichen Fähigkeiten nicht erreichen. Immer wieder muß er die Erfahrung machen, daß seine Kenntnisse und seine Begabung nicht ausreichen und daß es ihm auch nicht gelingt, seine Mitarbeiter reibungsfrei zu führen. Wegen seines Ehrgeizes kann er sich aber nicht mit seinem Versagen abfinden und schon gar nicht ist er in der Lage, die Schuld bei sich selbst zu suchen. Negative Erlebnisse rufen in ihm eine bald unerträgliche Spannung hervor. Um sein übersteigertes Selbstwertgefühl nicht vollständig zu verlieren, entsteht in ihm eine wahnhafte Idee, die ihm sein ständiges "Mißgeschick" verständlich macht: *Andere Menschen behindern ihn in böser Absicht*. Wie eine seelische Verkrampfung ergreift es diesen Menschen, aus der er sich nicht mehr befreien kann.

Schon aus diesem einfachen Beispiel wird das Grundmuster deutlich, welches zur Wirkung kommen kann: Am Anfang stehen ursprüngliche Erlebnisse und Erfahrungen, die der Betreffende nicht erwartet hat. Es scheint fast etwas Unheimliches vorzugehen, was man aber nur irgendwie ahnen kann. In dieser Unsicherheit scheint alles, was man erfährt, auf eine neue Weise bedeutsam zu sein. Es liegt etwas in der Luft, was aber noch nicht greifbar ist und den Betroffenen mit einer unheimlichen Spannung erfüllt, die für ihn unerträglich ist. Eine unbestimmte Gefahr wird ja immer als besonders grauenvoll erlebt. Man versteht, daß sich hierdurch sein inneres Unbehagen immer mehr steigert. Um in dieser Haltlosigkeit und Unsicherheit nicht vollständig unterzugehen, drängt es ihn, einen festen Punkt zu suchen, an den er sich klammern kann. Die plötzlich sichtbar werdende Wahnidee wirkt auf den Kranken wie eine klare Erkenntnis.[7] Er weiß auf einmal, woran er ist. Diese fast befreiend wirkende Erkenntnis kommt deutlich in einer dokumentierten Aussage eines Kranken zum Ausdruck:

---

[7] JASPERS [Psychopathologie, Seite 82]

"... alles hat sich mir plötzlich und ganz unerwartet aufgedrängt, in ganz natürlicher Weise. Ich hatte das Gefühl, daß es mir *wie Schuppen von den Augen fiel*, warum sich mein Leben in den letzten Jahren immer in dieser ganz bestimmten Weise abgespielt hat." [8]

Aber nicht nur diese beruhigende Wirkung ist für den Kranken der entscheidende Gesichtspunkt; die Wahnidee hat eine noch viel größere Bedeutung: Der Inhalt des Wahnes wird für den Kranken überhaupt bald unverzichtbar, um sein Leben führen zu können; ohne Wahn würde er innerlich zusammenbrechen.[9] Wir sehen hier also eine nahezu unüberwindliche Grenzmauer, die zwei unterschiedliche Wirklichkeiten voneinander trennt. Die Wahn-Wirklichkeit des Kranken und die "wahre" Wirklichkeit des Gesunden. Kann die Grenzmauer zwischen diesen beiden jemals überstiegen werden? Wohl kaum. Denn man müßte etwas anerkennen, was einem scheinbar den Boden unter den Füßen wegzieht. Instinktiv sträubt sich der Kranke dagegen. Denn die Erkenntnis einer "Wahrheit", die das Leben unmöglich macht, kann niemandem zugemutet werden.

Der logische Zusammenhang von Wahnideen ist in der Paranoia in einem überraschend hohen Ausmaß gegeben; Wahnideen weisen im allgemeinen wenige innere Widersprüche auf.[10] Paranoiker haben also keinesfalls eine schlechtere Intelligenz als Gesunde. Man findet im Gegenteil die unglaublichsten und phantastischsten Wahnideen oft bei Menschen mit überlegener Intelligenz. Auch darf man nicht in den Fehler verfallen und meinen, daß der Paranoiker in seinem Denken unkritisch ist. Im Gegenteil, der Kranke prüft sehr sorgfältig Gründe und Gegengründe, aber er stellt bei diesen intellektuellen Operationen sein kritisches Denken in den Dienst des Wahns und überprüft, ob in seiner Wahn-Wirklichkeit alles stimmig ist.[11] Daß der Paranoiker dennoch zu völlig anderen

---

[8] JASPERS [Psychopathologie, Seite 86]
[9] JASPERS [Psychopathologie, Seite 342]
[10] BLEULER [Psychiatrie, Seite 473 f.]

Schlußfolgerungen kommt als der Gesunde, hängt vor allem damit zusammen, daß der Kranke im Wahn von überraschend anderen Prämissen ausgeht als der Gesunde. Der Kranke bezieht zum Beispiel uns völlig gleichgültig und unverfänglich erscheinende Vorkommnisse auf sich selbst[12] und läßt in seine Überlegungen auch Erinnerungstäuschungen einfließen. Zu diesen Erinnerungstäuschungen scheint es dadurch zu kommen, daß der Paranoiker innerhalb einer Inkubationszeit manchmal seine Wahrnehmungs-Erinnerungen mit dem Wahn verknüpft und sie dabei im Sinn des Wahns verfälscht. Dazu kommt, daß er Beobachtungen, die seinen Wahn bestätigen, leichter glaubt als Beobachtungen, die der Wahnidee widersprechen. Das ist aber nicht ein Verhalten, welches nur für Paranoiker typisch ist, im Gegenteil, auch in der Wissenschaft ist man zumindest, was das Grundprinzip betrifft, auf dieses Verhaltensmuster angewiesen. Wissenschafter sind gezwungen, Meßergebnisse, die völlig aus der Reihe tanzen, auszuschließen und als Meßfehler zu deklarieren; man sagt, daß die abweichenden Ergebnisse "durch unbekannte Fehlerquellen verursacht wurden".[13] Vordergründig betrachtet, scheint der Paranoiker auch noch einen anderen Fehler zu machen: Er lenkt ganz allgemein seine Aufmerksamkeit im Sinn seiner Wahnideen und verschafft sich dadurch Wahrnehmungen, die seinen Wahn bestätigen. Aber auch dieses Verhalten kann man beim Gesunden immer wieder beobachten. Ja, sogar die naturwissenschaftliche Wirklichkeit wird genau genommen auf ähnliche Weise gewonnen. Denn erst das "Vorurteil" des

---

[11] JASPERS [Psychopathologie, Seite 81]
[12] So klagt zum Beispiel ein Patient: "Da kam ein Fräulein mit einem Kinderwagen, und das Kind hatte ein Häubchen auf (ja und was war daran Besonderes?), und dann stellte sich ein Hund an die Ecke und ein Mann pfiff (ja, das alles ist doch alltäglich, was war denn die Hauptsache?). Und dann kamen zwei junge Mädchen Arm in Arm, und ein Arbeiter trug eine Leiter: *es war einfach schrecklich.*" Warum das nun eigentlich schrecklich war, erfährt man nicht. Dem Kranken dagegen erscheinen die Zusammenhänge im beunruhigenden Ausmaß verdächtig. (WEITBRECHT [Psychiatrie, Seite 32])
[13] POPPER [Logik, Seite 19]

naturwissenschaftlichen Regel-und-Methoden-Kanons bringt eine naturwissenschaftliche Wirklichkeit zum Vorschein. Hinsichtlich anderer Eigenschaften zeigt sich der Paranoiker gleichfalls unauffällig: er hat ein gutes Gedächtnis, orientiert sich normal in Raum und Zeit, ist aufmerksam und hat normale moralische Gefühle.[14] Normale moralische Gefühle können allerdings im Rahmen extremer Wahnideen auch zu "Notwehr-Aktionen" führen, die vom Standpunkt des Gesunden jedoch als Amoklauf bewertet werden müssen.

Eine weitgehende Unkorrigierbarkeit der Wahnvorstellung ist ein besonderes Kennzeichen einer totalitären Wahn-Wirklichkeit. Aber auch dieses Merkmal ist genau genommen nichts Ausgefallenes. Jaspers weist darauf hin, daß "auch die Irrtümer der Gesunden in weitem Umfang unkorrigierbar sind. Es ist erstaunlich, wie die meisten Menschen an Realitäten glauben und sie in der Diskussion unüberzeugbar aufrechterhalten, obgleich diese Irrtümer einem wissenschaftlichen Fachmann des betreffenden Gebietes kaum anders als Wahn erscheinen."[15] Anderseits wird man in diesem Zusammenhang auch an Worte erinnert, die Max Planck im Hinblick auf wissenschaftliche Revolutionen ausgesprochen hat: "Eine neue wissenschaftliche Wahrheit pflegt sich nicht in der Weise durchzusetzen, daß ihre Gegner überzeugt werden und sich als belehrt erklären, sondern vielmehr dadurch, daß die Gegner allmählich aussterben und daß die heranwachsende Generation von vornherein mit der [neuen] Wahrheit vertraut ist."[16] Die Unkorrigierbarkeit der Wahnvorstellungen psychisch kranker Menschen ist vor diesem Hintergrund leicht zu verstehen, wenn man bedenkt, daß der Paranoiker sich durch sein scharfes, hervorragendes kritisches Denken immer wieder von der "Gültigkeit" seiner Wahnideen überzeugt. Selbstverständlich bezieht er in diese Überlegungen all die Erfahrungen und

---
[14] BLEULER [Psychiatrie, Seite 474 - 475]
[15] JASPERS [Psychopathologie, Seite 87]
[16] PLANCK [Autobiographie, Seite 22]

8. Totalitäre Wirklichkeiten

Erlebnisse mit ein, die für ihn von Bedeutung sind. Der Paranoiker kennt durchaus auch die Gegenvorstellungen, die man ihm und seinem Wahn entgegenhält. Er versperrt sich aber nicht grundlos gegen sie, sondern er wendet sich mit seiner durchdachten Kritik dagegen und verweist auf seine Erfahrung, die natürlich oder übernatürlich sein kann, und die seine Überzeugung verbindlich stützt.[17]

Der Wahnsinn scheint also ein gutes Beispiel für totalitäre Wirklichkeiten zu sein, die sich auf den einzelnen Menschen beziehen. Der Kranke ist nicht in der Lage, sich von seinen Ideen zu befreien, die ihn auf totalitäre Weise gefangen nehmen. Er verabsolutiert seine Gedanken und es ist ihm dadurch nicht mehr möglich, von ihnen loszukommen. Die auch hier wirksame Eigendynamik kann ihn dabei in gefährliche Extremsituationen hineintreiben, weil seine totalitäre Wahn-Wirklichkeit, zufolge mangelnder Gegenkräfte, nicht ins Gleichgewicht findet.

Um von Wahn-Wirklichkeiten auch eine konkrete Vorstellung zu gewinnen, seien einige Beispiele aus der psychiatrischen Praxis angeführt. Bei dieser Lektüre fällt einem auf, daß die Geschehnisse immer auch ein Spiegelbild der gesellschaftlichen Vorstellungen und Zwänge der Zeit sind, denen der Paranoiker ausgesetzt war. Man gewinnt an Hand dieser Beispiele einen überzeugenden Eindruck, wie dieses Hineinschlittern in den Wahn, in die "totalitäre Wahn-Wirklichkeit" geschehen konnte, wie sich der Wahn immer mehr festigt und den Menschen nicht mehr losläßt und wie der Kranke durch die Dynamik seiner eigenen Wahn-Wirklichkeit in zum Teil grauenvolle Extremsituationen hineingerät.

Zuerst ist von einem tragischen Fall eines Mannes die Rede, der in seinem Größen- und Verfolgungswahn zum mehrfachen Mörder und Brandstifter wurde. Dann folgt ein Beispiel einer

---

[17] JASPERS [Psychopathologie, Seite 166]

erotischen Wahnidee. Daran schließt der Fall, der den Verlauf einer Eifersuchtsparanoia schildert. Zuletzt wird von einem religiösen Wahn berichtet.

Größen- und Verfolgungswahn

Schwache Formen des *Größenwahns* zeichnen sich durch eine Überschätzung des Ichs aus: Man hat von sich selbst den Eindruck, daß man an Leistungsfähigkeit, an Schönheit, an Gesundheit oder ähnlichen Merkmalen die anderen Menschen übertrifft, ohne daß ein Außenstehender hierfür irgend eine besondere Rechtfertigung finden könnte. In vielen Stufen kann sich diese Vorstellung beim Kranken steigern, bis er zum Beispiel in der Lage ist, die unmöglichsten Erfindungen zu machen, bis man "Trilliarden" besitzt, große Erbschaften gemacht hat, bis man sich zu Gott, oder auch zum Obergott aufgeschwungen hat. Man ist adeligen Geschlechts und Königskind, welches allerdings von Pflegeeltern aufgezogen wurde, sodaß nur die wenigsten von der hohen Geburt Bescheid wissen. Allfällige Mitpatienten werden in den Größenwahn einbezogen und als Grafen oder souveräne, regierende Fürsten gesehen. Manchmal ist man Berater gewisser führender Diplomaten[18] und hat dadurch auf das Geschehen in der Welt entscheidenden Einfluß.

Der *Verfolgungswahn* bildet sich oft aus Erwartungen, die nicht in Erfüllung gehen und an deren Scheitern man nicht selbst schuld sein will. Am Anfang sind einem die Menschen und die Dinge eher unheimlich, dann bemerkt man, daß sich die einen oder anderen ein bedeutungsvolles Zeichen geben. Dann wieder hüstelt jemand, um damit zu sagen, daß hier der Onanist und Mädchenmörder komme. Er wird beobachtet, zurückgesetzt, verachtet, verspottet, vergiftet, verhext. Hinter

---

[18] BLEULER [Psychiatrie, Seite 48], JASPERS [Psychopathologie, Seite 343]

8. Totalitäre Wirklichkeiten

dem Rücken wird er verleumdet und schuld daran sind die Sozialdemokraten, die Kapitalisten, die Jesuiten oder die Freimaurer. Er kann Stimmen hören, er wird mit "Gedankenentzug" oder mit "Gedankendrängen" und ähnlichem geplagt. Der Verfolgungswahn ist, wie man aus der obigen Beschreibung leicht verstehen kann, mit dem Größenwahn öfters verknüpft.[19]

Ein Beispiel für Größen- und Verfolgungswahn, ist der tragische Fall Wagner, der sich um 1900 abgespielt hat:

> Wagner war Hauptlehrer, 39 Jahre alt. Als Knabe war er ehrgeizig, eingebildet, rasch beleidigt. Sein hohes Selbstgefühl war schwer niedergedrückt worden durch jahrelangen nutzlosen Kampf gegen die Onanie. Später hatte er sich einmal unter Alkoholwirkung zu Sodomie hinreißen lassen und bekam nun ein entsetzliches Schuldgefühl mit beständiger Angst vor Verspottung und Verhaftung, was bald ... die Überzeugung zeitigte, daß die Einwohner des Dorfes von seinem Fehltritt wüßten und darüber sprächen.
>
> Seine Anklagen gegen sich übertrug er auf die Familie; alle "Wagner" sollten ausgemerzt werden; dann dehnte sich sein Haß gegen die ganze Menschheit aus, vor allem aber auf die Einwohner seiner Gemeinde, die ihn schlecht behandelt hätten. Sich selbst beurteilte er doppelt, teils eben als diesen des Lebens unwürdigen Menschen, teils aber als Genie. ... 1902 an einen anderen Ort versetzt, genoß er 6 oder 7 Jahre lang relative Ruhe, ohne daß er allerdings jemals aufgehört hätte, sein Wahnsystem weiter auszubauen. Dann aber gingen nach seiner Meinung auch dort die Bemerkungen und Verspottungen an. Die Konsequenz war der damals schon bis in die Einzelheiten ausgebildete Plan, seine Familie umzubringen ... und dann das Dorf, wo er zuletzt geamtet hatte, anzuzünden und samt seiner heuchlerischen Einwohnerschaft zu vernichten. Die erste Notwendigkeit war ihm die Ausmerzung, die "Erlösung" seiner Kinder; aber die Rache und Verachtung gegenüber den Dorfbewohnern beschäftigte ihn nicht weniger. Die Frau mußte er aus Mitleid aus der Welt schaffen. Für einen Menschen, wie er ist, gab es besondere Gesetze. Er hatte nicht nur das Recht, sondern die Pflicht, das zu tun. Sein Plan war "Sache der Menschheit". 4 Jahre lang verzögerte er die Ausführung der furchtbaren Pläne. Als er aber dann

---

[19] BLEULER [Psychiatrie, Seite 49-50], JASPERS [Psychopathologie, Seite 343]

an einen dritten Ort versetzt worden war und er sich dort gleich als Zentrum der Wirtshausgespräche fühlte, führte er sie durch. ... Er ermordete seine vier Kinder, seine Frau, zündete in einer anderen Gemeinde mehrere Häuser an, erschoß 9 der männlichen Einwohner und verwundete 11 schwer.[20]

Paranoia erotica

Das nachfolgende Beispiel[21] stammt aus dem Kreis einer leichteren Form der Schizophrenie, die durch das Auftreten von paranoiden Wahnvorstellungen gekennzeichnet ist. Die Krankengeschichte der Patientin zeigt eine Persönlichkeit mit einer Tendenz zur Überempfindlichkeit, die in ihrer Lebensanpassung einen sehr starren Charakter zeigt. Ihre Mutter ist eine herbe, sehr strenge, religiöse Frau, die ihre Tochter als uneheliches Kind zur Welt gebracht hat. In einer außerordentlich strengen Erziehung wurde die Patientin von jeder Männerbekanntschaft ferngehalten und eine sexuelle Beziehung außerhalb der Ehe wurde als Sünde und Verbrechen gesehen. Sie war sehr scheu und unterwürfig und hat zurückgezogen bei der Mutter gelebt. Ein Verlöbnis mit einem "zu ihr passenden Mann" ist in Brüche gegangen.

> Als sie einmal an Pneumonie erkrankt, wird sie in die innere Abteilung eines Krankenhauses eingewiesen, wo sie sich durch die väterlich-gütige Art des Primarius, eines älteren, verheirateten Mannes, sehr geborgen fühlt. ... [Nach ihrer Genesung] begegnet die Patientin zufällig auf der Straße dem Primarius, der sie auf ihren Gruß wiedererkennt und ein paar freundliche, belanglose Worte mit ihr wechselt.
> Von da ab hat die Patientin das Gefühl, daß der Arzt sie mit bedeutsamen zärtlichen Blicken angesehen habe, daß er von einer tiefen Zuneigung zu ihr erfaßt sei und sie heiraten wolle. Daß er bereits verheiratet ist, stört sie nicht. Sie ist überzeugt, daß er sich ihretwe-

---

[20] Zitiert nach BLEULER [Psychiatrie, Seite 480]
[21] HOFF [Psychiatrie, Seite 462 - 465]

> gen ... scheiden lassen werde. Sie bezieht nun alle möglichen Zufälligkeiten auf sich und bringt sie in Verbindung mit ihrem vermeintlichen Verehrer. So glaubt sie, ... daß die Verschönerung eines in der Nähe gelegenen Parkes auf seine Veranlassung geschehen sei, um ihr damit eine Freude zu bereiten. Sie sucht ihn nun täglich zu begegnen, läuft, so oft sie kann, in das Krankenhaus, wo sie geduldig wartet, bis er einmal vorbeikommt. Daß er auf ihren Gruß nicht mehr dankt, ... deutet sie nur als seine Scheu, seine Gefühle für sie vor anderen Leuten zu zeigen. ... Auch Nachfragen bei den Behörden bezüglich einer etwa in die Wege geleiteten Scheidungsklage, die alle negativ beantwortet werden, können sie nicht von ihren Vorstellungen abbringen. Schließlich glaubt sie die Hochzeit ganz in der Nähe, sie bestellt ein Brautkleid und geht daran, Vermählungsanzeigen anfertigen zu lassen, weshalb sie in die Klinik eingeliefert wird.[22]

Solche erotische Wahnideen spiegeln dem Betroffenen vor, von einer Person geliebt zu werden, obwohl objektiv gesehen nicht die geringsten Anzeichen hierfür vorliegen. Es ist beeindruckend zu erkennen, wie alle Erfahrungen im Sinn dieser Wahnidee umgedeutet werden. Die Wahnidee verfestigt sich zuletzt als totalitäre Wirklichkeit, aus der es offenbar kein Entrinnen gibt.

Eifersuchtsparanoia

Der Eifersuchtswahn kommt im Rahmen einer chronischen Alkoholpsychose, bei seniler Demenz und im Rahmen des schizophrenen Formenkreises vor.[23] Im nachfolgenden Krankheitsfall war in der Krankengeschichte von einer erblichen Belastung durch paranoide Schizophrenie die Rede. Es ist von einem verschlossenen, mißtrauischen, ungeselligen Mann die Rede, der als innerlich weich und überempfindlich geschildert wird. Als einziges Kind hing er an seiner lebenslustigen, et-

---

[22] HOFF [Psychiatrie, Seite 463]
[23] HOFF [Psychiatrie, Seite 469 - 471]

was leichtsinnigen Mutter, die ihn aber eher vernachlässigt hat. Die Schilderung des Verlaufes der Eifersuchtsparanoia zeigt deutlich die Entwicklung der totalitäten Wahn-Wirklichkeit, aus der er sich nicht mehr befreien kann:

> Mit 35 Jahren heiratet er eine um 5 Jahre ältere Frau, mit der er sich anfangs sehr gut versteht. Sie umsorgt ihn zärtlich und hegt ihn wie eine Mutter. Als sie nach zweijähriger Ehe ein Kind von ... [ihm] bekommt, ist sie hocherfreut und wendet sich, da sie kaum mehr Nachkommenschaft erwartet hatte, mit besonderer Liebe dem Kinde zu. Sie beginnt dabei den Mann zu vernachlässigen und erscheint nun ihm gegenüber etwas kühler.
> Der Patient ... [hat aber dabei] das Gefühl, daß hinter dem veränderten Verhalten seiner Frau ein anderer Mann stecke. Er glaubt ... an ihren Blicken und Gesten, an der ganzen Art ihres Benehmens mit untrüglicher Sicherheit zu erkennen, daß sie einen Liebhaber besitze. ... [Er] verdächtigt mehrere Männer, mit denen die Gattin gelegentlich ein paar Worte wechselt, ihre Liebhaber zu sein. Im Lauf der Zeit steigert sich seine Eifersucht immer mehr, er glaubt jetzt auch, daß das Kind nicht von ihm sei. ... Er quält sie mit stundenlangen Verhören, in denen er sie zu bewegen sucht, den Namen ihres Freundes anzugeben. ... Schließlich glaubt er zu bemerken, wie ihn alle Leute der Umgebung bedeutungsvoll ansähen und verhöhnten und hinterrücks abfällig über ihn redeten. ... Er ist schließlich der Meinung, daß seine Frau und ihr Liebhaber üble Reden über ihn unter die Leute streuten, und diese gegen ihn aufhetzten. Zuletzt hatte ... [er] auch noch das Gefühl, daß man ihm nach dem Leben trachte und ihn beseitigen wolle. ... Er wird von zunehmender Angst erfüllt, wagt sich nicht mehr aus dem Haus, zieht auch aus dem gemeinsamen Schlafzimmer aus und schließt sich nachts mit einem Küchenmesser in das Nebenzimmer ein, da er fürchtet, seine Frau könne ihn im Schlaf ermorden, um ungestört mit ihrem Liebhaber in seiner Wohnung zusammenleben zu können. [In diesem Stadium wird er in die Klinik eingeliefert.][24]

---

[24] HOFF [Psychiatrie, Seite 470 - 471]

8. Totalitäre Wirklichkeiten

Religiöser Wahn mit erotischer Komponente

Bei einem religiösen Wahn bildet sehr häufig ein psychotisches Sendungsbewußtsein die Triebfeder. Im nachfolgenden Beispiel ist von einer dreißigjährigen Frau die Rede, der religiöse Offenbarungserlebnisse zuteil geworden sind, wodurch sie sich immer mehr in eine irreversible Wahn-Wirklichkeit hineingesteigert hat. Ihr religiöses Offenbarungserlebnis lag bereits ein dreiviertel Jahr zurück und sie hat die psychiatrische Klinik aufgesucht, um sich seelisch zu entspannen. Ein innerer Drang hat sie beherrscht, die Welt über jene Erlebnisse zu informieren, die sie in ihrer Offenbarung erfahren hat. Die Intensität ihrer Erlebnisse schildert sie mit einer unglaublichen Überzeugungskraft. Es ist leicht vorstellbar, daß jede Argumentation, die ihr helfen will, sich aus dem Wahn zu befreien, vor einem solchen Erlebnis-Hintergrund blaß und farblos erscheint und damit wirkungslos bleibt.

> Eine 30jährige junge Frau kam aus Übersee freiwillig und allein zur Aufnahme, weil sie sich einmal "gründlich ausruhen" und vor allem darüber klar werden wolle, in welcher Form sie der Öffentlichkeit von den Erkenntnissen und Offenbarungen Mitteilung zu machen habe, die ihr zuteil geworden seien. ... Man [merkte] ...der Patientin ihre innere Erfülltheit und einen gewissen missionarischen Elan an. Sie war randvoll von Erkenntnissen, die ausgesprochen werden mußten. ... [Die] Patientin hatte etwa 9 Monate vor der Klinikaufnahme ein religiöses Offenbarungserlebnis gehabt. Sie schilderte, daß sie einige Wochen zuvor begonnen habe, sich intensiv mit religiösen Problemen zu befassen. Sie las viel in einer portugiesischen Bibel. ... Bei ihren Bibelstudien sei ihr immer mehr zum Bewußtsein gekommen, wie sehr verfälscht die Religionen das wirkliche Gottes- und Christusbild überlieferten. ...
> [Die] Patientin schilderte, wie sie von ihrer Vision überfallen wurde. Auch nach so langer Zeit hatte diese Schilderung noch etwas ausgesprochen Ekstatisches, Mitreißendes an sich. Es sei plötzlich eine Helligkeit hereingebrochen, gegen welche die leuchtenden tropischen Farben vor den Fenstern schattenhaft verblaßten, so daß sie dieses Leuchten im Augenblick gar nicht fassen konnte. Sie sah

dann draußen einen unwahrscheinlich strahlenden, schimmernden Himmel voll flimmernder Sterne und spürte die Strahlen, die "aus dieser Offenbarung" herunterdrangen wie breite Lichtbänder mit einem unbeschreiblichen Entzücken durch alles hindurchgehen. ... Sie habe nur noch stammeln können: "Christus, geliebter, einziger, wie unaussprechlich schön bist du, wie heilig! Wie hat man uns über dich belogen. Ich kann all diese Liebe ja gar nicht fassen."
Zugleich habe sie einen Duft wahrgenommen, der an Süße und Köstlichkeit mit einem irdischen Duft überthaupt nicht verglichen werden könne und für den alle Worte fehlten. Außerdem, das müsse sie auch noch sagen und das gehöre dazu, sei ein mit Worten gar nicht mehr ausdrückbares Gefühl brennender körperlicher Lust gleichzeitig über sie gekommen, so wie wenn die Liebe zwischen einem Mann und einer Frau auf ihrem Höhepunkt sei. Es habe ihr die Schenkel auseinandergedrückt, und sie sei beinahe zersprungen, so sehr habe es sie ausgedehnt. ... [Daran anschließend schildert sie Erlösungsvisionen, die sich auf die ganze tierische, pflanzliche und materielle Schöpfung beziehen.] ...
Beim Hineinstarren in die Sonne, was sie fanatisch bei jeder Gelegenheit betrieb, [habe sie] die unbeschreiblich schönen, sich in der Sonne geschlechtlich vereinigenden Goldmenschen sehen dürfen. Bei ihrem Anblick sei ihr erst richtig aufgegangen, wie herrlich schön der reine nackte Mensch sein könne. Alles was sie bisher von der Schönheit des Geschlechtlichen erträumt habe und was sich trotz ihrer durchaus diesseitigen Sinnenfreudigkeit in Wirklichkeit stets als "etwas enttäuschend und armselig" erwiesen habe, sei ihr nun an den Goldmenschen in überwältigender Vollkommenheit offenbar geworden.
[Die] Patientin konnte sich in förmlich ekstatische Hymnen über die Vollkommenheit der göttlichen Schöpfung hineinsteigern. Selbst im Weltuntergang, von dem sie häufig träumte, sah sie nichts Schreckliches, sondern "das letzte grandiose, alles Irdische verzehrende und in sich einsaugende Offenbarungserlebnis dieser Gottesnatur".
[Die] Patientin blieb unerschütterlich überzeugt von ihrem Auftrag. Wenn sie diesen erfüllt habe, dürfe das schwache Gefäß, das sie sei, jederzeit mit Freuden zerbrechen.[25]

*

---
[25] WEITBRECHT [Psychiatrie, Seite 355 - 356]

Die Beispiele, die den Wahnsinn als totalitäre Wirklichkeit zeigen, machen deutlich, auf welche Weise man in die Totalität eintritt. Sie zeigen aber auch, daß man das Wahnsystem von dort aus als einzig gültige paradigmatische Konstruktion auffaßt und aus diesem System nicht mehr herausfindet.

Es geht dem "Kranken" also so ähnlich wie dem "Gesunden", der seine an die Gesellschaft angepaßte Wirklichkeit verabsolutiert hat. Auch dieser "Gesunde" findet dort nämlich nicht heraus!

Kraftentfaltung in totalitären Wirklichkeiten

Lebt man in einer verabsolutierten Wirklichkeit und ist ihr verfallen und fühlt sich durch inkompatible Wirklichkeiten bedroht, die man durch Demonstration von Stärke und Macht nicht beseitigen kann, dann führt der nächste Schritt zur Kraftentfaltung, um der vermeintlichen oder auch tatsächlichen Bedrohung von außen entgegenzuwirken. Wenn es sich um eine ganze Menschengruppe handelt, die in einer verabsolutierten Wirklichkeit gefangen ist, dann gilt es, durch besondere Maßnahmen sich selbst vor allem als Einheit zu empfinden und vor den anderen als Einheit zu erscheinen.

Diese Maßnahmen zur Generierung von Einheit haben oft den Charakter eines besonderen Rituals. Einfache Ansätze für Rituale zur Identifikation mit der jeweiligen Wirklichkeit kann man schon in Sprachgewohnheiten etwa bei Jugendlichen erkennen. Sobald sie in ihrer Gruppe auftreten und dort auch anerkannt werden wollen, geben sie sich so, wie es das betreffende "Rudelverhalten" erfordert. Aber nicht nur für Jugendliche gilt das; ein modifiziertes Rudelverhalten beachten auch alle anderen Gruppen bis hin zum Small talk der Gesellschaft.

Auch die besondere Art der Kleidung, aber auch der Mode gehört hier her. In einem weiteren Sinn dient auch das Tragen einer Uniform zur Identifikation mit einer bestimmten Wirklichkeit.

Eine wirkungsvolle Maßnahme zur Generierung von Einheit kann man auch im gemeinsamen Singen von Liedern sehen. Hiervon wird nicht nur bei liturgischen Feiern Gebrauch gemacht, sondern auch in vielen anderen Fällen. Man denke etwa an die Volkslieder oder an die besondere Form der Arbeiter-Lieder.

Eine sehr wirksame Maßnahme zur Förderung des Gemeinschaftsempfindens ist alles, was mit dem Rhythmus zusammen hängt. Man denke an den Rhythmus des Gehens, Marschierens, Laufens. Auch die Flucht einer Herde von Huftieren zeigt ein deutliches Bild von Einheit: Eine ganze Herde flieht vor einer Gefahr und reißt durch diesen Rhythmus des Stampfens alle mit. Auch beim Tanz, der alle Bewegungen synchronisiert, wo jeder Schritt zur Schrittfigur wird, verschmelzen die Tanzenden zu einer Einheit und es steigert sich die Erregung. Diese Wirkung wird ganz bewußt angestrebt, wenn es gilt, eine Kraftentfaltung zu bewirken. Kriegstänze bei Naturvölkern sind hierfür treffende Beispiele.

Wenn es zur offenen Gewalt kommt, dann verhärten sich die verabsolutierten Wirklichkeiten. Nur die eigene Wirklichkeit wird als die "wahre Wirklichkeit" gesehen. Die Schuld für das Ausbrechen von Gewalt liegt ausschließlich beim jeweils anderen. Von außen betrachtet hat der Verlauf der Gewalt-Eskalation dagegen einen zutiefst absurden Charakter. Sprachlos muß man zusehen, wie er alles erfaßt.

Das eine Beispiel, welches das Anwachsen der Kraftentfaltung zeigt und zunächst nur der Steigerung der Erregung dient, ist ein Bericht, der den Ablauf eines Kriegstanzes der Maori beschreibt.

Das andere Beispiel zeigt Vorgänge der Gewalt-Eskalation aus der jüngsten Vergangenheit. Hier ist nicht von einem "unterentwickelten" Stamm die Rede, sondern von sogenannten "hochzivilisierten" Gesellschaften.

Der Kriegstanz der Maori

Die Maori sind Eingeborene Neuseelands, Polynesier, die vor dem 14. Jahrhundert dort eingewandert sind. Sie sind Schöpfer einer hochstehenden Kunst, die sich vor allem in Reliefarbeiten und Werken der Plastik ausgedrückt hat.

Der typische Kriegstanz der Maori hat in sublimierter Form bis in die Jetztzeit weitergelebt und ist von einem Reisenden sehr lebendig beschrieben worden. Dieser Tanz, Haka genannt, wird als Stammes-Ritual praktiziert, wenn die Maori sich als Einheit empfinden wollen oder aber auch als Einheit vor anderen Menschen erscheinen möchten. Es geht darum, sich sowohl als Mitglied einer besonderen Wirklichkeit zu fühlen, als auch den Außenstehenden diesen Sachverhalt unmißverständlich klar zu machen.

Heute dient dieser Tanz als Begrüßungs-Ritual für befreundete Stämme, als Willkommens-Ritual, er dient aber auch als würdige Verabschiedung beim Tod eines Häuptlings. Man will auch den Toten noch einmal in die eigene Wirklichkeit einbeziehen. Kann man ihn noch einmal zurückholen? Der Tanz, der von kleinauf geübt wird, war ein ehemaliger Kriegstanz, durch den sich die Eingeborenen in die Kriegserregung, ja bis zur Raserei hineingesteigert haben.

In dem Bericht kommt deutlich zum Ausdruck, daß die Teilnehmer an diesem Tanz sich so verhalten, als wären sie alle zusammen von *einem* Willen belebt. Die ganze Gruppe der

Tanzenden wird von *einer* Wirklichkeit beherrscht. Alle Bewegungen sind synchronisiert, jeder stampft, schwenkt die Arme und bewegt den Kopf. Ein paar hundert Menschen nehmen hier teil, sie geraten in eine rhythmische Ekstase, die sie bald aus ihrer gewohnten Lebenswirklichkeit heraushebt. Im Rahmen ihrer normalen Lebenswirklichkeit wären sie nämlich nicht in der Lage, die für einen kriegerischen Überfall erforderliche Aggression aufzubauen. Ein Reisender hat diesen ehemaligen Kriegstanz wie folgt beschrieben:

> Die Maori stellten sich in einer verlängerten Linie auf, vier Mann tief. Der Tanz, Haka genannt, mußte jeden, der ihn zum erstenmal erlebte, mit Schrecken und Angst erfüllen. Die ganze Gesellschaft, Männer und Frauen, Freie und Sklaven, waren durcheinander gemischt, ohne Rücksicht auf den Rang, den sie in der Gemeinde einnahmen. Die Männer waren alle vollkommen nackt, bis auf eine Patronentasche, die sie um den Leib hängen hatten. Alle waren mit Büchsen bewaffnet oder mit Bajonetten, die sie an Speerenden und Stöcken befestigt hatten. Die jungen Weiber, auch die Frauen des Häuptlings nahmen mit entblößtem Oberkörper am Tanze teil.
> Der Takt des Gesanges, der den Tanz begleitete, wurde sehr streng eingehalten. Ihre Beweglichkeit war erstaunlich. Plötzlich sprangen sie vom Boden senkrecht in die Höhe, alle genau zugleich, als wären die Tanzenden alle zusammen von *einem* Willen belebt. Im selben Augenblick schwangen sie ihre Waffen und verzerrten das Gesicht, und mit den langen Haaren, die Männer wie Frauen bei ihnen oft haben, glichen sie einem Heer von Gorgonen. Beim Niederfallen schlugen sie mit beiden Füßen zugleich laut auf dem Boden auf. Diesen Sprung in die Höhe wiederholten sie oft und immer rascher. Die Züge wurden auf jede Weise verzerrt, die den Muskeln eines menschlichen Gesichtes möglich ist, jede neue Grimasse wurde von allen Teilnehmern pünktlich übernommen. Wenn einer das Gesicht so streng wie mit einer Schraube zusammenzog, taten es ihm alle anderen sofort nach. Sie rollten die Augen hin und her, manchmal war nur das Weiße davon sichtbar, es war, als würden sie im nächsten Moment aus den Höhlen fallen. Den Mund verzerrten sie bis zu den Ohren auseinander. Alle zugleich streckten die Zunge ganz lang zum Mund heraus, nie hätte ein Europäer ihnen das nachtun können; eine frühe und lange Übung hatte sie dazu befähigt. Ihre

Gesichter boten einen schrecklichen Anblick, es war eine Erleichterung, den Blick von ihnen abzuwenden.
Jedes Glied ihres Körpers war separat in Tätigkeit, Finger, Zehen, Augen, Zungen so gut wie Arme und Beine. Mit der flachen Hand schlugen sie sich laut bald auf die linke Brust, bald auf den Schenkel. Ohrenbetäubend war der Lärm ihres Gesanges, über 350 Leute nahmen am Tanze teil. Man kann sich vorstellen, welche Wirkung dieser Tanz in Kriegszeiten hatte, *wie sehr er den Mut erhöhte und wie er die Abneigung der beiden Parteien auf die Spitze trieb.*[26]

Der Kriegstanz[27] diente gleichsam als Mittel, um es einer Gruppe von Menschen zu ermöglichen, rasch in eine verabso-

---

[26] POLAK [New Zealand]

[27] Solche und ähnliche Berichte haben seit fast dreihundert Jahren die Vorstellung gefestigt, daß Naturvölker in einem Zustand leben, den man als Krieg aller gegen alle bezeichnen könnte. Diese Ansicht geht zu einem nicht unerheblichen Anteil auf den englischen Staatsmann und Philosophen Thomas Hobbes (1588 - 1679) zurück.

Hobbes hat die Meinung vertreten, daß die menschliche Natur ursprünglich nur von dem Trieb beherrscht wird, sich selbst zu erhalten und sich selbst Genuß zu verschaffen. Im Naturzustand sind die Menschen also in ständige kriegerische Auseinandersetzungen verwickelt. Erst wenn sie sich durch einen Vertrag im Staat vereinigen und sich einem Herrscher unterwerfen, finden sie zur Möglichkeit eines humanen und friedlichen Lebens. Was der Herrscher sanktioniert, ist gut, das Gegenteil ist verwerflich. Alles ist geregelt. Das Gesetz ist gleichsam das Gewissen des Bürgers (SCHISCHKOFF [Philosophisches, Seite 300]). Diese Auffassung von der menschlichen Natur scheint durch die Berichte von Reisenden und Eroberern auch bestens bestätigt worden zu sein. Erst der Kontakt mit der europäischen Kultur zivilisiere diese Völker und dämme die andauernden kriegerischen Auseinandersetzungen ein. So hat man die Situation jedenfalls gesehen.

Heute beginnt man sich allerdings endlich von dieser bedrückend naiven Sicht zu trennen. Neue Arbeiten (FERGUSON [Zerrbild], dort auch Literaturhinweise) zeigen, daß der Kontakt der Ureinwohner mit der europäischen Zivilisation das empfindliche soziale Gleichgewicht zwischen den Stämmen der Eingeborenen erschüttert hat, wodurch eine Welle von Gewalt ausgelöst wurde. Der Kulturanthropologe Ferguson hat in Zusammenarbeit mit N. L. Whitehead (Universität Oxford) insbesondere die Verhältnisse bei den Ureinwohnern Amerikas studiert.

Als Hauptursachen für diese Erschütterungen sieht man 1) eingeschleppte Krankheiten, 2) Veränderungen im Ökosystem und 3) Veränderungen der Lebensweise durch neue Güter und Produkte. Es ist erstaunlich zu erfahren, in wie vielfältiger Weise diese Hauptursachen sehr bald das feinvernetzte System der Lebenswelt der Ureinwohner nachhaltig zerstört hat. Das war aber noch nicht al-

lutierte Wirklichkeit einzusteigen. Das Beispiel zeigt wesentliche Merkmale der Verabsolutierung und vor allem auch die Gefahren, die damit verbunden sind.

Das Beispiel des Kriegstanzes der Maori hat schon sehr bedrohlich ausgesehen, aber im Vergleich zu modernen Kriegstänzen war es eher harmlos.

---

les.
Die tatsächliche Einflußnahme durch die persönliche Anwesenheit der Europäer hat das soziale Gleichgewicht noch einmal in erheblichem Ausmaß gestört: Militärische Stützpunkte, Missionsstationen und Handelsniederlassungen wurden gegründet; kulturelle und politische Grenzen wurden neu gezogen; Forschungsstationen wurden eingerichtet; künstliche Ordnungen, die dort inkompatibel waren, hat man erlassen.
Bald ist es aber darüber hinaus auch zu stammesinternen Auseinandersetzungen gekommen, die durch den Einfluß der europäischen Kultur initiiert wurden: Völker mußten fliehen, wurden verdrängt oder mußten sich in enger werdenden Territorien behaupten. Schreckliche Stammeskriege wurden geführt, um Gefangene für den Sklavenhandel zu machen. Ein ausuferndes Geschäft begann zu blühen, um die Kolonialmächte mit Sklaven zu versorgen. Im ausgehenden 19. Jahrhundert führte der Stamm der Mundurucu im Amazonasgebiet im Auftrag der Portugiesen weiträumige, grausame Streifzüge durch, für die die Mundurucu bezahlt wurden. Sie sollten weniger gefügige Völker angreifen und als Trophäen Köpfe mitbringen. Ein großer Nachfrageboom aus Europa und Nordamerika hat weiters zu einem guten Exportgeschäft mit Schrumpfköpfen geführt. Schrumpfköpfe, die ursprünglich das Ergebnis einer rituellen Mumifizierung waren, wurden zum Tauschobjekt: Für 1 Schrumpfkopf erhielten die Jivaro 1 Gewehr. Diese Aufrüstung führte - wie man "marktwirtschaftlich" leicht versteht - zu einem blindwütigen Abschlachten und zur Steigerung der Exportquote. Auch der Import von Pferden, der Wettbewerb im Pelzhandel und der Handel mit Büffelhäuten hat den jetzt schon andauernden internen Kriegszustand weiter gefördert. Siedler, die mittlerweile nach wertvollen Bodenschätzen schürfen, verschärfen die Probleme nicht unerheblich. Im 20. Jahrhundert sind mit dem Aufkommen der Gummi-Industrie die Kautschuksammler rücksichtslos in die Wälder eingedrungen.
Die Arbeiten von FERGUSON [Zerrbild] zeigen also deutlich, daß die von Hobbes gehegte Vorstellung, daß der "gewalttätige Wilde" den Menschen im "Naturzustand" präsentiert, heute längst nicht mehr aufrecht zu erhalten ist. Erst der Kontakt der Urbevölkerung mit der europäischen Zivilisation hat zu einer Welle der Gewalt und zu einer Destabilisierung der dort gewachsenen Kultur geführt. Unglaubliche Schuld haben wir also auf uns geladen.

8. Totalitäre Wirklichkeiten

Atomare Bedrohung

Die Bedrohung, die beim Kriegstanz der Maori sichtbar wurde, hat in ihrem Ausmaß bei modernen verabsolutierten Wirklichkeiten erheblich an Wirkung zugenommen. Dies wird am Beispiel der Kernforschung besonders deutlich, obwohl man hier in der Anfangszeit geradezu phantastische Heilserwartungen in diesen Forschungszweig gesetzt hat.

Frederick Soddy, ein Mitentdecker des radioaktiven Atomzerfalls, den man auch als Mitbegründer der neuen Atomtheorie ansehen kann,[28] hat in seinen Glasgower Vorlesungen im Jahr 1908 noch enthusiastische Worte gefunden:

> Eine Menschheit, die der Umwandlung der Elemente fähig [ist], brauchte ihr Brot nicht im Schweiß ihres Angesichts zu verdienen ... wir können uns leicht vorstellen, daß solche Menschen verödete Kontinente fruchbar zu machen, das Eis der Pole zu schmelzen und den ganzen Erdball in ein Paradies zu verwandeln [in der Lage sind].[29]

Aber auch die Möglichkeit einer kriegstechnischen Anwendung wurden für Soddy bald immer deutlicher sichtbar:

> Die stärksten Sprengstoffe, die wir kennen, - was man auch immer betrachte - bei deren Explosion die Atome des Moleküls frei werden, enthalten kaum den millionsten Teil der Energie, die frei wird, wenn die Atome in Stücke fliegen.[30]

Zwar war für ihn damals alles noch Utopie, aber der Einsatz der Atomforschung zum Zweck der Machtausübung war für ihn als Weg klar vorgezeichnet:

---

[28] Ein ganz wesentliches Buch, das sich mit der Fragestellung der Wissenschaftssoziologie der Atomphysik befaßt, ist das umfangreiche Werk von WAGNER [Wissenschaft]. Das reichhaltige Literaturverzeichnis und der dazu gehörende umfangreiche Anmerkungsteil war für die nachfolgenden Zitate eine wertvolle Quelle.
[29] SODDY [Radium, Seite 268]
[30] SODDY [Energy, Seite 143]

Kraftentfaltung in totalitären Wirklichkeiten

> Es mag die Wissenschaft viele Jahre, vielleicht gar Jahrhunderte kosten, dies Mittel zu finden, doch schon ist die Beute in voller Sicht und Forscher sind schon auf zahlreichen Wegen zur heißen Verfolgung gestartet.[31]

> Nehmen wir an, daß es möglich sein wird, die Energie, die heute noch in einem Zeitraum von Tausenden von Millionen Jahren aus radioaktiven Materien fließt, in beliebig kurzer Zeit zu entnehmen. Von einem Pfunde solcher Substanzen würde man etwa soviel Energie gewinnen wie von 150 Tonnen Kohle. Wunderbar! ... Oder ein Pfund könnte wirken wie 150 Tonnen Dynamit ... Man stelle sich vor, wenn man kann, wie der gegenwärtige Krieg aussehen würde, wenn solch ein Sprengstoff entdeckt worden wäre, anstatt im Gewahrsam der Zukunft zu liegen![32]

Man weiß, wie dieses Kapitel des naturwissenschaftlichen Fortschritts weiterhin abgelaufen ist.[33] In Schlagworten sei es rekapituliert: Im Dezember 1938 hat Otto Hahn bei Neutronenbeschußversuchen die Spaltung von Uranatomkernen beobachtet. Lise Meitner, die damals schon nach Schweden emigriert war, wurde von Hahn über diese Entdeckung unterrichtet und sie hat den dänischen Wissenschafter Niels Bohr hierüber informiert. Bor hat im Jänner 1939 auf einer amerikanischen Tagung darüber berichtet und schon im Februar reifte bereits die Idee einer Atomwaffe. Im März sprach Szilard, daß eine Atombombe hergestellt werden könnte und hergestellt werden sollte. Im gleichen Monat wurde die amerikanische Regierung auf die Möglichkeit einer militärischen Bedeutung der Uranspaltung hingewiesen und die Möglichkeit eines Baues "äußerst gefährlicher Bomben ... mit einer Zerstörungskraft jenseits aller militärischer Vorstellungen" angedeutet. Am 2. August 1939 schreibt Einstein an Roosevelt:

---

[31] SODDY [Force, Seite 35]
[32] SODDY [Force, Seite 36]
[33] Siehe auch FASCHING [Wissenschaft, Seite 47 f.]

8. Totalitäre Wirklichkeiten

> This new phenomenon would also lead to the construction of bombs, and it is conceivable - though much less certain - that extremely powerful bombs of a new type may thus be constructed. A single bomb of this type, carried by boat or exploded in a port, might very well destroy the whole port together with some of surrounding territory.[34]

Eine Geheimhaltung aller Kernforschungsergebnisse wurde darauf verfügt, die Produktion einer Kernbombe wurde vom amerikanische Präsidenten angeordnet. Im August 1942 hat man das Atombombenprojekt der Armee unterstellt. Fünfhundertvierzigtausend Personen haben hier mitgewirkt. Am 3. August des Jahres 1945 hat der Präsident den Befehl zum Einsatz der Bombe über Hiroshima und Nagasaki gegeben. Hunderttausende Japaner wurden vernichtet.[35]

Die Logik drängt zum Fortschritt und der Verfolgungswahn, daß auch andere Staaten die Bombe bauen könnten, treibt die *einen* zum Bau von noch wirksameren Waffen und die *anderen* müssen, wenn sie nicht komplett zurückstehen wollen, mitziehen. Die Rüstungsspirale dreht sich von selbst, solange man befürchten muß, daß ein Wettrüstungspartner das gleiche tut wie man selbst.

Spätestens zu diesem Zeitpunkt ergreift aber auch die Einwohner großer Städte das Entsetzen. Im Mittelalter trotzten die wehrhaften Bürger auf ihren Festungsmauern dem anstürmenden Feind. Im Zeitalter wissenschaftlicher Kriege bleibt nur die Flucht in unterirdische Keller zweifelhafter Widerstandskraft. Und eines wurde bald klar: Die Verwundbarkeit der Großstädte, die gleichzeitig auch die Zentren der Staatsverwaltung, der Finanz- und Ordnungskräfte, der Krankenhäuser und der wissenschaftlichen Institute beherbergen, läßt durch einen einzigen gezielten Schlag die vollständige Lähmung des ganzen Landes erwarten.

---

[34] EINSTEIN [Peace, Seite 295]
[35] 140.000 Menschen starben sofort, 260.000 an den Folgen der radioaktiven Strahlung. (ORF [6.8.98])

Erste Planungen für eine möglichst umfassende Schutzraumlösung wurden in den USA daher in Angriff genommen. Bei einem Atomangriff auf 50 Städte und einer Vorwarnzeit von 30 bis 60 Minuten meint man, 20 Millionen Menschen in strahlensichere Schutzräume evakuieren zu können. Trotzdem wären etwa 70 Millionen Tote zu beklagen.[36] Man kann sich vorstellen, daß die hier zu treffenden Vorkehrungen nicht ganz einfach sind, um die Disziplin in den Massenschutzräumen aufrecht zu erhalten. Sicher ist in so einer Situation mit Panikreaktionen, Klaustrophobien aber einfach auch mit brutalen Aktionen verängstigter Bürger zu rechnen. Man war aber zuversichtlich, dieses Problem mit psychochemischen Drogen, die man wohl zwangsweise verabreichen muß, in den Griff zu bekommen.

Die "Zuversichtlichkeit", die diese Schutzraum-Planung verbreitet hat, war allerdings nicht von langer Dauer. Denn die Fortschritte der Raketentechnik haben sie unversehens in Frage gestellt, weil die allfällige Vorwarnzeit bald auf 8 bis 20 Minuten geschrumpft ist; die Fluchtchance wurde dadurch erheblich reduziert.[37] Jetzt haben auch Politiker die Sinnhaftigkeit von Schutzraumbauten für die Bevölkerung bezweifelt.

Trotzdem wurden die Menschen von oben her angehalten, auch selbst für den eigenen Schutz zu sorgen, um einem Eventualfall nicht ganz hilflos ausgeliefert zu sein. Es versteht sich von selbst, mit welchen Gefühlen diese Anregung aufgegriffen wurde. Jürgen Dahl bringt es auf den Punkt: Kein Horrorfilm vermöchte die Imagination eines Atomkrieges so faßbar zu vergegenwärtigen wie der Anblick eines Familienbunkers mit Mühlespiel, Wasserkanne und Drehkurbel für die Belüftung.[38] Auch liest man vom konventionellen Zubehör einer Flinte (zur Abwehr der Schutzsuchenden) für private Schutzräume,[39] weil ja doch dort die Räumlichkeiten eher beengt

---

[36] WAGNER [Wissenschaft, Seite 272]
[37] HEARINGS [Civil Defense 1961, Seite 366 - 367]
[38] DAHL [Verwegenheit, Seite 86]

sind und auch nicht beliebig viele Vorräte zur Verfügung stehen.

Den Planern, denen die Organisation dieses Endzeit-Szenarios übertragen wurde, erschien es wichtig, Schutzräume für zentrale Behörden und die wichtigsten Akten, sowie für die Raketenbasen und ihr Personal vorzusehen, um eine wirksame Verteidigung zu ermöglichen. Allerdings haben es alle anderen als paradox empfunden, daß die Raketen und ihr Personal geschützt werden, die doch eigentlich zum Schutz der Bevölkerung da sein sollten, während die Bevölkerung ihrerseits ungeschützt verbleibt.

Und weil nun der technische Fortschritt es mit sich gebracht hat, daß von beiden Seiten Fernlenkwaffen mit Atomsprengköpfen zum Einsatz kommen können, muß die Entscheidung für das Abfeuern des Vergeltungsschlages schon in Sekunden erfolgen. Hier werden also Datenverarbeitungsmaschinen mit zugehörigen Sensorsystemen diesen Schritt automatisch durchzuführen haben.[40] Auf welche Weise unkontrollierte Reaktionen solcher komplexer Computer ausgeschaltet und verhindert werden können, ist allerdings recht fraglich. Der bekannte Computerspezialist J. Weizenbaum hat auf diese Frage immer wieder hingewiesen.

Gewisse Experten machen sich auch Gedanken darüber, wie die Überlebenden hinterher mit dem atomaren Massentod fertig werden sollen. Hier denkt man an Massenverbrennungen und Massengräber sowie an den großflächigen Einsatz von Bulldozern.

> Für den Aspekt der kurzfristigen ökologischen Folgen lenkt ein Experte jedoch realistisch den Blick sogleich auf das *Feuer*, das durch die trockenen Kiefernwälder und Grasgebiete im Westen des Landes weithin die Lebens- und Siedlungsmöglichkeiten zerstöre, da es erst durch den Winterschnee ausgelöscht und nur durch Wüsten begrenzt werden könne. Er sieht Erosionsfolgen dieser Riesenbrände

---

[39] WAGNER [Wissenschaft, Seite 326]
[40] WEIZENBAUM [Verantwortung, Seite 17 f.]

voraus, die Flüsse und Seen unfähig machen, Fische hervorzubringen, und durch die Schmelzwassererosion im Frühling zu einer Überschwemmung der Täler führen, die diese zunächst *unbewohnbar* und für Jahrzehnte "und länger" *unfruchtbar* werden lassen. Da *neue Wälder* erst in Jahrhunderten wachsen könnten, wenn das ökologische Gleichgewicht wiederhergestellt sei, sieht er voraus, daß die Feuererosion der Rasenflächen zu einer Winderosion führe, die unabsehbar sei. ... [Dazu kommt] die *Strahlenverseuchung*, ... die Pflanzen, Tiere und Menschen in *Strahlungsquellen* verwandle und schwächer verseuchte Gebiete, die Zuflucht gewähren könnten, durch Scharen verseuchter Tiere - zumal Insekten - befalle, die jeden Verkehr, jede Krankenbehandlung und jede Landbestellung erschwere und dadurch Krankheit und Hungersnot steigere. ... [Darüber hinaus] ist eine Verseuchung der schwächer betroffenen Zonen durch Wind und Wasser und "biologische Wanderungen" verseuchter Tiere und Pflanzen zu erwarten, die auch jene Tiere verseuchen, die sie zum Raub und zur Nahrung nehmen, und *Umweltänderungen* durch *Umweltwanderungen* erzeugen, die unkontrollierbar sind. Die überlebenden Menschen sieht er nach monatelanger Einbunkerung ihren Schutzraum in eine Landschaft verlassen, die noch von Staubwolken, Bränden und Wirbelstürmen und von Insektenschwärmen erfüllt ist, die besser als alle Säuger die Strahlenwirkungen überstehen - worin sie nur von Viren und Bakerien übertroffen werden.[41]

Die Absurdität erscheint in dieser verabsolutierten Wirklichkeit nicht mehr überbietbar. Noch einmal unheimlicher wird die Situation aber, weil sich heute mittlerweile auch instabile, kleine Staaten Atomwaffen zu verschaffen wissen. Wenn manchen von ihnen das nicht gelingt, so sind biologische Waffen für diese immer noch ein praktikabler Ausweg.

---

[41] WAGNER [Wissenschaft, Seite 326 - 328]

8. Totalitäre Wirklichkeiten

Extremsituationen in totalitären Wirklichkeiten

Lebt man in einer verabsolutierten Wirklichkeit, so empfindet man jede andere Sichtweise als Bedrohung, denn die andere Wirklichkeit zeigt sich als etwas, was nicht "eingeordnet werden kann", was in die (verabsolutierte) Wirklichkeit nicht hinein gehört, was sie also gleichsam in Frage stellt und damit gefährdet. Man meint, die eigene (verabsolutierte) Wirklichkeit absichern zu müssen. Demonstration von Stärke, Macht und Gewalt hält man für notwendig. Keineswegs ist aber gesagt, daß die als Bedrohung empfundene Wirklichkeit dadurch "entschärft" wird. Gewalt-Demonstration wandelt sich daher bald zur Gewalt-Eskalation. Aggression gilt es dann aufzubauen, die Erregung ist aufzuschaukeln, bis man zuletzt die Brutalität, die man dem "Feind" engegenbringt, in verherrlichenden Berichten zu preisen weiß.

Während Kriegstänze und Kriegszüge bei Naturvölkern schon einen unheimlichen Eindruck hinterlassen, ist der absurde Kreislauf moderner wechselseitiger Bedrohungen von extremer Grauenhaftigkeit, weil er zuletzt zu einem kompletten Auslöschen aller höheren Lebensformen führen kann. Hiermit ist offenbar eine unüberbietbare Grenze erreicht.

Verabsolutierte Wirklichkeiten sind aber nicht nur durch Demonstration und Exekution von Kraft und Gewalt gefährlich. Verabsolutierte Wirklichkeiten können, auch ohne daß sie es anstreben, in Extremsituationen geraten, die sie nicht mehr zu beherrschen in der Lage sind. Denn verabsolutierte Wirklichkeiten sind monokulturell, es fehlen Gegenkräfte, die sie in einen Gleichgewichtszustand bringen könnten. Es fehlt gleichsam die Distanz der Betrachtung, es fehlt der kritische Abstand. Man ist ihrer inneren Dynamik dann schutzlos preisgegeben. Es fehlen die Alternativen.

Extremsituationen in totalitären Wirklichkeiten

In diesem Abschnitt über *Extremsituationen* geht es also um extreme Folgen, die sich aus der Eigendynamik von Wirklichkeiten ergeben. Eine Eigendynamik, die jedenfalls nicht gewollt war, sondern die sich mehr oder minder von selbst ergeben hat und die zuletzt nicht mehr zu beherrschen ist.

Das erste und zweite Beispiel handelt von kollektiven Ekstasen. Die Eigendynamik führt einmal zu masochistischen, das andere Mal zu sadistischen Greueltaten.

Das dritte Beispiel ist nicht weniger absurd, es stammt aus unserer heutigen Zeit und spricht von einer Entgleisung einer Hochtechnologie.

Der Tag des Blutes

Das nachfolgende Beispiel zeigt, daß eine absolut gesehene Wirklichkeit auch aus ihrem *Inneren* heraus eine ungeheure und unaufhaltsame Dynamik entwickeln kann, die in eine nicht mehr einbremsbare Extremsituation führt. Und eines wird einem hier beunruhigend bewußt: Wenn man das Geschehen aus dem Inneren dieser Wirklichkeit betrachtet, bemerkt man die für den Außenbeobachter bereits deutlich sichtbaren Gefahren im allgemeinen viel zu spät. Dem Außenbeobachter hingegen zeigt sich ein völlig absurder Prozeß, der unversehens in einer Katastrophe enden muß.

An diesem Beispiel wird uns deutlich vor Augen geführt, wie extrem unterschiedlich die Bilder sind, die Wirklichkeiten von "ein und demselben Geschehen" zeigen können.

Ein zutiefst unheimlicher Bericht eines Augenzeugen beschreibt den "Tag des Blutes", an dem eine unglaublich große Menschenmenge von einer *kollektiven Ekstase* erfaßt wurde. Der Höhepunkt des Geschehens wurde wie folgt beschrieben:

> Fünfhunderttausend Menschen, vom Wahne gepackt, bedecken sich das Haupt mit Asche und schlagen mit der Stirn gegen den Bo-

den. Sie wollen sich der freiwilligen Marter unterwerfen, sich in Gruppen umbringen und raffiniert verstümmeln. Die Prozessionen der Gilden folgen eine nach der anderen. Da sie aus Leuten bestehen, die einen Schimmer von Vernunft behalten haben, den Instinkt der menschlichen Selbsterhaltung nämlich, sind ihre Teilnehmer auf gewöhnliche Weise gekleidet.
Eine große Stille tritt ein; zu Hunderten kommen Männer in weißen Hemden herbei, das Gesicht ekstatisch zum Himmel gewandt.
Von diesen Männern werden mehrere am Abend tot sein, viele verstümmelt und entstellt, und die weißen Hemden, rot verfärbt, werden Leichentücher sein. Schon gehören diese Wesen der Erde nicht mehr an. Ihre grob geschnittenen Hemden lassen nur Hals und Hände frei: Gesichter von Märtyrern, Mörderhände.
Unter aufmunternden Zurufen und Ansteckung ihres Wahns händigen andere ihnen Säbel ein. Ihre Erregung wird nun mörderisch, sie drehen sich im Kreise um sich herum und schwingen die Waffen, die man ihnen gegeben hat, über dem Kopfe. Ihre Schreie übertönen die der Masse. Um ihre Leiden auszuhalten, müssen sie in einen Zustand von Katalepsi geraten. Mit Schritten von Automaten gehen sie vor, zurück, zur Seite, ohne offenbare Ordnung. Bei jedem Schritt, im Takt, schlagen sie sich mit den schartigen Säbeln auf den Schädel. Das Blut fließt. Die Hemden färben sich scharlachrot. Der Anblick dieses Blutes treibt die Verwirrung in ihrem Hirn auf die Spitze. Einige dieser freiwilligen Märtyrer stürzen zusammen und schlagen mit ihren Säbeln um sich. Aus ihrem zusammengepreßten Mund fließt Blut. In ihrer Raserei haben sie sich Venen und Arterien durchschnitten und sterben an Ort und Stelle, bevor die Polizei Zeit hat, sie in eine Ambulanz zu tragen, die hinter den herabgelassenen Rolläden einer Budike eingerichtet ist.
Die Masse, für die Schläge der Polizisten unempfindlich, schließt sich über diesen Menschen, nimmt sie in sich auf und schleppt sie in einen anderen Teil der Stadt, wo sich das Blutbad fortsetzt. Nicht ein Mensch bleibt bei klarem Bewußtsein. Die für sich selbst nicht den Mut zum Blutvergießen haben, bieten den anderen [Samen des Kolastrauches] zur Stärkung an und reizen sie mit diesem Mittel und mit Verwünschungen auf.
Märtyrer ziehen sich das Hemd aus, es gilt als gesegnet, und geben es denen, die sie mit sich führen. Andere, die anfangs nicht zu den freiwilligen Opfern gehören, entdecken plötzlich in der allgemeinen Aufregung ihren Durst nach Blut. Sie verlangen Waffen, reißen

sich die Kleider herunter und fügen sich, wo es sich trifft, Verletzungen zu.
Manchmal entsteht eine Lücke in einer Prozession, einer der Teilnehmer fällt erschöpft zu Boden. Die Lücke füllt sich sofort, über dem Unglücklichen schließt sich die Masse zusammen, stößt ihn mit Füßen und tritt auf ihn.
Es gibt kein schöneres Los, als an einem [solchen] Festtage zu sterben, die Pforten [des Paradieses] stehen für die Heiligen weit offen, und jeder sucht hineinzugelangen.
Soldaten im Dienst, die sich der Verwundeten annehmen und die Ordnung aufrechterhalten sollen, werden von der Erregung der Masse gepackt. Sie entledigen sich ihrer Uniform und stürzen sich selbst ins Blutbad.
Der Wahn packt die Kinder, sogar die ganz kleinen: neben einem Brunnen steht eine Mutter, trunken vor Stolz, und drückt ihr Kind ans Herz, das sich eben verstümmelt hat. Eine andere kommt schreiend gerannt: es hat sich ein Auge ausgestochen, in wenigen Augenblicken sticht es sich das andere aus; die Eltern betrachten es mit Wonne.[42]

Der spontane Volkszorn

Andere erschreckende Beispiele, wo ganze Menschengruppen von einer totalitären Wirklichkeit erfaßt werden können, kennt man aus jenen Fällen, wo der oft genannte "spontane Volkszorn" ausbricht, die Menschen nicht verläßt, bis zuletzt sadistische Greueltaten geschehen, die nur *noch* mehr den verhängnisvollen Kreislauf in Schwung bringen. In der Psychiatrie[43] sieht man den ausgebildeten Sadismus als eine besondere Form einer Perversion an, bei der eine sexuelle Erregung nur beim Zufügen von Schmerzen erlebt werden kann. Viele Nuancierungen können hierbei auftreten, die verschiedene Verhaltensmuster zeigen: "Jemanden den Willen aufzwingen", die "lustvolle Machtausübung und Demütigung", die "wollüstige Erregung beim Sehen scheußlicher Mordtaten etwa im

---
[42] TITAYNA [Caravane, Seite 110 - 113]
[43] WEITBRECHT [Psychiatrie], BLEULER [Psychiatrie], u. a.

8. Totalitäre Wirklichkeiten

Fernsehen", bis hin zu jenen Fällen, wo sich die "sexuelle Erregung beim Zuschauen von qualvollen Hinrichtungen bis zum Orgasmus steigert". Diese Formen der Perversion sind aus zahlreichen Berichten und Beobachtungen bekannt und belegt.[44] Insbesondere können bei Revolutionen und Pogromen ganze Menschengruppen von einem Blut- und Sexualrausch erfaßt werden, der sie auf totalitäre Weise gefangen nimmt und nicht losläßt.

Um nicht Beispiele aus der jüngsten Vergangenheit anführen zu müssen, sei ein Ausschnitt aus einem Bericht vom Jahr 1906 zitiert[45], der von einer russischen Strafexpedition gegen Revolutionäre handelt. Ein Petersburger Berichterstatter schreibt im Anschluß an seinen ersten Informationstext:

> ... Den politischen Zweck ihrer "Mission" haben sie schon längst vergessen: sie morden und sengen aus angeborener Mordlust, aus Rassenblutgier, aus einer bereits deutlich wahrnehmbaren, krankhaften Perversität. Die Erschießung von Knaben, die Durchpeitschung von Frauen - von schlimmeren, hier nicht wiederzugebenden "Bestrafungen" ganz abgesehen -, die in Gegenwart oder gar unter tätiger Beihilfe der größeren und kleineren Saträplein vor sich gegangen ist, und über die ich ein recht beträchtliches Material gesammelt habe, bringt mich, den ehemaligen Kriminalpsychologen, auf ganz merkwürdige Gedanken.
>
> (Ein Revolutionär schildert:) Die schwarzen Banden, welche im Namen des Patriotismus kämpften, zerstreuten die Gegendemonstranten und begannen in der Judenstadt (Kiew 1905) zu demolieren und zu plündern. Das Klirren der Scheiben und Krachen der zerbrochenen Auslagen und Möbel schien die Menge immer mehr zu fanatisieren; sie mußte dabei eine gewisse Wollust empfinden. Endlich fand man auch [Menschen], die sich versteckt hatten. Ein schreckliches Zetergeschrei erhob sich. Man stieß sie auf die Straße. Hier schlug man mit allem Möglichen, Knütteln, Beilen, Messern auf sie los, bis sie völlig unkenntlich waren. Immer mehr von ihnen fand man. Die meisten begannen auf den Knien um ihr Leben zu flehen; es war ein scheußlicher Anblick, wie sie, bis zur Unkenntlichkeit zerschlagen, noch immer um Gnade wimmerten.

---

[44] WEITBRECHT [Psychiatrie, Seite 142]
[45] TÄGL. RUNDSCHAU [Strafexpedition]

Nun schien der Pöbel erst Blut zu riechen und *seine ganze Menschennatur* zu entfalten. Jeder begann nach seiner individuellen Manier zu morden. ...

Entgleisung einer Hochtechnologie

So schrecklich die vorhin beschriebene kollektive Ekstase und die sadistischen Ausschreitungen auf uns wirken, sie erscheinen uns harmlos im Vergleich zu jener *ersten* Katastrophe, in die wir uns durch den scheinbar nicht mehr einbremsbaren Kreislauf von Wissenschaft-Technik-und-Kommerz hineinmanövriert haben. Ich meine die Folgen des bereits absurd hohen Energieverbrauches, der zur Errichtung von Atomkraftwerken geführt hat, die mit erheblichen Risiken verbunden sind. Die *erste* Katastrophe ist in Tschernobyl geschehen und wir haben mit großen Augen gesehen, was da alles so vor sich gehen kann:[46]

---

[46] Aus Anlaß des 10. Jahrestages des Super-Gau von Tschernobyl sind eine Reihe von Publikationen erschienen, die dieses brisante Thema aufarbeiten und z.T. das dazugehörige Schrifttum zusammenstellen (KARISCH [Tschernobyl-Schock], BUCHOWETZ [Tschernobyl], NN [Tschernobyl], JOURNAL [Experiment], BAUER [Tschernobyl-Opfer], ZIMMERMANN [Gau], WIELAND [Tschernobyl], WHO [Tschernobyl]). Von besonderem Interesse ist das Buch von FRANKE [Tschernobyl]. Die Autoren dieses Reports haben vor Ort mit den Betroffenen und mit den Behörden gesprochen, Interviews aufgezeichnet und eine erschütternde fotografische Dokumentation vor allem der unter der Strahlenkrankheit leidenden Kinder publiziert. Der nachfolgende Text zitiert wörtlich aus diesem Buch. Der Leser möge aber bedenken, daß die hier herausgegriffenen Zitate im Sinn unserer Arbeit die Absicht verfolgen, vor allem die Eigendynamik einer Extremsituation zu beleuchten, die sich in einer verabsolutierten Wirklichkeit einstellen kann. Besonders eindrucksvoll erkennt man, daß die katastrophalen Folgen dieses Geschehens nicht mehr zu beherrschen waren und daß aus dem Inneren dieser verabsolutierten Wirklichkeit die Gefahren erst viel zu spät zu bemerken waren.
(Die bibliographische Quelle der angeführten Textstellen wird jeweils am Ende des Zitates genannt. Auslassungen sind durch 3 Punkte "..." gekennzeichnet.)

8. Totalitäre Wirklichkeiten

Samstag, 26. April 1986, 1 Uhr, 23 Minuten ...
Ein heller, blauer Blitz taucht über dem Kraftwerksgelände auf. Dann: eine gewaltige Detonation. Eine Explosion reißt das Dach des Atommeilers Tschernobyl auf.
180.000 Kilogramm hochradioaktives Material befindet sich im Inneren des Reaktors. ... Mindestens 200 verschiedene radioaktive Stoffe werden wie Lavafontänen, für das menschliche Auge unsichtbar, in die Atmosphäre katapultiert. Aus dem gelben Himmel regnet radioaktiver Ruß.[47] ...

In dieser Nacht hatten die Mitarbeiter des Kernkraftwerks Tschernobyl ein gefährliches Experiment gestartet: Die Ingenieure sollten prüfen, wie lange die Turbine mit der Restwärme des abgeschalteten Reaktors weiterläuft. Der Reaktor wird zuerst zur Leistungsspitze gebracht und soll dann heruntergefahren werden. Das Fatale ist: Die Sicherheitssysteme werden mit Absicht außer Funktion gesetzt, damit der Probelauf des Reaktors nicht unterbrochen wird. Die Katastrophe ist nicht mehr aufzuhalten.[48] ...

Die Kühlwasserrohre bersten. Wasserdampf reagiert mit dem heißen Graphitmoderator. Eine große Menge Wasserstoff entsteht. Sie sammelt sich im Oberteil des Reaktors. Die Reaktorabdeckung mit 1.000 Tonnen Gewicht wird durch die Wasserstoffexplosion hochgeschleudert. Graphit wird in Brand gesteckt. Gleichzeitig setzt sich die Kettenreaktion fort. Das Graphit wird in brennenden Fackeln auf das Dach des benachbarten Blocks 3 und auf die Fläche vor Block 4 geschleudert. Metallbrocken und strahlende Bestandteile aus dem Reaktor bleiben dort liegen. Radioaktives Material schießt in die Atmosphäre. Unaufhaltsam, ein gewaltiger Feuerschlund tut sich auf.[49] ...

Feuerwehrmänner waren im Anmarsch. Schon sieben Minuten nach der Erstalarmierung waren sie am Brandort. Einen Hydranten in Reaktornähe gab es nicht. So zogen sie Schläuche vom Maschinenhaus aus.[50] ...

---

[47] FRANKE [Tschernobyl, Seite 16]
[48] FRANKE [Tschernobyl, Seite 16]
[49] FRANKE [Tschernobyl, Seite 17]
[50] FRANKE [Tschernobyl, Seite 22]

Extremsituationen in totalitären Wirklichkeiten

Die Feuerwehrmänner spritzten mit Löschwasser. Es wird kochend heiß, verdampft, wird radioaktiv strahlend. Ihre Lungen werden durch Einatmen giftiger Dämpfe geschädigt. Einer nach dem anderen bricht zusammen, wird bewußtlos: Alle sterben![51] ...

Aber schon waren die nächsten Opfer an der Reihe. Die Bekämpfung des Reaktorbrandes sollte aus der Luft erfolgen. Die Hubschrauberstaffel aus Kiew kommt. Antoschkins Befehl lautet knapp und präzise: "Den havarierten Reaktor mit Sand zuschütten."[52] Die Besatzungsmitglieder eines Hubschraubers stürzen während des Erkundungsfluges über Block 4 ab. ... Der Heckrotor des Hubschraubers verfängt sich in einer Kette. Die Maschine fällt vom Himmel. ... Alle Insassen sterben. Andere Hubschrauberpiloten versuchen, in weiteren Anflügen den Reaktorbrand zu stoppen. Sie warfen Material in den brennenden Reaktor: Sand, Stahl, Blei und Lehm.[53] ... Das Blei verdampfte, wurde radioaktiv, und es verseuchte das Land.[54] ...

Mehr als 660.000 Menschen waren, so wurde später bekannt, für den 'Liquidationseinsatz' verpflichtet. Für Aufräumungs- und Entseuchungsmaßnahmen. Rechnet man die 'freiwilligen' Helfer dazu, so waren 1,2 Millionen Menschen zur Bewältigung des GAUs im Einsatz. Er war nicht zu bewältigen.[55] ...

Die ersten Opfer von Tschernobyl waren diejenigen, die in unmittelbarer Reaktornähe die Explosion miterlebten.[56] ...
"Schwarze Blasen überzogen sein Gesicht, sein Zahnfleisch war bedeckt mit einem weißen Belag, der wie Klöppelspitze aussah. Nach einigen Tagen schälte sich die Schleimhaut ab, und dann wurde sein Zahnfleisch feuerrot. Geschwüre überzogen seinen Körper. Die Hautschichten, die den Darm auskleiden, zerfielen, und er hatte blutigen Durchfall. Wir gaben ihm Morphium, um die Schmerzen zu lindern, aber selbst im Delirium litt er Qualen. Verbrennungen durch Radioaktivität werden immer schlimmer statt besser, weil die alten Zellen absterben, neue sich jedoch wegen der Strahlenschäden

---

[51] FRANKE [Tschernobyl, Seite 23]
[52] 5.000 Tonnen Material wurden mit schweren Hubschraubern in den Reaktor geworfen (JOURNAL [Experiment]).
[53] FRANKE [Tschernobyl, Seite 23, 24]
[54] FRANKE [Tschernobyl, Seite 24]
[55] FRANKE [Tschernobyl, Seite 26]
[56] FRANKE [Tschernobyl, Seite 30]

8. Totalitäre Wirklichkeiten

nicht bilden können. Gegen Ende war Orlow kaum noch wiederzuerkennen. Sein Tod, einige Wochen nach dem Unglück, war für ihn eine Erlösung."[57] [Das schildert Robert Gale, der amerikanische Spezialist für Rückenmarkstransplantationen.]...

Eine ... Sicherheitszone soll um den Unglücksort Tschernobyl gezogen werden. Alle Menschen aus diesem Bereich seien zu evakuieren. Mehrere zehntausend sowjetische Bürger [sind] davon betroffen.[58] ... Der erste Zaun ist noch nicht fertig, da wird die 30-Kilometer-Zone befohlen. ... Auch dies eine Fehleinschätzung des Problems. Messungen haben ergeben, daß sich die Belastung außerhalb nur unwesentlich von der Vergiftung innerhalb unterscheidet. Noch weiß niemand genau, wo die Erde vergiftet ist. ... Der Bau der 50-Kilometer-Sperrzone wird befohlen. Größer wird man sie auch später nicht ansetzen. Die Kosten werden danach zu hoch sein. Weitere Ausweitungen kann der Staat sich nicht leisten.[59] [60] [61] ...

---

[57] FRANKE [Tschernobyl, Seite 31]
[58] FRANKE [Tschernobyl, Seite 35]
[59] FRANKE [Tschernobyl, Seite 39]
[60] Aber auch außerhalb Weißrußlands macht sich die Atomkatastrophe bemerkbar. In Schweden, Norwegen und Finnland werden am 28. April 1986 erhöhte Radioaktivitätswerte gemessen. An einigen Stellen wurde die übliche Strahlungsmenge um das Fünf- bis Sechsfache übertroffen. Die Politik hatte auch bei uns im Westen zu spät reagiert. Verharmlosungsparolen gingen von Mund zu Mund. Wir haben es damals dankbar geglaubt. Erst am 3. Mai, sieben Tage nach der Katastrophe, warnen in Deutschland staatliche Stellen die Bevölkerung vor den Auswirkungen des Gau. Die Kontaminationskarte von Deutschland zeigt besonders im Süden (Ulm, Augsburg, München, Regensburg, sowie zur Grenze nach Österreich und auch in Österreich selbst) erhöhte Strahlwerte die bis zu 45.000 Bq/m^2 reichen (FRANKE [Tschernobyl, Seiten 31, 36, 37, 39, 313]. In Österreich wird es noch 300 Jahre dauern, bis man sich über das niedergegangene Cäsium 137 keine Sorgen mehr machen muß (JOURNAL [Experiment]).
[61] Ein deutscher Strahlenexperte gibt zu bedenken, daß in Mitteleuropa die Folgen eines Reaktorunglücks noch viel schlimmer wären. In demokratisch verfaßten Staaten könnten so viele Menschen in so kurzer Zeit gar nicht evakuiert werden. So eine Großaktion wäre nur in totalitären Regimen möglich. Deutschland und Österreich seien dazu noch dichter besiedelt, als die Ukraine und Weißrußland (JOURNAL [Experiment]). Damit wird indirekt ausgesprochen, *daß diese Technologie mit Demokratie unvereinbar ist.* Man lese hierzu auch das Buch von ROSSNAGEL [Grundrechte] über den "Radioaktiven Grundrechtszerfall". Er analysiert hier das Problem der Verfassungsverträglichkeit der Kernenergie.

29. April 1987: Der amerikanische Arzt Robert Gale geht zu diesem Zeitpunkt von 10.000 bis 75.000 Krebstoten aus.
19. Juni 1987: Wegen zu starker radioaktiver Verseuchung können mindestens 27 Städte und Dörfer im Umland von Tschernobyl in der ukrainischen Sowjetrepublik nicht wieder besiedelt werden.[62]...

Die Blätter des Laubwaldes fielen bereits in der ersten Nacht. Im Sommer darauf war das Holz vertrocknet. Es brannte ab. Noch einmal wurden verstrahlte Partikel über das Land verstreut, noch einmal wurden die Menschen auch außerhalb der Sperrzonen vergiftet.[63] ...
Gigantische Nadelbäume wachsen [jetzt] in den Himmel. Die Nadeln sind zehnmal so groß wie normal. Auch die Blätter der Laubbäume wachsen und wachsen. Riesenwuchs an Eichen. Andere Pflanzen bilden seltsame Farbstoffe, die nicht in ihrer Natur liegen. Ihre Blüten tragen ganz andere Farben als üblich.
Eines Tages hörten die Vögel auf zu singen. Sie waren verschwunden. Dann hatten die Hunde Fehlgeburten. Verkrüppelte Tiere, Mißgestalten.[64] ...

Tausende von Liquidatoren brachten mit Tausenden von Maschinen hochstrahlendes Material zu den ausgehobenen Gruben. Schrott, Beton, Teile aus dem Reaktor, Festes und Flüssiges. Einfach in Löcher gekippt. In Gruben 'beerdigt', so sagt man uns, verscharrt.[65] ... Daneben weite Flächen mit schwerem Gerät. Lastwagen, Bagger, Hubschrauber, Baugerät. Sie wurden einfach in der Landschaft abgestellt. Verlassen. Sie sind verstrahlt. Radioaktiver Sondermüll. Unbrauchbar für immer. Jetzt verrosten sie. Niemand kümmert sich darum. Manchmal vielleicht bringt man ein weiteres Fahrzeug. Bisweilen, so sagen uns Leute in Kiew, wird auch Gerät abgeholt. Immer dann, wenn etwas dringend benötigt wird, wenn Mangel herrscht. Dann taucht so ein Gerät auf dem privaten Markt auf.[66] ...

7. September 1991: ... Offizielle Statistiken über die Anzahl der Opfer gibt es nicht. Man spricht von über 100.000. Täglich werden

---

[62] FRANKE [Tschernobyl, Seite 61]
[63] FRANKE [Tschernobyl, Seite 187]
[64] FRANKE [Tschernobyl, Seite 63]
[65] FRANKE [Tschernobyl, Seite 188]
[66] FRANKE [Tschernobyl, Seite 188]

8. Totalitäre Wirklichkeiten

es mehr.[67] ...

Die Kosten der Katastrophe betragen schätzungsweise 600 Milliarden Mark.[68] [69]

26. April 1995: Der ukrainische Gesundheitsminister Andrej Serdjuk bestätigt, daß bis 1994 insgesamt 125.000 Menschen an Strahlenkrankheiten verstorben sind.[70] [71]
Die Atombehörde IAEA in Wien rechnet mit 32 "unmittelbaren" Toten und sagt, daß 28 hiervon strahlenbedingt waren.[72] Erstaunlich!

Es leuchtet ein, daß man mit einem solchen Szenario einer "friedlichen Anwendung von Atomenergie" vor Augen nicht leben kann. Die Gräßlichkeit des hier ablaufenden Geschehens liegt jenseits aller vorstellbaren Dimensionen. Man sollte meinen, daß es da das Beste wäre, aus dieser verhängnisvollen Technologie weltweit sofort auszusteigen. Doch da werden im Stil verabsolutierter Wirklichkeiten immer wieder neue Gründe wortreich angeführt, warum das gerade *jetzt* noch nicht möglich ist und daß bei modernen Technologien ein solcher Unfall ohnehin nicht geschehen kann und daß ein Laie hier

---

[67] FRANKE [Tschernobyl, Seite 201]
[68] FRANKE [Tschernobyl, Seite 247]
[69] Die radioaktiven Wolken, die vom Wind verblasen und vom Regen zur Erde gebracht wurden, haben in Weißrußland eine giftige Spur hinterlassen. Auch 10 Jahre nach dem Reaktorunglück gibt es hundert und mehr Kilometer nördlich des Kraftwerks noch Zonen mit einer Strahlung, die ähnlich groß ist, wie unmittelbar bei Tschernobyl. Fast $1/4$ der Fläche Weißrußlands ist heute mehr oder weniger verseucht und für die Landwirtschaft eigentlich unbrauchbar (JOURNAL [Experiment]).
[70] FRANKE [Tschernobyl, Seite 286]
[71] "Über 900.000 Kinder leiden an den Folgen des Reaktorunglücks. Der Schilddrüsenkrebs der Tschernobyl-Kinder ist sehr aggressiv und die Operation sehr schmerzhaft. Der Krebs bildet Metastasen im ganzen Halsbereich. Während bei einer Schilddrüsenoperation im Westen nur ein relativ kleiner Schnitt genügt, muß in Weißrußland der ganze Hals geöffnet werden und zwar mit einem Schnitt von einem Ohr zum anderen. Große Gewebeteile müssen bei dieser Operation entfernt werden." (JOURNAL [Experiment])
[72] BAUER [Tschernobyl-Opfer]

nicht mitreden soll und daß man den Fortschritt nicht aufhalten kann und daß ... und daß ... . In seiner Hilflosigkeit wird man sich von den diesbezüglichen Experten bald dankbar überreden lassen und versuchen, atomare Extremsituationen möglichst rasch wieder zu vergessen, weil ohnehin für uns gesorgt wird, weil man sogar schon im Telefonbuch erfährt, daß man bei Alarm bloß das Radio einschalten und die Anweisungen abwarten soll und weil sogar auch schon Volksschuldirektoren ein Schulkonzept zum Strahlenschutz erlassen haben.[73] Und so ist auch in diesem Bereich alles scheinbar geregelt: der Schulwart macht mit Plastikfolien die Türen dicht, er besorgt in der Bäckerei einen Brotvorrat, die Fenster werden geschlossen und die Kinder werden angehalten, eher bei den Innenwänden des Klassenzimmers zu stehen; radioaktive Stäube könnten durch die Fensterritzen dringen. Auch vorbeugende Maßnahmen werden heute schon ergriffen: Man sammelt saubere Stoffwindeln (für Buben 40 x 40cm, für Mädchen 50 x 50cm), die im Ernstfall den Kindern angefeuchtet vor Nase und Mund gebunden werden, um die Inhalation radioaktiver Stäube zu vermeiden. Sogar an eine Falt-Anleitung für diese Stoffwindeln wurde gedacht. Fröhliche Gesichter - von Kinderhand gezeichnet - zieren das Info-Blatt: "Was tun bei einem Strahlenalarm?" Alles ist also halb so schlimm!

Die Verharmlosung schirmt uns davor ab, Unerträgliches zu erkennen und hilft dadurch mit, daß Unerträgliches einmal geschieht.

Die Eigendynamik und die Hilflosigkeit. Die verhängnisvolle Eigendynamik dieser Extremsituation scheint die äußerste Grenze des Denkbaren erreicht zu haben. *Aus dem Inneren*

---

[73] Seit dem Herbst 1995 sind Schuldirektoren durch einen gesetzlichen Auftrag verpflichtet, schuleigene Konzepte zum Strahlenschutz zu erarbeiten (AMBROS [Strahlenalarm]). Es wird dabei wohl kaum ein verantwortlicher Schulleiter seine Überforderung verbergen, und gerade dieses Hin und Her bei der Frage, wer denn da jetzt wirklich zuständig ist, hilft, die Naivität dieser ganzen Unternehmung im Nebel der Ignoranz zu verbergen.

dieser verabsolutierten Wirklichkeit des Wissenschaft-Technik-Kommerz-Kreislaufes hat man die drohenden Gefahren viel zu spät bemerkt und erkennt sie genau genommen nicht einmal noch heute. *Von außen gesehen* meint man dagegen einem völlig absurden Geschehen gegenüber zu stehen. Die kollektive Ekstase am "Tag des Blutes" oder beim Pogrom in Petersburg, die wir in den vorangegangenen Beispielen beschrieben haben, wirkt im Vergleich zum Fall Tschernobyl wie ein harmloses Kinderspiel.

Damit aber nicht genug! Es mangelt in unserer Zivilisation totalitären Zuschnitts heute nicht an weiteren Symbolen der Absurdität. So wird der *Treibhauseffekt*[74] mit großer Wahrscheinlichkeit zu Klimaänderungen führen. Man nimmt an, daß diese Änderungen die Erde auf lange Sicht für Säugetiere weiträumig unbewohnbar machen. Der Tod von Milliarden von Menschen infolge einer anthropogenen Klimaveränderung ist wahrscheinlich.[75] *Ozonloch* und *Genmanipulation* sind Zündeleien ähnlichen Kalibers.

Und wie hilflos sind doch die Menschen, wenn sie versuchen gegen jenes, was man ihnen antut, anzukämpfen. Ein erschütterndes Beispiel sind die Briefe aus Sellafield, wo man der Strahlengefahr einer Wiederaufbereitungsanlage schutzlos ausgesetzt ist. Solche Briefe wurden an die deutsche Bundesregierung und die deutsche Bevölkerung geschrieben, damit der Transport abgebrannter, hochradioaktiver Brennelemente eingestellt wird:[76]

> Liebe Freunde,
> ich schreibe Ihnen, um Sie inständig zu bitten, Ihren Atommüll nicht nach Sellafield zur Wiederaufbereitung zu schicken.
> Sellafield liegt nahe der Westgrenze unseres schönen Lake District Nationalparks, einem Gebiet von außerordentlicher natürlicher

---
[74] LAUSCH [Treibhaus], KLINGHOLZ [Sintflut], BRETTERBAUER [Klimaentwicklung]
[75] HOHMEYER [Klimaänderung]
[76] HAMBERGER [industrielle Zerstörung, Seite 184-187]

Schönheit. Daraus wird allzu rasch die atomare Müllkippe der Welt. Die meisten Menschen, die in dieser Gegend leben, wollen Sellafield samt seiner Verseuchung und Gefahr nicht. Man ist sehr besorgt über die hohe Leukämierate bei Kindern in der Nähe von Sellafield; über die Verseuchung durch die Luft ... und über den Transport der Abfallstoffe durch die Region. ...
Wenn ich durch die Seelandschaft wandere, genieße ich großartige Ausblicke von atemberaubender Schönheit - Gebirgszüge, stille Gehöfte, steile Felsen und geschwungene Hügelketten; das gibt mir zu jeder Jahreszeit körperliche Entspannung und geistige Erneuerung. Tausenden von Urlaubern tut die Ruhe dieser Gegend genauso gut. Die Krönung ist es, den Gipfel eines unserer wundervollen Berge zu erreichen. Was aber sehen wir von dort oben? Sellafield mit seiner Häßlichkeit und Umweltverseuchung - das einzige, was die Landschaft verdirbt.
Wir, die wir in Cumbria leben, wissen, daß kaum ein Monat ohne "Zwischenfall" oder Unfall in der Anlage vergeht, und wir fürchten uns vor der Zukunft. Die "Fachleute" versichern uns, daß es hier kein Tschernobyl geben könnte, und das macht mir große Angst. Wir wissen alle, wie sehr sich die sogenannten Fachleute irren können.
Bitte helfen Sie, unsere Sorgen zu verringern, anstatt sie zu vergrößern. Unterstützen Sie uns, indem Sie Ihren Atommüll nicht nach Sellafield schicken. Die Menschen von Cumbria wollen ihn nicht.

John Hart, Broughton-in-Furnesse
(25 km Entfernung von Sellafield)

Liebe Nachbarn,
ich lege eine Postkarte der herrlichen Landschaft bei, in der ich lebe und die durch Strahlung von Sellafield kontaminiert ist.
Ich habe Angst, die Kinder an den Strand gehen oder auf die Hügel klettern zu lassen.
Ich flehe Sie an, schicken Sie Ihren Atommüll nicht nach Sellafield, denn wenn er aufgearbeitet wird, gelangt noch mehr Strahlung in die Luft und das Meer, und diese schöne Gegend und die Welt wird noch mehr verseucht und ungesund für uns und zukünftige Generationen.
Bitte lassen Sie uns gute Nachbarn sein und versuchen, eine sauberer Welt zu schaffen.

Anita Stirzaker, Bowness-on-Windermere
(45 km von Sellafield)

8. Totalitäre Wirklichkeiten

Bitte helfen Sie uns in unserem Kampf gegen den Ausbau der Atommüllanlagen in Sellafield. Hier in unserem kleinen Dorf mit 3000 Seelen haben wir drei Kinder, die an Leuämie leiden, einer davon, ein siebenjähriger Freund von mir, stirbt. Sie können sich vorstellen, was seine Familie durchmacht. Unsere Hügel sind kontaminiert, genauso wie unsere Schafe. ...
Unsere Regierung interessiert sich nur dafür, wie ihre bereits reichen Freunde noch mehr Geld machen können. Bitte lassen Sie uns zusammenarbeiten gegen *jeglichen* Ausbau von Atomanlagen.

Stelle Ward, Ambleside
(40 km von Sellafield)

Heute habe ich meinen Freund Jimmy besucht. Er ist acht Jahre alt und hat noch ungefähr eine Woche zu leben. Er hat Leukämie ... Er ist sehr müde jetzt und sieht schrecklich aus.
Morgen hat eine andere Freundin, Gemma, sieben Jahre alt, eine Knochenmarktransplantation. Sie hat auch Leukämie. Ohne die Operation muß sie sterben, so hat sie eine 50 zu 50 Chance. Ihr ist immer schlecht.
Vor fünf Jahren bekam mein Bruder Leukämie. Ich glaube, er hat ein bißchen Glück gehabt, weil er jetzt wohl gesund ist.
Es heißt, niemand wisse, warum so viele Kinder in Cumbria, besonders in der Nähe von Sellafield und an der ganzen Küste, Leukämie haben. Einige Wissenschaftler sagen, es könnte ein Virus sein, natürliche Strahlung von Felsen, und andere Wissenschaftler sagen, es ist der Abfall, den Sellafield in die Irische See und durch die Kamine pumpt. Ich glaube, es ist Sellafield, weil all die Kinder mit Leukämie, die ich kenne, draußen am Strand gespielt haben oder auf den Hügeln, wo die Radioaktivität auch hoch ist.
Ihre Regierung wird mehr Atommüll nach Cumbria schicken. Das bedeutet mehr radioaktive Verseuchung des Meeres und verteilt über ganz Cumbria.
Ich finde das nicht richtig. Bitte schicken Sie uns Ihren Müll nicht.
... Sellafield hat zu viele Lecks und Unfälle. Das macht das Leben soviel gefährlicher für uns.

Steven Allis-Smith, 15 Jahre,
Broughton-in-Furness (25 km von Sellafield)
(Stevens Freund Jimmy starb am 4. April 1990)

9
CHANCE UND BEDRÄNGNIS

9. Chance und Bedrängnis

Chance und Bedrängnis
    Wirklichkeit ist eine Konstruktion. Der Urgrund
        ist ohne Eigenschaften
    Wirklichkeiten als Gewordenes
    Die Lebenswirklichkeit als Ausgangsbasis
    Vielfalt der Sprachen - Vielfalt der Bilder
    Mikro- und Makro-Wirklichkeiten
    Irrationale Wirklichkeiten?
    Verabsolutierte Wirklichkeiten

Wirklichkeit ist eine Konstruktion. Der Urgrund ist ohne Eigenschaft

Im Gegensatz zu unserem heute oft vertretenen Wirklichkeitsverständnis ist jede Wirklichkeit etwas Gewordenes, eine spezielle Konstruktion. Eine Wirklichkeit macht dabei entsprechend den eigenen Konstruktionskriterien den Urgrund, das Sein, zu dem man selbst gehört, in besonderer Gestalt sichtbar.

Innerhalb einer Wirklichkeit gibt es "Eigenschaften", die man benennen kann, dort gibt es Zusammenhänge, die man in einer Sprache formulieren kann. Die Wirklichkeit zeigt sich dabei dann in konkreter Gestalt.

Außerhalb von Wirklichkeiten gibt es hingegen keine Sprache, in der man sprechen könnte, gibt es keine Eigenschaften, die man erkennen könnte. Der Urgrund, das Sein übersteigt jenes, was wir Wirklichkeit nennen. Immer wieder hat man versucht, sich dem Urgrund zu nähern und hat dabei bemerkenswerte Wege beschritten.[1]

Wirklichkeiten als Gewordenes

Unser heutiges Wirklichkeitsverständnis neigt zu der Vorstellung, daß man die Wirklichkeit ent-deckt, daß man also etwas, was schon vorher bestanden hat, aber vor unseren Augen verborgen war, ans Tageslicht hebt. Im Gegensatz dazu fassen wir die Wirklichkeit als etwas Gewordenes auf. Das Werden einer Wirklichkeit muß also zumindest im Prinzip auch beobachtbar sein.

Deutlich erkennt man das Werden von Wirklichkeiten an Beispielen, die historisch langsam gewachsen sind. Wenn man

---
[1] FASCHING [Kal Rel, Seite 173 f.]

9. Chance und Bedrängnis

zum Beispiel versucht, das Entstehen der ptolemäischen Wirklichkeit nachzuzeichnen, dann sieht man, wie die eine Beobachtung zur anderen führt, wie ein Beobachtungsergebnis das andere stützt und wie zuletzt ein ganzes Fachwerk von vielen Erklärungen und Voraussagen entsteht, welches die ptolemäische Wirklichkeit als verläßliches Gebäude zeigt. Wir haben die ptolemäische Wirklichkeit in breiter Ausführlichkeit betrachtet[2], weil man im allgemeinen naturwissenschaftlichen Wirklichkeiten einen höheren Stellenwert hinsichtlich Verläßlichkeit zubilligt, ja sie geradezu als "die eine Wahrheit" auffaßt. Dieses Beispiel ist im Hinblick auf eine Darlegung des Wirklichkeits-*Pluralismus* recht anschaulich, weil man sich durch *eigene* Beobachtung von der Schlüssigkeit der Argumentation überzeugen kann. Anderseits ist dieses Beispiel aber auch anschaulich, weil man gleichzeitig weiß, daß man heute nicht die ptolemäische Wirklichkeit, sondern die kopernikanische anerkennt. Man empfindet hier also recht gut das eigenartige Nebeneinander grundsätzlich verschiedener Erlebnisweisen im Wirklichkeits-Pluralismus.

Ganz analog kann man das Werden von naturwissenschaftlichen Wirklichkeiten aber natürlich auch an vielen anderen Beispielen zeigen. Ein besonders gut dokumentierter Fall liegt bei den unterschiedlichen Wirklichkeiten der Farbe vor, wie sie von Goethe beziehungsweise von Newton gesehen wurden (Kapitel 2). Goethe breitet in den 920 Paragraphen seiner Farbenlehre eine große Zahl von Überlegungen, Beispielen und Experimenten aus, die man mit einfachen Mitteln auch selbst überprüfen kann. Er kommt dabei zu merkwürdigen Übereinstimmungen und Parallelen, aber auch zu Ergebnissen, die in unserer heutigen Auffassung von den Farben anders gesehen werden. Aber auch der andere Fall ist faszinierend: Newton hat seine Farbenlehre geradezu als Meisterwerk der Kunst des systematischen Experimentierens ausgearbeitet und führt dem

---

[2] FASCHING [Kal Rel, Seite 51-153]

Leser das zergliedernde und analytische Denken Descartes' vor. In fünf bedeutenden Experimenten erläutert er, wie seine Sicht der Farbwirklichkeit "geworden" ist. Unterschiedliche Wege haben beide Denker beschritten und haben dabei zumindest in Ansätzen unterschiedlich strukturierte Wirklichkeiten gefunden.

Wiederum ein anderes Beispiel für unterschiedlich gewordene Wirklichkeiten hat man bei heilkundlichen Wirklichkeiten (Kapitel 3) vor sich, die aus verschiedenen Kulturkreisen stammen. Während die westliche Schulmedizin auf einem naturwissenschaftlichen Fundament aufbaut, ist die traditionelle chinesische Medizin von einer völlig anderen Basis ausgegangen und ist gänzlich anders aufgebaut. Es wirkt verblüffend, daß das Handeln in derart unterschiedlichen Wirklichkeiten zum gleichen Ziel führt, nämlich dem Patienten zu helfen.

Die Lebenswirklichkeit als Ausgangsbasis

Neue autonome Wirklichkeiten entstehen im allgemeinen immer aus Erfahrungen, die man in einer vorausliegenden anderen Wirklichkeit macht. Beispielsweise liefert die breite Wirklichkeit des Lebens Anreize, bestimmte Phänomene besonders zu beachten, sie herauszugreifen und versuchsweise zueinander in Relation zu setzen. Wenn man hier fündig wird, wenn man auf diese Weise auf Strukturen stößt, die Zusammenhänge zeigen, die man vorher nicht sehen konnte, weil sie ja noch gar nicht existiert haben, dann beginnt dort eine neue autonome Wirklichkeit zu wachsen, die sich von der vorausliegenden Lebenswirklichkeit[3] unterscheidet.

Dieser Vorgang wurde sehr ausführlich am Beispiel der ptolemäischen Wirklichkeit[4] gezeigt: Phänomene des in der Le-

---
[3] FASCHING [Kal Rel, Seite 42 f., 49]

benswelt unmittelbar Erscheinenden (z. B.: "Vollmond steht im Winter längere Zeit am Himmel als im Sommer") werden in einem neuen Zusamenhang gesehen (nämlich im ptolemäischen Zwei-Kugel-Universum), und werden dort erstmalig verstanden. Beim Beispiel der Farbwirklichkeit (Kapitel 2) beschrieben sowohl Goethe als auch Newton elementare Naturphänomene, die man in der eigenen Lebenswirklichkeit leicht beobachten kann.

Es ist dabei aber zu bedenken, daß die Lebenswirklichkeit aus dem kulturellen und persönlichen Hintergrund herauswächst und daß sie dabei sehr unterschiedliche Merkmale aufweisen und dadurch auch unterschiedliche Wege aufzeigen kann. So hat die besondere Form der europäischen Lebenswirklichkeit eine spezielle Art von Naturwissenschaft[5] hervorgebracht. Eine anders gebaut Lebenswirklichkeit regt oft zu anderen Wegen an, wie das die traditionelle chinesische Medizin (Kapitel 3) deutlich gezeigt hat. Modifizierte Lebenswirklichkeiten generieren oft schon im täglichen Leben verschiedene "Bilder", die nicht zusammenpassen. Die Wirklichkeit eines Verbrechens (Kapitel 5) wird von verschiedenen Menschen manchmal unterschiedlich gesehen, aber auch die Verwandlung von Wirklichkeiten in der eigenen Lebenswelt (Kapitel 6) nimmt man rückblickend oft erstaunt zur Kenntnis. Aus der Lebenswelt der Antike bis herauf in die der jüngeren Volkskunst sind auch immer wieder okkulte Wirklichkeiten entstanden, die insbesondere bei Verabsolutierung in gefährliche Situationen führen können. Man ist zumeist erstaunt, wie nahe uns Magie, Dämonie und andere Geheimlehren (Kapitel 7) heute noch sind.

In der Vielfalt der Lebenswirklichkeiten, insbesondere in jenen, die in Jahrtausenden auf unterschiedlichen kulturellen Wegen geworden sind, haben wir einen ungeheuren geistigen Reichtum vor uns. Dieser Reichtum sollte bewahrt werden,

---

[4] FASCHING [Kal Rel, Seite 51-153]
[5] FASCHING [Kal Rel, Seite 180-205, 51]

aber genau das Gegenteil geschieht bei unseren globalen Bestrebungen. Es kommt zu Verdrängungseffekten und sobald eine kritische Größe der teilhabenden Population unterschritten wird, kollabiert und verschwindet die betreffende Lebenswirklichkeit unwiederbringlich und wir sind noch einmal um eine Dimension ärmer geworden.

Vielfalt der Sprache - Vielfalt der Bilder

Jede Wirklichkeit spricht eine andere "Sprache", die von einer anderen Wirklichkeit aus oft nicht verstanden wird. Deferenten- und Epizyklenkreise[6] waren für Ptolemäus wichtige Begriffe, für Kopernikus waren sie dagegen zuletzt belanglos. Für Goethe war das weiße Licht das ursprüngliche Phänomen und Farben entstanden durch Wechselwirkung des "Trüben" mit dem "Hellen" und mit dem "Dunklen" (Kapitel 2). Goethe hat diese Auffassung unter anderem[7] aus Prismen-Experimenten herausgelesen. Newtons Prismen-Experimente führen dagegen zu Strahlen verschiedener Brechbarkeit, die uns färbig erscheinen. In der traditionellen chinesischen Medizin (Kapitel 3) gibt es Begriffe (Yin/Yang, Qi, Jing, Shen, und ähnliche), die zur naturwissenschaftlichen Systematik so fremdartig sind, daß man sie kaum übersetzen kann. Die Inkompatibilität reicht aber noch viel weiter. Die chinesische Medizin identifi-

---

[6] FASCHING [Kal Rel, Seite 144]
[7] Aber nicht nur Prismenexperimente haben ihn zu dieser Wirklichkeit gebracht. Auch alle anderen Grundexperimente, die er mit dem "Trüben" (Glasstücke im Auflicht und im Durchlicht, Rauch vor hellem und dunklem Hintergrund, Morgen- und Abendröte, blauer Himmel, etc.) durchgeführt hat, haben seine Sicht gefestigt. Auch die vielfältigen physiologischen Phänomene, die das Auge bei Betrachtung farbloser, aber auch farbiger Bilder zeigt, aber auch die farbigen Schatten und die subjektiven Lichthöfe genügen alle dem Goetheschen Urphänomen. Goethes Beobachtungen beruhen also auf einer viel breiteren Phänomen-Basis als die Experimente Newtons.

ziert mit ihren medizinischen Möglichkeiten zum Beispiel "Organe", die von der westlichen Medizin nicht einmal wahrgenommen werden (etwa der sogenannte Dreifache Erwärmer). Umgekehrt erkennt die westliche Medizin gewisse Organe (Bauchspeicheldrüse, Nebennieren), die von der chinesischen Medizin nicht beachtet werden. Dementsprechend unterschiedlich sind dann auch die diagnostischen Aussagen. Patienten, die vom westlichen Mediziner erfahren, daß sie ein "Magengeschwür" haben, werden vom chinesischen Arzt anders eingestuft: Hier ist es vielleicht die "Feuchte Hitze, die die Milz befällt" oder es ist ein "Erschöpftes Feuer des Mittleren Erwärmers", welches dem Patienten zu schaffen macht. Therapieprinzipien, die uns völlig fremd erscheinen, helfen dennoch zu einem guten Prozentsatz dem Kranken. Damit sollte man zufrieden sein. Denn auch die westliche Medizin kann dem Patienten nicht eine hundertprozentige Heilungschance versprechen.

Die Vielfalt der Bilder öffnet wertvolle Alternativen, die man nicht beiseite schieben wird. Auch im Bereich der Technik[8] wird hiervon manchmal unbewußt, ausführlich Gebrauch gemacht.

Mikro- und Makro-Wirklichkeiten

Es gibt riesengroße Wirklichkeiten, die in unglaublich feiner Verästelung ein reichhaltiges Bild zeigen. Viele Tausende Menschen haben dieses Bild immer weiter ausgebaut. Unwillkürlich denkt man hier an Hermann Hesses Glasperlenspiel[9], wo eine Gemeinschaft - man könnte sie fast einen "Orden" nennen - in tiefem Ernst und ergriffener Verantwortung ein

---

[8] FASCHING [Kal Rel, Seite 21 f.]
[9] HESSE [Glasperlenspiel]

Mikro- und Makro-Wirklichkeiten

Spiel spielt oder, wie wir hier sagen, eine Wirklichkeit konstruiert.

Gute Beispiele für solche Makro-Wirklichkeiten sind die unterschiedlichen Formen der Heilkunde, die im eigenen Kulturkreis und in manchen fremden entstanden sind (Kapitel 3). Aber nicht nur hinsichtlich des weitläufigen Umfanges dieser Wirklichkeit - hier sind es ja viele Tausende Details, die diese Wirklichkeit ausmachen - sprechen wir von Makro-Wirklichkeit. Es kommt hier noch dazu, daß viele Millionen Menschen von solchen Wirklichkeiten "betroffen" sind. Mit Recht sieht man hier großartige Makro-Wirklichkeiten von hervorragender Bedeutung.

Aber nicht nur Makro-Wirklichkeiten sind wichtig. Von einem anderen Gesichtspunkt gesehen, erscheinen uns Mikro-Wirklichkeiten (Kapitel 4) in manchen Fällen noch bedeutender. Sie wirken nämlich oft wie ein Keimrasen, der Neues hervorbringt. Und daß sich Mikro-Wirklichkeiten manchmal auf ganz wenig Menschen beschränken können, ist für das Fruchtbarwerden neuer Wirklichkeiten zumeist ganz entscheidend, weil hierdurch die Flexibilität erhöht wird. Mit Recht sieht Johan Huizinga[10] den Ursprung der Kultur im Spiel, in kleinsten Einheiten also, in denen "Spielregeln" existieren, die von den Teilnehmern des Spieles eingehalten werden. Spielregeln sind zwar starr und so scheint auch das Spiel trotz seiner vielen Variationsmöglichkeiten in Erstarrung zu enden. Doch da gibt es dennoch Veränderungen. Zu fruchtbaren Veränderungen kommt es nämlich dadurch, daß es immer wieder "Spielverderber" gibt, die es verstehen, die Spielregeln zu modifizieren, damit das Spiel "interessanter" wird. Mikro-Wirklichkeiten sind somit wie ein Versuchsgelände, wo man "Spiele" auch probehalber spielen kann. Mikro-Wirklichkeiten sind damit die Quellpunkte für das Entstehen von Kultur, sie sind aber

---

[10] HUIZINGA [Homo]

auch verantwortlich für ihre stufenweise Weiterentwicklung und Veränderung.

Irrationale Wirklichkeiten?

Wirklichkeiten, die "neben der Rationalität liegen" haben immer auch etwas Erschreckendes an sich. Am deutlichsten haben wir das am Beispiel der Magie und Dämonie (Kapitel 7) erfahren. Man wird diesen Phänomenen sicher nicht gerecht, wenn man Magie und Dämonie als Wirklichkeitsform ableugnet. Denn seit der Antike bis herauf in die Neuzeit spielen die verschiedenen Formen dieser irrationalen Wirklichkeiten eine große Rolle. Oft lehnt man die Vorstellung ab, daß auch Gebildete von dieser Wirklichkeit erfaßt wurden und von der "tatsächlichen" Existenz magisch-dämonischer Phänomene überzeugt waren. Aber neuere Forschungen finden immer mehr Dokumente, die gerade das belegen. Man würde einen wesentlichen Teil der eigenen kulturellen Wurzeln amputieren, wenn man meint, von solchen Wirklichkeiten absehen zu können.

Die Abneigung, die man gegenüber solchen irrationalen Wirklichkeiten empfindet, hat ihre berechtigte Ursache wahrscheinlich darin, daß diese Wirklichkeiten oft verabsolutiert wurden und dadurch zu erschreckenden Konsequenzen geführt haben. Verbrechen sind im Rahmen *solcher* verabsolutierter Wirklichkeiten geschehen und Sanktionen (Hexenverfolgungen) wurden im Namen staatlicher sowie kirchlicher verabsolutierter (!) Wirklichkeiten ergriffen. Und das ist genau so erschreckend.

Verabsolutierte Wirklichkeiten

Verabsolutierte Wirklichkeiten sind totalitäre Wirklichkeiten, sind Wirklichkeiten, die die Gesamtheit zu umfassen meinen und die versuchen, sich alles zu unterwerfen. Man erkennt sofort die große Gefahr, die von totalitären Wirklichkeiten ausgeht: Während Wirklichkeiten im pluralistischen Sinn immer nur als *mögliche* Interpretation der Phänomene aufgefaßt werden, *verabsolutiert* eine totalitäre Wirklichkeit ihre spezielle Interpretation zur *"einen Wahrheit"*. Alles, was einem begegnet, versucht man dann *über diesen einen Leisten zu ziehen*. In den meisten Fällen bleibt dabei von den anderen Möglichkeiten, wie man Wirklichkeiten konstruieren kann, nur eine Karikatur zurück, ein entstelltes Zerrbild, dem man dann wohl mit Recht kein Vertrauen schenken will. Wirklichkeiten gehen dadurch verloren und die totalitäre Wirklichkeit hält einen wie eine Falle gefangen.

Am ehesten begreift man es vielleicht noch, daß ein Mensch, der wahnsinnig ist, der unter Paranoia (Kapitel 8) leidet, in einer absurden Wirklichkeit versinkt. Ein organischer Fehler mag dies, so sagt man, verursacht haben. Doch bei genauerem Hinsehen ist man erstaunt zu bemerken, daß solche Menschen sich bloß in ihrer selbstgebauten Wirklichkeit verirrt haben und dort gefangen sitzen. Für den Außenstehenden ist es dabei befremdlich, in welch umfangreichem Ausmaß die Wahnideen logisch miteinander verknüpft und abgesichert sind. Fast genau so, wie die Wirklichkeit des "Gesunden"! Ein besonderes Kennzeichen verabsolutierter Wirklichkeiten ist daher auch ihre weitgehende Unkorrigierbarkeit. Die sukzessive Verabsolutierung der Wirklichkeit führt zuletzt zu jenem, was wir totalitäre Wirklichkeit genannt haben. Sie kann sich zunächst durchaus harmlos gebärden. Kritisch und gefährlich wird die Situation allerdings dann, wenn es im Rahmen solcher totalitärer Wirklichkeiten zu "Notwehr-Aktionen", ja fast

9. Chance und Bedrängnis

zu "Sachzwängen" kommt, die von *innen* als unvermeidlich erscheinen und von *außen* dagegen als Amoklauf bewertet werden müssen. Wir haben über den erschreckenden Fall eines Verfolgungswahnes berichtet, der zu mehrfachem Mord geführt hat. Zeitungsleser wissen, daß das nur *ein* Fall unter vielen ist.

Was hier dem Einzelnen als Folge einer verabsolutierten Wirklichkeit widerfährt, kann aber auch einem Kollektiv von Menschen zustoßen. Das Beispiel des Kriegstanzes der Maori illustriert dieses Geschehen schon recht treffend. Aber unüberbietbar in seiner Absurdität hat sich der Kriegstanz der atomaren Bedrohung dargestellt, der gestern da und morgen dort aufgeführt wird.

Kriegstänze und ihre Folgen kündigen sich den "Einwohnern" totalitärer Wirklichkeiten zumindest noch rechtzeitig an. Sie kommen nicht völlig überraschend über diese Menschen, denn Kriegstänze werden ja stets angezettelt und das braucht Zeit. Man versteht, daß solche Kriegstänze als ernste Bedrohung empfunden werden, denn was sich da ankündigt, löst unweigerlich das Gefühl von *Furcht* aus.

So absurd das klingt: Die *Furcht* ist immer noch etwas eher harmloses, weil man wenigstens weiß, *wovor* man sich fürchtet. Die *Angst* hingegen ist eine Reaktion, die man einer *unbestimmten Bedrohung* gegenüber empfindet.

Ein solches Gefühl der Angst ist bei totalitären Wirklichkeiten dagegen unvermeidlich und auch angebracht, weil verabsolutierte Wirklichkeiten eine Dynamik entfalten können, die von innen her, also aus der totalitären Wirklichkeit gesehen, *viel* zu spät erkannt wird. Die Dynamik bricht völlig überraschend über diese Menschen herein und setzt sie unbeherrschbaren Gefahren aus. Beispiele für die verhängnisvolle Wirkung solcher dynamischer Geschehnisse, die bis zuletzt für die Teilnehmer totalitärer Wirklichkeiten unsichtbar ablaufen, haben wir angeführt: Die kollektive Ekstase am "Tag des

Blutes" und das Beispiel des "spontanen Volkszorns" mit seinen sadistischen Perversionen. Ein anderes Beispiel für eine prinzipiell unbeherrschbare Dynamik war der Fall der Entgleisung einer Hochtechnologie.

Um sich aus den Fesseln einer verabsolutierten Wirklichkeit zu befreien, ist es wichtig, sich von der einengenden und gefährlichen Vorstellung zu lösen, daß irgendeine dieser liebgewonnenen Wirklichkeiten vor *anderen* Wirklichkeiten eine grundsätzliche Priorität genießt. Man muß sich also von dem Gedanken losmachen, daß die betreffende Wirklichkeit, die man so deutlich und überzeugend vor sich sieht, so etwas wie "die eine Wahrheit" ist und alle anderen Wirklichkeiten daher abzulehnen sind. Ein von innen kommender Befreiungsschritt ist also notwendig. Es ist zu hoffen, daß sich nach diesem primären Befreiungsschritt erste Ansätze für einen "Keimrasen" multidirektionaler Wirklichkeiten ausbilden. Multidirektionale Gegenkräfte werden nämlich notwendig sein, die zur bisherigen Monokultur des Denkens in Konkurrenz treten. Gegenkräfte zur Monokultur werden erforderlich sein, denn ohne Gegenkräfte ist jedes Wachstum unkontrollierbar und geht exponentiell vor sich. Die Gefährlichkeit einer solchen Situation liegt darin, daß dieses Wachstum das gesamte System zuletzt völlig überraschend vernichtet. Unsere heutige Situation ist hierfür ein gutes, aber trauriges Beispiel.

Eine stabile, ausgewogene Kultur muß gleichsam wie ein gesundes Biotop strukturiert sein. Anstelle einer Monokultur des Denkens sollte ein reich strukturierter Wirklichkeits-Pluralismus vorliegen, bei dem jede Nische mit vielen unterschiedlichen "Denkmustern" besetzt ist. Erst ein solcher Wirklichkeits-Pluralismus wäre durch seine Vielfalt der Kräfte ein Garant für Stabilität.

Es ist also *"von unten her"*, von den Menschen unserer Gesellschaft eiligst ein Prozeß einzuleiten und weiterzuführen,

9. Chance und Bedrängnis

der uns von der Monokultur befreit, der uns aus unserer eigenen totalitären Wirklichkeit herausführt und uns in einer bunten Vielfalt von Wirklichkeiten leben läßt. *"Von oben her"*, von Politikern und von monokulturell strukturierten Institutionen ist anscheinend nichts zu erwarten.

Doch dieser Prozeß braucht Zeit, und soviel Zeit steht uns offenbar gar nicht mehr zur Verfügung! Welche Sofortmaßnahmen sind da heute zu ergreifen, um das Ärgste zu verhüten? Eine Antwort ergibt sich aus dem Resümee unserer Untersuchung. Wir müssen zur Kenntnis nehmen, daß auch die Naturwissenschaft und Technik *keine Gewißheit unter die Füße bekommt*.

- Für ein weit ausschreitendes technisches Handeln fehlt daher jede Legitimation, weil es sich vor dem Hintergrund einer abgrundtiefen Ungewißheit abspielt. Wer diesen Gesichtspunkt heute immer noch mißachtet, handelt grob fahrlässig und wird später wohl dafür zur Verantwortung gezogen werden müssen.
- Man darf im naturwissenschaftlich-technischen Bereich niemals über die tatsächliche Sichtweite hinaus planen.
- Nur die kleinsten und vorsichtigsten Schritte sind vielleicht zulässig. Jede Gigantomanie und erst recht die globalen sind ein reines Hasardspiel.
- Und stets wird man es so einzurichten haben, daß die wohl immer unvermeidlichen Fehler im System noch eine Selbstheilung erhoffen lassen.

Es gilt also, der Wirklichkeits-Falle unseres totalitären monokulturellen Denkens noch rechtzeitig zu entkommen.

DANKSAGUNG UND VERZEICHNISSE

Danksagung und Verzeichnisse
  Danksagung
  Schrifttum
  Sachverzeichnis

Danksagung

Der griechische Titan Prometheus, der "Vorbedachte", hatte einen Bruder, den *Epi*metheus, der diesen Namen trug, weil er im Gegensatz zu *Pro*metheus immer erst hinterher nachdachte, wenn es schon zu spät war. Sind wir Patenkinder dieses Epimetheus? Fast hat man einen solchen Eindruck, denn wir sehen doch, daß unser totalitäres monokulturelles Denken die Welt zerstört:
o Fremde Kulturen rotten wir in aufdringlicher Überheblichkeit aus.
o Die Vielfalt der Pflanzen- und Tierarten zerstören wir in blinder Dummheit.
o Erde und Meer verseuchen wir mit Giften, die wir nie wieder einsammeln können.
o Unsere gierige Unersättlichkeit hat in ein Konsumverhalten geführt, das den Klimawandel schon eingeleitet hat und das jenes zerbrechliche Wunder der Ozonschicht, welches die aggressiven Strahlen von der Erde abhält, zerstört.
Vieles wäre da noch aufzuzählen.

Wie kann man sich aus der totalitären Wirklichkeit, die uns heute beherrscht und die uns das alles beschert, befreien? Ein wichtiger Schritt in diese Richtung ist die Erkenntnis, daß *viele* Wirklichkeiten gleichberechtigt - prioritätsfrei ! - nebeneinander stehen und unserem Handeln damit *viele* Alternativen offen sind. Vielfalt statt totalitärer, monokultureller Einfalt ist angesagt.

Die Grundgedanken dieses Wirklichkeits-Pluralismus wurden in nahezu zwanzig Jahren in den sogenannten Samstag-Vormittags-Vorlesungen an der Technischen Universität Wien den Studierenden aller Fakultäten angeboten. In lebhaften, interdisziplinären Diskussionen wurde dieses Thema unermüdlich hin und her gewendet und ich durfte aus diesen Gesprächen im Plenum und noch mehr aus den Überlegungen in vielen Kleingruppen und in Einzelgesprächen eine Menge lernen. Der Wirklichkeits-Pluralismus hat in dieser Zeit Kontur gewonnen. Viele hundert Studenten sind es, denen ich für ihre aktive Mitwirkung daher zu danken habe. Unzählige, hervorragende schriftliche Ausarbeitungen hat man mir vorgelegt, in denen unglaublich tiefe Gedanken zum Ausdruck kamen.

Kollegen und Freunde haben mir im Rahmen wissenschaftlicher Gespräche immer wieder weitergeholfen, wenn die Arbeit einmal zu stocken drohte. Für eine unermüdliche Gesprächsbereitschaft bin ich vor allem Frau INGRID WERTNER zu ganz großem Dank verpflichtet.

Die meisten graphischen Darstellungen hat Herr THOMAS ZOTTL nach meinen oft undeutlichen Handzeichnungen in vorbildlicher Weise erstellt. Ich bin sehr froh darüber, daß die Abbildungen des Buches hierdurch zu einer didaktisch einwandfreien Form gefunden haben.

Ein Werk, welches auf einem umfangreichen Schrifttum einer interdisziplinären Thematik aufbaut, stößt auf nicht unerhebliche Probleme bei der Beschaffung der einschlägigen Literatur. Oft waren die mir zur Verfügung stehenden Buchtitel unvollständig und dennoch haben mir Frau GERTRUDE NOVOTNY und Frau ELFRIEDE MAYER die zumeist vergriffenen Werke aus Bibliotheken beschaffen können. Herzlichen Dank!

Wenn derart viel liebevolle Mithilfe zusammen kommt, kann leicht ein schönes Manuskript entstehen! Aber ein Manuskript ist noch kein Buch. Erst wenn ein Verlag dahintersteht mit seiner 150-jährigen Erfahrung, mit seiner Begeisterungsfähigkeit, mit seiner Intuition für neue Wege, der aber dennoch auf einem festen, konservativen Fundament ruht, erst dann entstehen Bücher solcher bibliophiler Qualität, wie Springer-Bücher nun einmal sind. Für die Autoren ist es eine Ehre, im SPRINGER-VERLAG publizieren zu dürfen und für die Leser ist es eine Freude, ein Springer-Buch in der Hand zu halten.

Gerhard Fasching   Wien, am 25. März 2000

Schrifttum

AISCHYLOS [Orestie]: Die Orestie. Drei Tragödien. Fischer Bücherei, Frankfurt a. M. Hamburg, 1958.
AMBROS H. [Strahlenalarm]: Was tun bei einem Strahlenalarm? Information der Familien der Schulkinder der Volksschule Sievering; 1190 Wien, Windhabergasse 2d. 1997/98.
APOLLODOROS [III 12,5]. Zitiert in Mader [Griech. Sagen, Seite 108 f.]
BERGMANN - SCHAEFER [Optik]: Lehrbuch der Experimentalphysik. Band III: Optik. Walter de Gruyter, Berlin New York, 1974.
BISCHKO J. [Akupunktur f. F.]: Akupunktur für mäßig Fortgeschrittene. 1994. Akupunktur für weit Fortgeschrittene. 1985. K. F. Haug-Verlag, Heidelberg.
BISCHKO J. [Akupunktur]: Praxis der Akupunktur. Band 1: Einführung in die Akupunktur. K. F. Haug Verlag, Heidelberg, 1994.
BLEULER E. [Psychiatrie]: Lehrbuch der Psychiatrie. Elfte Auflage, umgearbeitet von Manfred Bleuler. Springer-Verlag, Berlin Heidelberg New York, 1969.
BRAUNECK M. [Volkskunst]: Religiöse Volkskunst. Votivgaben, Andachtsbilder, Hinterglas, Rosenkranz, Amulette. DuMont Buchverlag, Köln, 1978.
BRETTERBAUER K. [Klimaentwicklung]: Klimaentwicklung und Meeresniveau. Nova Acta Leopoldina NF 69, 1993, Nr. 285, Seite 151 - 166.
BROWN W. [Aborigines]: New Zealand and its Aborigines. London, 1845. (Zitiert in: Schmid [Psychogenie, Seite 39]).
BUCHOWETZ N. [Tschernobyl]: Buchowetz N., Jerschowa M.: Super-Gau Tschernobyl. Styria Verlag. (Zitiert in Zimmermann P. [Gau]).
BUSSEL G. W., STEINMANN A. [Schamanismus]: Schamanismus und andere Welten. Museum für Völkerkunde, Wien, 1998.
CANETTI E. [Masse]: Masse und Macht. Fischer Taschenbuch Verlag, Frankfurt am Main, Juli 1980.
CHAVANNE H. [Akupunkt-Massage]: Akupunkt-Massage nach Penzel - prinzipielle diagnostische und therapeutische Aspekte einer modernen Behandlungsmethode auf klassischen Grundlagen. Erfahrungsheilkunde; Acta medica empirica, Heft 1, Seite 29 - 35, 1996.
DAHL J. [Verwegenheit]: Die Verwegenheit der Ahnungslosen. Klett-Cotta, Stuttgart, 1989.
DARRAS J. C. [Akupunktur]: Isotopische Verdeutlichung der Akupunkturlinien. Deutsche Zeitschrift für Akupunktur, Februar 1992.

DEUSSEN P. [Nachveda]: Die nachvedische Philosophie der Inder. Nebst einem Anhang über die Philosophie der Chinesen und Japaner. F. A. Brockhaus-Verlag, Leipzig, 1922.
DIN ... : Normblätter des Deutschen Normenausschusses.
DINZELBACHER P. [Mystik]: Wörterbuch der Mystik. Alfred Kröner Verlag, Stuttgart, 1989.
DIOGENES LAERTIUS [Philosophen]: Leben und Meinung berühmter Philosophen. Übersetzt und erläutert von Otto Apelt. Phil. Bibl. Bd. 54. Felix Meiner Verlag, Leipzig, 1921.
ECKERMANN J. P. [Gespräche, Band]: Gespräche mit Goethe in den letzten Jahren seines Lebens. 1823 - 1832. Tempel-Klassiker, 2 Bände. Der Tempel-Verlag, Berlin Leipzig.
EHGARTNER B. [Placebo]: Placebo. Die Heilkraft des Nichts. Profil, (31), Nr. 8, 21. Feb. 2000, Seite 132-136.
EINSTEIN A. [Peace]: On Peace. Hrg.: O. Nathan und H. Norden. New York, 1960. Zitiert in: Wagner [Wissenschaft, Seite 143].
ELLENBERGER H.[Voodoo-Tod]: Der Tod aus psychischen Ursachen bei Naturvölkern ("Voodoo-Death"). Psyche, V, (1952), Seite 333-344. (Zitiert in: Schmid [Psychogenie, Seite 26, 126]).
FASCHING G. [Gegenwurf]: Die empirisch-wissenschaftliche Sicht. Springer-Verlag, Wien New York, 1989.
FASCHING G. [Kal Rel]: Das Kaleidoskop der Wirklichkeiten. Über die Relativität naturwissenschaftlicher Erkenntnis. Springer-Verlag, Wien New York, 1999.
FASCHING G. [Wissenschaft]: Sprengsatz Wissenschaft. Vom Ende unserer Zivilisation. Edition Va Bene, Wien, 1993.
FERGUSON R. B. [Zerrbild]: Das Zerrbild vom gewalttätigen Wilden. Spektrum der Wissenschaft, März 1992, Seite 92 - 101.
FRANKE F. [Tschernobyl]: Franke F., Schreiber N., Vinzens P.: Verstrahlt, vergiftet, vergessen. Die Opfer von Tschernobyl nach zehn Jahren. Insel Verlag, Frankfurt a. M. Leipzig, 1996.
GERTHSEN - KNESER [Physik]: Gerthsen, Kneser, Vogel: Physik. Springer-Verlag, Berlin Heidelberg New York, 15. Auflage, 1986.
GLASENAPP H. v. [Weltreligionen]: Die fünf Weltreligionen. Eugen Diederichs Verlag, München, 1992.
GOETHE J. W. [FL, pol, E]: Die Schriften zur Naturwissenschaft. Zweite Abteilung (Ergänzungen und Erläuterungen), Bd. 5A. Zur Farbenlehre. Polemischer Teil. Bearbeitet von Horst Zehe. Verlag Hermann Böhlaus Nachfolger, Weimar, 1992.
GOETHE J. W. [FL, pol, T]: Die Schriften zur Naturwissenschaft. Erste Abteilung (Texte), Bd. 5: Zur Farbenlehre. Polemischer Teil. Bear-

beitet von Matthaei. Verlag Hermann Böhlaus Nachfolger, Weimar, 1958.
GOETHE J. W. [FL, Tafeln]: Die Schriften zur Naturwissenschaft. Erste Abteilung (Texte), Bd. 7. Zur Farbenlehre. Anzeigen und Übersicht, statt des supplementaren Teils und Erklärung der Tafeln. Bearbeitet von Rupprecht Matthaei. Verlag Hermann Böhlaus Nachfolger, Weimar, 1957.
GOETHE J. W. [Hamburger Ausg., Band]: Johann Wolfgang von Goethe. Werke, Kommentare und Register. Hamburger Ausgabe in 14 Bänden. 11. Auflage. Verlag C. H. Beck, München, 1994.
GOETHE J. W. [Naturwissenschaft, Abteilung, Band]: Die Schriften zur Naturwissenschaft. Erste Abteilung: Texte. Zweite Abteilung: Ergänzungen und Erläuterungen. Verlag Hermann Böhlaus Nachfolger, Weimar.
GOETHE J. W. [FL, did, E]: Die Schriften zur Naturwissenschaft. Zweite Abteilung (Ergänzungen, Erläuterungen), Bd. 4. Zur Farbenlehre. Didaktischer Teil und Tafeln, Ergänzungen und Erläuterungen. Bearbeitet von Rupprecht Matthaei und Dorothea Kuhn. Verlag Hermann Böhlaus Nachfolger, Weimar, 1973.
GOETHE J. W. [FL, did, T]: Die Schriften zur Naturwissenschaft. Erste Abteilung (Texte), Bd. 4. Zur Farbenlehre. Widmung, Vorwort und didaktischer Teil. Bearbeitet von Rupprecht Matthaei. Verlag Hermann Böhlaus Nachfolger, Weimar, 1955.
GOETHE J. W. [FL, Hist.]: Die Schriften zur Naturwissenschaft. Vollständige mit Erläuterungen versehene Ausgabe. Erste Abteilung: Texte. Band 6: Zur Farbenlehre. Historischer Teil. (Bearbeitet von Dorothea Kuhn). Hermann Böhlaus Nachfolger, Weimar, 1957.
GOETZ W. [Propyläen, Bd. 1]: Goetz W. (Herausgeber): Propyläen Weltgeschichte. 1. Band: Das Erwachen der Menschheit. Die Kulturen der Urzeit, Ostasiens und des vorderen Orients. Propyläen-Verlag, Berlin, 1931.
HAMBERGER S., BODE P. M., BAUMEISTER O., ZÄNGL W. [industrielle Zerstörung]: Sein oder Nichtsein. Die industrielle Zerstörung der Natur. Raben Verlag, München, 1990.
HEARINGS [Civil Defense 1958]: Hearings before a Subcommittee on Government Operations, House of Representatives 85. Congress, Second Session. Zitiert in: Wagner [Wissenschaft, Seite 274].
HESSE H. [Glasperlenspiel]: Das Glasperlenspiel. Versuch einer Lebensbeschreibung des Magister Ludi Josef Knecht samt Knechts hinterlassenen Schriften herausgegeben von Hermann Hesse. Suhrkamp Taschenbuch Verlag, 6. Auflage, 1975.

HESSE H. [Siddhartha]: Siddhartha. Eine indische Dichtung. Suhrkamp-Taschenbuch Verlag, Frankfurt a. M., 1974.

HOFF H. [Psychiatrie]: Lehrbuch der Psychiatrie. Verhütung, Prognostik und Behandlung der geistigen und seelischen Erkrankungen. Verlag Brüder Hollinek, Wien, 1956.

HOHMEYER O. [Klimaänderung]: Hohmeyer O., Gärtner M.: Die Kosten der Klimaänderung. Eine grobe Abschätzung der Größenordnungen. Bericht an die Kommission der Europäischen Gemeinschaft. Übersetzung des Berichtes: The Cost of Climate Change - A Rough Estimate of Orders of Magnitude. Juli 1992.

HOMER [Odyssee]: Odyssee und Homerische Hymnen. Übersetzt von Anton Weiher. Mit einer Einführung in die Odyssee von Alfred Heubeck. Mit einer Einführung in die Homerischen Hymnen von Wolfgang Rösler. Bibliothek der Antike. Deutscher Taschenbuch Verlag. Artemis Verlag. DTV, München, 1990.

HORAZ [5. Epode]. Zitiert in Luck [Magie, Seite 96 f.].

HUIZINGA J. [Homo]: Homo Ludens. Vom Ursprung der Kultur im Spiel. Rowohlts Deutsche Enzyklopädie, Bd. 21. Rowohlt, Hamburg, 1956.

HYGINUS [Fabel 93]. Zitiert in Mader [Griech. Sagen, Seite 287]

JASPERS K. [Philosophen]: Die großen Philosophen. 1. Band. R. Piper u. Co. Verlag, München, 1959.

JASPERS K. [Psychopathologie]: Allgemeine Psychopathologie. Sechste unveränderte Auflage. Springer-Verlag, Berlin Göttingen Heidelberg, 1953.

JOURNAL [Experiment]: Das tödliche Experiment. Zehn Jahre nach Tschernobyl. ORF-Ö1, Journal Panorama, 25. April 1996.

KAPTCHUK T. J. [Chin. Med.]: Das große Buch der chinesischen Medizin. Die Medizin von Yin und Yang in Theorie und Praxis. O. W. Barth Verlag, Scherz Verlag, Bern München, 1996.

KARISCH K. H. [Tschernobyl-Schock]: Karisch K. H., Wille J. (Hrsg.): Der Tschernobyl-Schock. Zehn Jahre nach dem Super-Gau. Fischer Taschenbuch. (Zitiert in Zimmermann P. [Gau]).

KATO S. [Japanische Literatur]: Geschichte der japanischen Literatur: Die Entwicklung der poetischen, epischen, dramatischen und essayistisch-philosophischen Literatur Japans von den Anfängen bis zur Gegenwart. Scherz Verlag, München Wien, 1990.

KEIDEL W. D. [Physiologie]: Kurz gefaßtes Lehrbuch der Physiologie. Georg Thieme Verlag, Stuttgart New York, 1985.

KLINGHOLZ R. [Sintflut]: Klingholz R., Pillitz C.: Die Sintflut hat schon begonnen. Bangladesch. Geo, Heft 7, 1991, Seite 20 - 34.

KUHN T. S. [Struktur]: Die Struktur wissenschaftlicher Revolutionen. Suhrkamp Verlag, Frankfurt a. M., 1967.
LAOTSE [Tao, W]: Laotse: Tao Te King. Das Buch der Alten. Vom Sinn und Leben. Aus dem Chinesischen verdeutscht und erläutert von Richard Wilhelm. Diederichs-Verlag, Jena, 1921.
LAUSCH E. [Treibhaus]: Treibhaus Erde. Die Menschheit treibt ein Spiel mit dem Feuer. Geo, Heft 9, 1989, Seite 37 - 92.
LUCAN [Pharsalia 5.86 f.]. Deutsche Übersetzung in Luck [Magie, Seite 339 - 343].
LUCK G. [Magie]: Magie und andere Geheimlehren in der Antike. Mit 112 neu übersetzten und einzeln kommentierten Quellentexten. Alfred Kröner Verlag, Stuttgart, 1990.
MACIOCIA G. [Chin. Med.]: Die Grundlagen der Chinesischen Medizin. Ein Lehrbuch für Akupunkteure und Arzneimitteltherapeuten. Verlag für Traditionelle Chinesische Medizin. Dr. Erich Wühr, Kötzing Bayer. Wald, 1994.
MADER L. [Griech. Sagen]: Griechische Sagen. Apollodoros, Parthenios, Antoninus Liberalis. Hyginus. Artemis Verlag, Zürich Stuttgart, 1963.
MATTHAEI R. [Goethes Spektren]: Goethes Spektren und sein Farbenkreis. Darin der erste Rekonstruktionsversuch des Goetheschen Farbenkreises auf einer bunten Tafel. Ergebnisse der Physiologie, München, 34. Band, 1932, S. 191 - 219.
N. N. [Bibel]: Einheitsübersetzung der Heiligen Schrift. Die Bibel. Gesamtausgabe. Psalmen und Neues Testament. Ökumenischer Text. Kath. Bibelanstalt GmbH, Stuttgart, 1980.
N. N. [I Ging]: I Ging. Text und Materialien. Übersetzt von Richard Wilhelm. Eugen Diederichs Verlag, München, 1996.
N. N. [Katechismus]: Katechismus der Katholischen Kirche. R. Oldenbourg Verlag, München, 1993.
N. N. [Tschernobyl]: Tschernobyl. Sendung des Österreichischen Weltradios auf Kurzwellen. 29. April 1998, 6.10 Uhr.
NEWTON I. [Optik]: Optik oder Abhandlung über Spiegelungen, Brechungen, Beugungen und Farben des Lichtes. London, 1704. Übersetzt und herausgegeben von William Abendroth. Leipzig 1898. Nachdruck: Vieweg, Braunschweig Wiesbaden, 1983.
ORF [6. 8. 98]: Österreichischer Rundfunk, Ö1, 12 Uhr-Journal am 6. 8. 1998.
OVID [Ibis]: Publius Ovidius Naso: Ibis, Fragmente, Ovidiana. Herausgeben, übersetzt und erläutert von Bruno W. Häuptli. Wiss. Buchges., Darmstadt 1996.

PFAFF C. H. [Farbentheorie]: Über Newtons Farbentheorie. Herrn von Goethes Farbenlehre und den chemischen Gegensatz der Farben. Leipzig, 1813.

PLANCK M. [Autobiographie]: Wissenschaftliche Autobiographie. Leipzig 1928, Seite 22. Zitiert in: Kuhn [Struktur, Seite 199 f.]

PLATON [Werke]: Sämtliche Werke . 3 Bände. Verlag Lambert Schneider, Berlin, ohne Jahresangabe.

POLACK J. S. [New Zealand]: New Zealand. A narrative of travels and adventure. London 1838. Vol. I, S. 81-84. Zitiert in Canetti [Masse, Seite 30-31].

POPPER K. [Logik]: Logik der Forschung. 8. Auflage. J. C. B. Mohr (Paul Siebeck), Tübingen, 1984.

RICHTER M. [Farbenlehre]: Grundriß der Farbenlehre der Gegenwart. Steinkopff, Dresden, 1940.

RICHTER M. [Gleichabständigkeit]: Untersuchungen zur Aufstellung eines empfindungsgemäß gleichabständigen Farbsystems. Z. wiss. Photogr. Bd. 45, (1950), S. 139 - 162.

RICHTER M. [Farbmetrik]: Farbmetrik. In: Bergmann Schaefer [Optik, S. 639 - 695]

ROSSNAGEL A. [Grundrechte]: Radioaktiver Zerfall der Grundrechte? Zur Verfassungsverträglichkeit der Kernenergie. Verlag C. H. Beck, München, 1984.

SACKS O. [Wissenschaft]: Skotom - Vergessen und Mißachtung in der Wissenschaft. In: Silvers [Wissenschaft, Seite 135 - 170].

SCHIMMEL A. [Zeichen]: Die Zeichen Gottes. Die religiöse Welt des Islam. C. H. Beck Verlag, München, 1995.

SCHISCHKOFF G. [Philosophisches]: Philosophisches Wörterbuch. 22. Auflage. Alfred Kröner Verlag, Stuttgart, 1991.

SCHMID G. B. [Psychogenie]: Tod durch Vorstellungskraft. Das Geheimnis psychogener Todesfälle. Springer-Verlag, Wien New York, 2000.

SCHULTZ I. H. [psychogener Tod]: Zur Frage eines "psychogenen" Todes bei Magersucht. Praxis der Psychotherapie 10, (1965), 91-92. (Zitiert in: Schmid [Psychogenie, Seite 123-124]).

SEXL [Physik 2B]: Sexl, Raab, Streeruwitz: Physik, Teil 2B. Verlag Carl Ueberreuter, Wien, 1977.

SILVERS [Wissenschaft]: Silvers R. B. (Hrsg.) et al.: Verborgene Geschichten der Wissenschaft. Berlin-Verlag, Berlin, 1996.

SODDY F. [Force]: Physical Force - Man's Servant or his Master? Address to the Independent Labour Party, Aberdeen, vom 17. November 1915. Zitiert in: Soddy Science and Life. Aberdeen Addresses, London 1920. Sowie in: Wagner [Wissenschaft, Seite 126].

SODDY F. [Radium]: Le Radium. Interprétation et Renseignements de la Radioactivité. Paris, 1926. Zitiert in: Wagner [Wissenschaft, Seite 124].

SODDY F. [Energy]: Matter and Energy. London New York, 1912. Zitiert in: Wagner [Wissenschaft, Seite 126].

TACITUS [Werke]: Cornelius Tacitus: Sämtliche Werke. Phaidon-Verlag, Wien, 1935.

TÄGL. RUNDSCHAU [Strafexpedition]: Tägliche Rundschau vom 17. 3. 1906. Zeitungsbericht eines Petersburger Berichterstatters. Zitiert in: Weitbrecht [Psychiatrie, Seite 143].

TITAYNA [Caravane]: La Caravane des Morts, Paris 1930. Zitiert in: Canetti [Masse, Seite 170 - 172].

VAN DER HOEVEN J. [Papuas]: Psychiatrisch-neurologische Beobachtungen bei Papuas in Neu-Guinea. Arch. Psychiat. Zschr. Neurol., 194, (1956), 415-431. (Zitiert in: Schmid [Psychogenie, Seite 29]).

WAGNER F. [Wissenschaft]: Die Wissenschaft und die gefährdete Welt. Eine Wissenschaftssoziologie der Atomphysik. C. H. Beck'sche Verlagsbuchhandlung, München, 1964.

WEITBRECHT H. J. [Psychiatrie]: Psychiatrie im Grundriß. Springer-Verlag, Berlin Göttingen Heidelberg, 1963.

WEIZENBAUM J. [Verantwortung]: Kurs auf den Eisberg. Die Verantwortung des einzelnen und die Diktatur der Technik. Piper, München Zürich, 3. Auflage, 1987.

WEIZSÄCKER C. F. [Goethe]: Einige Begriffe aus Goethes Naturwissenschaft. In: Goethe [Hamburger Ausg., 13. Bd., S. 539 - 555].

WERTNER I. [Rashomon]: Rashomon. Eine neue Erzählung einer alten japanischen Geschichte. Eigenverlag, Ma. Enzersdorf, 1997.

WERTNER I. [Siddhartha]: Siddhartha. Eine indische Dichtung. (Nacherzählung). Eigenverlag, Ma. Enzersdorf, 1998.

WHO [Tschernobyl]: Bevölkerung um Tschernobyl unter psychischer Belastung. WHO-Bericht zum 7. Jahrestag der Katastrophe. Salzburger Nachrichten, 24. April 1993, Chronik, Seite 21.

WIELAND J. [Tschernobyl]: Wieland J., Madej H.: Die Kinder von Tschernobyl. Geo, Heft 3, 1991, Seite 44 - 58.

YAWGER N. S. [Emotions]: Emotions as the cause of rapid and sudden death. Arch. Neurol. Psychiatry 36 (1936), 875-879. (Zitiert in: Schmid [Psychogenie, Seite 25]).

ZENKER E. V. [China, Band, Seite]: Geschichte der chinesischen Philosophie. Zum ersten Male aus den Quellen dargestellt. 1. Band: Das klassische Zeitalter bis zur Han-Dynastie (206 v. Chr.). 2. Band: Von der Han-Dynastie bis zur Gegenwart. Verlag Gebrüder Stiepel, Reichenberg 1926 und 1927.

ZIMMERMANN P. [Gau]: Zehn Jahre nach dem Gau. Neue Bücher über den Reaktorunfall von Tschernobyl. Kontext, Sachbücher und Themen. ORF-Ö1, 15. April 1996, 22.20 Uhr.

Sachverzeichnis

Seitenziffern in runden Klammern (...) beziehen sich auf Fußnoten.

A
absolute Wirklichkeit, vii
Akupunkturpunkte, 125
Atomtechnologie, Beispiel Tschernobyl, 277
Atomtechnologie, Heilserwartungen, 266
Atomtechnologie, kriegerische Anwendung, 266
Auge, 76
Auge, Farbrezeptoren, 79
Auge, Umstimmung, (75)

B
Beweisbarkeit, wissenschaftliche, 3

C
Chi siehe Qi
chinesische Medizin, 92
chinesisches Urprinzip Qi, 108

D
Dämonie und Magie, 195
delphische Seherin, Beispiel von Lucan, 206
Descartes, 15, 54
Diagnostik, chinesische Medizin, 132, 139
Disharmoniemuster, chinesische Medizin, 127, 137
Divination, 200

E
Ekstase, 201
Ekstase, Beispiel delphische Seherin, 206
Ekstase, Beispiel Kassandra, 203
Ekstase, kollektive, Beispiel, 273
Experimentieren, systematisches, 54

F
Farbe, Abstufung, 83
Farbe, Gleichheit, (75)
Farbe, Helligkeit, 84
Farbe, Nachmischung, 81
Farbe, Optimalfarbe, 51
Farbe, physiologische, 20
Farbe, Sättigung, 83
Farbe, Wellenlänge, 84
Farbe als Naturphänomen, 19
Farbe als Wirklichkeit, 13
Farbenkreis, Goethescher, 22, 50
Farbenlehre, 15
Farbenlehre, Goethe, 18
Farbenlehre, Newton, 54
Farbgleichung, 73, 74
Farbmetrik, 69
Farbmischung, additive, 70
Farbmischung, äußere, (75), (81)
Farbmischung, innere, (75), (81)
Farbtafelebene, 81, 83
Farbton, 83
Farbwerte, 73
Fluch, Beispiel von Ovid, 221
Fluch aus Notwehr, 225
Fluchtafeln, 221
Fünf-Elemente-Lehre, 109
Fünf-Elemente-Lehre, Glaubwürdigkeit, (114)

G
gewalttätige Wilde, (264)
Goethe-Farben, Spektrogramm, 50
Goethes Farbenlehre, 18

Sachverzeichnis

Goethes Polemik, 17
Goethes Prismenexperimente, 37 f.
Goethes Urphänomen, 28
Goethescher Farbenkreis, 22, 50
Grenzen der Wirklichkeit, 7

H
Heilkräuterpraxis, 126
Heilkräuterpraxis, chinesische Medizin, 144
heilkundliche Wirklichkeiten, 87
Hexagramme, 100
Hexen Praktiken, Beispiel von Horaz, 218

I
I Ging, 99
Ibis wird von Ovid verflucht, 221
irrationale Wirklichkeiten, 296

K
Kaleidoskop der Wirklichkeiten, 3
Keimrasen für Wirklichkeiten, 157
Konstruktion, paradigmatische, 1, 5
Kriegstanz der Maori, 262
Kultur, Entstehung von, 157

L
Lebenswirklichkeit, 5, 90, 94
Lebenswirklichkeit, Vielfalt, (6)
Lebenswirklichkeit als Ausgangsbasis, 291
Lebenswirklichkeit und Naturwissenschaft, 6

M
Macht, 11
Magie, Beispiel aus Odyssee, 216
Magie, Fluch, 221
Magie, Fluch, Beispiel von Ovid, 221
Magie, Praktiken der Antike, 215
Magie, Stellungnahme Katechismus, 214
Magie, Voodoo-Puppen, 220
Magie und Dämonie, 195
magische Praktiken der Volkskunst, 210
Makro-Wirklichkeiten, 294
Mantik, 200
Massenphänomen, 8
Massenphänomen, simultanes, 90, 93, 145
Medizin, chinesische, 92
Meridiane, chinesische Medizin, 124
Mikro-Wirklichkeit, 9, 149, 156, 294
Mikro-Wirklichkeiten als Keimrasen, 157
Mischfarben, 73
Moxibustion, 126

N
Naturgeister, Shen, 108, 121
Naturvölker, Kontakt mit Zivilisation, (264)
Naturvölker als "gewalttätige Wilde", (264)
Naturwissenschaft und Lebenswirklichkeit, 6
naturwissenschaftliche Wirklichkeit, Entstehung, 6
Nekromantie, 233
Newtons Farbenlehre, 54
Newtons Prismenexperimente, 57 f.
Normalbeobachter, Farbenlehre, 75

Sachverzeichnis

O
okkulte Wirklichkeiten, vii, 10
Optimalfarben, 51, 84
Organe in chinesischer Medizin, 121
Ovid verflucht Ibis, 221

P
Paradigma als spezielle Konstruktion, 5
paradigmatische Konstruktionen, 1
Paranoia siehe Wahn
Phänomen bei Goethe, 15
Phänomen und Urphänomen, Goethe, 47
physiologische Farben, 20
Placebo-Effekt, (239)
Prismenexperimente, Goethe, 37 f.
Prismenexperimente, Newton, 57 f.
Pulsdiagnostik, chinesische Medizin, 133
Purpurgerade (Purpurlinie), 51, 83

Q
Qi, 119
Qi, chinesisches Urprinzip, 108

R
Rashomon, 163

S
Sadismus, 275
Schafgarbenorakel, 99
Schamane, Beispiel Empedokles, 231
Schamane, Beispiel Orpheus, 230
Schamane, Beispiel Pythagoras, 231
Schamane, Beispiel Vespasian, 232
Schamanen, antike, 229
Schamanismus, 226
Schamanismus, Beispiel einer Séance, 228
Schamanismus, Neuzeit, 226
sequenzielle Wirklichkeit, 9
sequenzielle Wirklichkeit, Beispiel Siddhartha, 183
Siddhartha, 183
simultane Wirklichkeit, 9
simultane Wirklichkeit, Beispiel Rashomon, 164
simultanes Massenphänomen, 90, 93, 145
Spektralfarben, 84
Spektralfarbenzug, 81
Spektrogramm, Goethe-Farben, 50
Spiel, 151
Spiel, Definition, 151
Spiel-Vielfalt, 154
Spiel-Wirklichkeit, 154
Spiel bei Tieren, 155
Spiel im weiten Sinn, 156
Spielregeln, 153, 156
Spielregeln, Modifizierungen, 157
Spielverderber, 154, 295
spiritistische Sitzung, Beispiel Ammianus, 202
Sprache und Wirklichkeit, 293
systematisches Experimentieren, 54

T
Tabu-Tod, 238
totalitäre Wirklichkeit, 10, 237
totalitäre Wirklichkeit, Beispiel kollektiver Ekstase, 273
totalitäre Wirklichkeit, Beispiel Kriegstanz, 262
totalitäre Wirklichkeit, Extremsituationen, 11, 272

Sachverzeichnis

totalitäre Wirklichkeit, Kraftentfaltung, 11, 260
totalitäre Wirklichkeit, Naheverhältnis zur Macht, 11
totalitäre Wirklichkeit, Pogrom, Beispiel Petersburg, 275
Totenbeschwörung, Beispiel aus Odyssee, 233
Trance, 201
Trance, Beispiel Kassandra, 204
Trigramme, 99

U

Universal-Wirklichkeit, 10
Urphänomen bei Goethe, 28
Urphänomen und Phänomen, Goethe, 47

V

verabsolutierte Wirklichkeit, 297
Verabsolutierung, 10
Vielfalt von Wirklichkeiten, 8
Vision, Beispiel Kassandra, 205
Volkskunst, magische Praktiken, 210
Voodoo-Kult, 235
Voodoo-Puppen, 220
Voodoo-Tod, 236

W

Wahn, Eifersuchtsparanoia, Beispiel, 252
Wahn, Entstehung, 247
Wahn, Paranoia erotica, Beispiel, 251
Wahn, religiöser, Beispiel, 254
Wahn, Verfolgungswahn, Beispiel, 254
Wahnidee, 248
Wahnsinn als totalitäre Wirklichkeit, 246

Weissagung, 200
Weissagung, andere Formen, 208
Weissagung, Beispiel delphische Seherin, 206
Weissagung, Beispiel Kassandra, 203
Weissagung, Beispiel von Ammianus, 202
Weissagung, Beispiel von Tacitus, 208
Weissagung, Wirksamkeit, 202
Wirklichkeit, Anfänge von, 156
Wirklichkeit, autonome, 87
Wirklichkeit, Entstehung, 5
Wirklichkeit, Grenzen, 7
Wirklichkeit, heilkundliche, 87
Wirklichkeit, in sich geschlossene, 4
Wirklichkeit, inkompatible, 5
Wirklichkeit, irrationale, 296
Wirklichkeit, Kaleidoskop, 3
Wirklichkeit, Keimrasen, 157
Wirklichkeit, lebendiger Vollzug, 7
Wirklichkeit, magische und dämonische, 200
Wirklichkeit, Massenphänomen, 8
Wirklichkeit, Mikro-Wirklichkeit, 9
Wirklichkeit, Modifizierungen, 157
Wirklichkeit, okkulte, 10
Wirklichkeit, sequenzielle, 9
Wirklichkeit, sequenzielle, Beispiel Siddhartha, 183
Wirklichkeit, simultane, 9
Wirklichkeit, simultane, Beispiel Rashomon, 164
Wirklichkeit, totalitäre, 10, 237
Wirklichkeit, totalitäre, Kraftentfaltung, 260

Sachverzeichnis

Wirklichkeit, Universal-Wirklichkeit, 10
Wirklichkeit, verabsolutierte, 10, 297
Wirklichkeit, Verwandlungen, 181
Wirklichkeit, Vielfalt, 8
Wirklichkeit, Wahnsinn, 246
Wirklichkeit als Gewordenes, 5, 289
Wirklichkeit als Konstruktion, 289
Wirklichkeit als Spiel, 154
Wirklichkeit der Farbe, 13
Wirklichkeit und Sprache, 293
Wirklichkeits-Falle, 10
Wirklichkeits-Pluralismus, 5, 87, 93
Wirklichkeits-Pluralismus, Beispiel aus Literatur, 164
Wirklichkeitsverständnis, heutiges, 3
Wirklichkeitsvielfalt, prioritätsfreie, 5
wissenschaftliche Beweisbarkeit, 3

Y

Yin-Yang, 103, 106
Yin-Yang, chinesische Medizin, 115

Gerhard Fasching

Buchpublikationen
(nach dem Erscheinungsjahr der letzten Auflage geordnet)

Gerhard Fasching: Sternbilderkunde. Himmelskarten, Himmelskörper, Sternbilder. 205 Seiten mit 190 Abbildungen. Vieweg-Verlag, Braunschweig Wiesbaden, 1986.

Gerhard Fasching: Die empirisch-wissenschaftliche Sicht. 432 Seiten mit 87 Abbildungen. Springer-Verlag, Wien New York, 1989.

Gerhard Fasching: Sternbild-, Mond- und Planetenkalender. 62 Seiten mit 28 Abbildungen. Springer-Verlag, Wien New York, 1990.

Gerhard Fasching: Zerbricht die Wirklichkeit? 129 Seiten mit 12 Abbildungen. Springer-Verlag, Wien New York, 1991.

Gerhard Fasching: Sprengsatz Wissenschaft. 220 Seiten. Edition Va Bene, Wien, 1993.

Gerhard Fasching: Werkstoffe für die Elektrotechnik. Mikrophysik, Struktur, Eigenschaften. 678 Seiten mit 398 Abbildungen. Springer-Verlag, Wien New York, 3. verbesserte und erweiterte Auflage, 1994.

Gerhard Fasching, H. Hauser, W. Smetana: Werkstoffe für die Elektrotechnik. Aufgabensammlung. 83 Seiten mit 18 Abbildungen. Springer-Verlag, Wien New York, 2. verbesserte Auflage 1995.

Gerhard Fasching: Man sollte nicht den Finger, der auf den Mond weist, für den Mond selbst halten. 98 Seiten mit 11 Abbildungen. Springer-Verlag, Wien New York, 1995.

Gerhard Fasching: Verlorene Wirklichkeiten. Über die ungewollte Erosion unseres Denkraumes durch Naturwissenschaft und Technik. 108 Seiten. Springer-Verlag, Wien New York, 1996.

Gerhard Fasching, Herbert Pietschmann: Fortschritt von Technik und Naturwissenschaft: Wohltat oder Plage? Wiener Vorlesungen, Band 48, 85 Seiten. Picus-Verlag, Wien, 1996.

Gerhard Fasching: Sternbilder und ihre Mythen. 379 Seiten mit 101 Abbildungen. Springer-Verlag, Wien New York, 3., erweiterte Auflage, 1998.

Gerhard Fasching: Lost Actualities. Translated from the German by Heinrich Eichhorn. 102 Seiten. Springer-Verlag, Wien New York, (im Druck).

Gerhard Fasching: Das Kaleidoskop der Wirklichkeiten. Über die Relativität naturwissenschaftlicher Erkenntnis. 256 Seiten mit 38 Abbildungen. Springer-Verlag, Wien New York. 1999.

Gerhard Fasching, Ingrid Wertner: Sterne, Götter, Mensch und Mythen. Griechische Sternsagen im Jahreskreis. 240 Seiten mit 32 Abbildungen. Springer-Verlag, Wien New York, 2000.

Gerhard Fasching: Phänomene der Wirklichkeit. Okkulte und naturwissenschaftliche Weltbilder. 318 Seiten mit 41 Abbildungen. Springer-Verlag, Wien New York, 2000.

SpringerWissenschaftstheorie

Gerhard Fasching

Das Kaleidoskop der Wirklichkeiten

Über die Relativität naturwissenschaftlicher Erkenntnis

Mit einem Geleitwort von H.-P. Dürr
1999. XV, 239 Seiten. 38 Abbildungen.
Gebunden DM 48,–, öS 336,–
ISBN 3-211-83390-0

Oft wird nur jenes anerkannt, was „wissenschaftlich beweisbar" ist. Ein solches Vorurteil vergißt, daß es auch andere Wirklichkeiten gibt. Ist unsere Welt ein Blick durch ein Kaleidoskop? Wie kann es sein, daß man eine mehr oder minder große Auswahl panoramenhafter Wirklichkeiten vor sich hat? Ist es möglich, solche Wirklichkeiten zu verlassen, und in andere überzuwechseln?

Anhand konkreter Beispiele wird dieser Wirklichkeits-Pluralismus beleuchtet. Das erste Beispiel, ein astronomisches, zeigt in aller Ausführlichkeit, auf welche Weise Wirklichkeit entstehen kann. Dann ist von anderen naturwissenschaftlichen Wirklichkeiten die Rede, vom Licht und von der Farbe sowie von einer fremden heilkundlichen Wirklichkeit.

Ein zentrales Anliegen von Gerhard Fasching ist ein Denken, welches in einen Wirklichkeitspluralismus mündet. Unser monokulturelles Wirklichkeitsverständnis hat nämlich schon viele Wirklichkeiten unserer eigenen Kultur und fremder Kulturen mißachtet und dadurch verloren. Unser humanistisches Weltbild benötigt also ein breiteres Fundament.

Das Buch findet zu einem überraschenden Ergebnis: Man selbst gehört nicht zur Wirklichkeit, sondern man steht stets außerhalb jeder Wirklichkeit.

 SpringerWienNewYork

A-1201 Wien, Sachsenplatz 4–6, P.O.Box 89, Fax +43.1.330 24 26, e-mail: books@springer.at, **www.springer.at**
D-69126 Heidelberg, Haberstraße 7, Fax +49.6221.345-229, e-mail: orders@springer.de
USA, Secaucus, NJ 07096-2485, P.O. Box 2485, Fax +1.201.348-4505, e-mail: orders@springer-ny.com
EBS, Japan, Tokyo 113, 3–13, Hongo 3-chome, Bunkyo-ku, Fax +81.3.38 18 08 64, e-mail: orders@svt-ebs.co.jp

SpringerAstronomie

Gerhard Fasching,
Ingrid Wertner

**Sterne, Götter,
Mensch und Mythen**

Griechische Sternsagen
im Jahreskreis

2000. VI, 234 Seiten. 32 Abbildungen.
Gebunden DM 49,–, öS 345,–
ISBN 3-211-83441-9

Der mythologische Ursprung der am nördlichen Himmel sichtbaren Sternbilder ist heute weitgehend vergessen. Wer im Lauf der Jahreszeiten den Nachthimmel beobachtet und mit Sternkarten vergleicht, dem erscheint er von vielen Göttern und Göttinnen, Helden und Ungeheuern bewohnt, die alle durch eine Unzahl von Erzählungen verbunden sind.

Die Autoren fassen den Reichtum der griechischen Sternsagen zusammen und kommen dabei der antiken Erzählweise sehr nahe. Leicht zu verstehende Sternkarten helfen dem Leser beim Entdecken der Sternbilder des Frühlings-, Sommer-, Herbst- und Winterhimmels.

Ein ausführliches Glossar der mythologischen Gestalten erleichtert den Überblick.

SpringerWienNewYork

A-1201 Wien, Sachsenplatz 4–6, P.O.Box 89, Fax +43.1.330 24 26, e-mail: books@springer.at, **www.springer.at**
D-69126 Heidelberg, Haberstraße 7, Fax +49.6221.345-229, e-mail: orders@springer.de
USA, Secaucus, NJ 07096-2485, P.O. Box 2485, Fax +1.201.348-4505, e-mail: orders@springer-ny.com
EBS, Japan, Tokyo 113, 3–13, Hongo 3-chome, Bunkyo-ku, Fax +81.3.38 18 08 64, e-mail: orders@svt-ebs.co.jp

SpringerAstronomie

Gerhard Fasching

Sternbilder und ihre Mythen

Dritte, erweiterte Auflage
1998. VIII, 379 Seiten.
101 Abbildungen. 54 Tabellen.
Gebunden DM 78,–, öS 546,–
ISBN 3-211-83026-X

„… Wem bei seinen philosophischen Höhenflügen allerdings die einfachsten Grundlagen fehlen, wer sich am Himmel ähnlich zurechtfindet wie ein Amazonasindianer im Großstadtverkehr, dem seien die ‚Sternbilder und ihre Mythen' ans Herz gelegt, die der Wiener Universitätsprofessor Gerhard Fasching zusammengestellt hat … Da werden Wegweiser-Sternkarten für das ganze Jahr gezeigt, die auch einem astronomischen Ignoranten die nächtliche Orientierung ermöglichen. Die moderne Weltsicht erscheint dabei nicht als der Weisheit letzter Schluß, sondern nur als derzeit anerkanntes Abbild der Wirklichkeit …"

Die Zeit

„… ‚Sternbilder und ihre Mythen' ist ein unkonventionelles Buch, das sich bemüht, das Universum nicht in Zahlen aufzulösen, sondern – wie es der große Wiener Erwachsenenbildner Prof. Oswald Thomas einst forderte – himmelsnahe Astronomie zu betreiben. Wer sich das Gefühl für die Faszination des nächtlichen Himmels bewahrt hat und die Mythologie schätzt, wird damit große Freude haben …"

Wiener Zeitung

„… Das Buch ist eine gelungene Zusammenstellung vielfältiger Interpretationen und Mythen um die Sternbilder. Sie ist verständlich geschrieben und ist damit auch für den Laien äußerst interessant."

Reviews of Astronomical Tools

A-1201 Wien, Sachsenplatz 4–6, P.O.Box 89, Fax +43.1.330 24 26, e-mail: books@springer.at, **www.springer.at**
D-69126 Heidelberg, Haberstraße 7, Fax +49.6221.345-229, e-mail: orders@springer.de
USA, Secaucus, NJ 07096-2485, P.O. Box 2485, Fax +1.201.348-4505, e-mail: orders@springer-ny.com
EBS, Japan, Tokyo 113, 3–13, Hongo 3-chome, Bunkyo-ku, Fax +81.3.38 18 08 64, e-mail: orders@svt-ebs.co.jp

SpringerWissenschaftstheorie

Gerhard Fasching
Verlorene Wirklichkeiten

Über die ungewollte Erosion
unseres Denkraumes durch
Naturwissenschaft und Technik

1996. V, 108 Seiten.
Gebunden DM 25,–, öS 175,–
ISBN 3-211-82897-4

Das Buch rührt an ein Tabu: An das Selbstverständnis von Naturwissenschaft und Technik. Man hält das Bild, das die Naturwissenschaft zeichnet, gerne für die absolut richtige Sicht und merkt gar nicht, daß es bloß eine verabsolutierte Sicht ist.

„... Ein Buch, das uns die Welt und unsere eigenen Möglichkeiten weiter, tiefer und reicher erfahrbar macht."

Die Presse

„... Fasching stellt sehr überzeugend dar, daß der Anspruch, der naturwissenschaftlich-technische Zugang zu Natur und Wirklichkeit sei der einzig gültige und wahre, nicht aufrechterhalten werden kann ... Darauf hingewiesen zu haben, daß ‚Verlorene Wirklichkeiten' wieder restituiert werden müssen, um die Vorherrschaft von Naturwissenschaft und Technik und deren negative Folgen zu brechen, ist das Verdienst Faschings. Er hat mit seinem Buch selbst ein Beispiel für das gegeben, was er fordert: Die Sprache, mit der er seine eigene Wissenschaft beschreibt, ist keine mathematische, sondern allgemein verständlich."

Phil. Jahrbuch

A-1201 Wien, Sachsenplatz 4–6, P.O.Box 89, Fax +43.1.330 24 26, e-mail: books@springer.at, www.springer.at
D-69126 Heidelberg, Haberstraße 7, Fax +49.6221.345-229, e-mail: orders@springer.de
USA, Secaucus, NJ 07096-2485, P.O. Box 2485, Fax +1.201.348-4505, e-mail: orders@springer-ny.com
EBS, Japan, Tokyo 113, 3–13, Hongo 3-chome, Bunkyo-ku, Fax +81.3.38 18 08 64, e-mail: orders@svt-ebs.co.jp

GPSR Compliance

The European Union's (EU) General Product Safety Regulation (GPSR) is a set of rules that requires consumer products to be safe and our obligations to ensure this.

If you have any concerns about our products, you can contact us on

ProductSafety@springernature.com

In case Publisher is established outside the EU, the EU authorized representative is:

Springer Nature Customer Service Center GmbH
Europaplatz 3
69115 Heidelberg, Germany

www.ingramcontent.com/pod-product-compliance
Lightning Source LLC
LaVergne TN
LVHW010336260326
834688LV00036B/732